教育部、财政部职业院校教师素质提高计划

建筑环境与能源应用工程类职教师资培养资源开发项目核心教材

暖通空调设计实践

史 洁 徐 桓 编著

内 容 提 要

本书根据暖通空调施工图绘制的客观规律和实践方法，从高等职业教育教学特点和培养高职人才的要求出发，依据多年来积累的实际工程项目暖通空调设计经验，通过真实示例一步步展现实际的操作过程，首先处理建筑设计底图，然后计算、选择系统形式、规划平面布局，绘制暖通空调系统、设备和管道，最后成图，逐张完整清晰地呈现给读者绘制的流程、方法、要点、内容和技巧。

本书内容主要分为暖通空调基础知识、系统设计和绘图方法三大部分。所有选材均来自于实际工程案例，各章节知识点主要有建筑基本构造、国家制图标准、绘图工具和仪器、训练技法、供暖系统设计、通风系统设计、空调系统设计及绘制以及工程实操软件。循序展开、由浅入深，各套绘图工程案例采用简洁、明快、易懂的注解，有助于零基础的初学者上手学习和实践暖通空调的设计与绘图，按照所示的步骤勤加练习，习得其中的方法、要领、规律和奥妙，就能最终成为较为熟练和较为优秀的设计绘图人员。对于职业教育学校暖通空调专业的教师和学生而言，这是一本编制方法独特、易于阅读学习的实用化训练教材。

本书适用于应用型本科及高职高专类院校的建筑工程类相关专业，同时也可作为相关专业人员培训、学习及各类考试辅导用书。

图书在版编目(CIP)数据

暖通空调设计实践 / 史洁，徐桓编著. -- 上海：同济大学出版社，2021.12

ISBN 978-7-5608-7579-8

Ⅰ.①暖… Ⅱ.①史… ②徐… Ⅲ.①采暖设备—建筑设计 ②通风设备—建筑设计 ③空气调节设备—建筑设计 Ⅳ.①TU83

中国版本图书馆 CIP 数据核字(2017)第 325191 号

教育部、财政部职业院校教师素质提高计划

建筑环境与能源应用工程类职教师资培养资源开发项目核心教材

暖通空调设计实践

史 洁 徐 桓 编著

责任编辑 任学敏 **助理编辑** 屈斯诗 **责任校对** 徐春莲 **封面设计** 潘向蓁

出版发行 同济大学出版社 www.tongjipress.com.cn

(地址：上海市四平路 1239 号 邮编：200092 电话：021-65985622)

经 销 全国各地新华书店

排 版 南京月叶图文制作有限公司

印 刷 江苏凤凰数码印务有限公司

开 本 787 mm×1092 mm 1/16

印 张 14

字 数 349 000

版 次 2021 年 12 月第 1 版 2021 年 12 月第 1 次印刷

书 号 ISBN 978-7-5608-7579-8

定 价 49.00 元

编 委 会

主 编 史 洁 徐 桓

副主编 曾 刚 王 玫 朱 丹

编 委 (按姓氏笔画排序)

叶 海 庄 智 李玉明 张永明 范 蕊

金彩虹 胡惠杉 黄治钟 颜明忠

序

建筑设计院传授设计与绘图技巧，一直采用“老师傅”带“新徒弟”的模式，带教手段无外乎“言传身教”“口口相传”等传统方法。老工程师退休时，也许他个人的一部分经验还来不及传承下去，新同志就只能在今后的实践中自己摸索提高了。如何将暖通空调专业乃至建筑设计行业各个专业的设计与绘图技艺总结、传承、提高，多年来不同的建筑设计院也一直在不断地探索中。

暖通空调专业施工图的设计绘制，是将业主需求、政府规定和设计构想落实到具体实物中必不可少的重要环节。设计人员绘制暖通空调施工图，在具备扎实专业知识的基础上，首先需研读及熟悉各类规范、标准，然后熟练掌握策划、计算、设计和绘图的基本方法，尤其是实践性最强的设计与绘图环节，同时还应对建筑、结构、电气、给排水等专业的相关知识有一定程度的了解，并需与各个专业密切协作和配合。因此，对于一名缺乏实践经验的初学者而言，一开始确实会遇到头绪繁多、不知如何起步的难题，在相关职业教育的“教”与“学”之中，也经常会发现模式、手段和方法等切入点方面的问题。

当然，设计与绘制好暖通空调施工图，并非无章可循，也已有了一些较为成型的客观规律和实践方法。本书的最大特点，就是以作者亲自设计的多套真实工程项目的暖通空调施工图为实例，按照不同建筑功能和系统类型划分，采用分解法，通过示例一步步展示实际的操作过程，从一开始处理建筑底图，然后计算、选择系统形式、规划平面布局，绘制暖通空调系统、设备和管道，最后成图，逐张完整反映成图的实际过程，呈现给读者绘制的流程、方法、要点、内容和技巧。

本书的所有选材均来自实际工程案例，各个章节知识点的叙述循序展开、由浅入深、娓娓道来，各套绘图实例的注解简洁、明快、易懂，有助于初学者上手学习和实践暖通空调的设计与绘图，按照正确的步骤深入其中勤加练习，并逐渐领悟到其中的方法、要领、规律和奥妙，就能最终成为较为熟练和较为优秀的设计绘图人员。

对于职业教育学校暖通空调专业的教师和学生而言，这是一本编制方法独特、易于阅读学习的实用化训练教材，在国内尚少有先例，我们乐意推荐给已经从事或即将从事暖通空调设计与绘图工作的专业读者参考。

同济大学　教授　范存养

同济大学建筑设计研究院(集团)有限公司总工程师

2021 年 11 月

Contents 目录

序

第 1 章　暖通工程设计制图准备 ………………………………………… 1
1.1　训练目标 ………………………………………………………… 2
1.2　知识模块 ………………………………………………………… 2
1.2.1　建筑的基本构造 ……………………………………………… 2
1.2.2　制图国家标准的基本规定 …………………………………… 5
1.2.3　绘图工具和仪器 ……………………………………………… 9
1.3　训练技法 ………………………………………………………… 10
1.3.1　如何使用不同的绘图工具 …………………………………… 10
1.3.2　基本几何作图 ………………………………………………… 12
1.3.3　尺规绘图的一般步骤 ………………………………………… 16
1.4　教学方法 ………………………………………………………… 17
1.5　训练小结 ………………………………………………………… 18

第 2 章　暖通空调工程基础训练 ………………………………………… 19
2.1　训练目标 ………………………………………………………… 20
2.2　知识模块 ………………………………………………………… 20
2.2.1　建筑提供配合资料图例 ……………………………………… 20
2.2.2　暖通空调施工图图样类别 …………………………………… 26
2.2.3　暖通空调施工图的图例及表达方式 ………………………… 27
2.3　训练技法 ………………………………………………………… 31
2.3.1　暖通空调设计步骤 …………………………………………… 31
2.3.2　暖通空调施工图设计的流程 ………………………………… 32
2.3.4　暖通空调施工图识图方法 …………………………………… 35
2.3.5　暖通空调施工图绘制要点 …………………………………… 36

2.4 实践任务——暖通空调设计与建筑提资配合实例 …… 37
2.4.1 暖通空调设计与建筑提资配合——平面图 …… 37
2.4.2 暖通空调设计与建筑提资配合——立面图 …… 37
2.4.3 暖通空调设计与建筑提资配合——剖面图 …… 54
2.5 教学方法 …… 56
2.6 训练小结 …… 56

第3章 供暖系统设计基础知识和绘图实例 …… 57
3.1 训练目标 …… 58
3.2 知识模块 …… 58
3.2.1 供暖系统分类及组成 …… 58
3.2.2 集中式供暖系统的形式 …… 59
3.2.3 锅炉房、热力站与供热管道系统 …… 60
3.2.4 室内燃气管道系统 …… 61
3.3 任务实例 …… 62
3.3.1 某小型专家楼暖通空调系统设计绘图实例 …… 63
3.3.2 北方某办公楼热水散热器供暖系统 …… 65
3.3.3 北方某住宅楼低温热水地面辐射供暖系统 …… 66
3.4 教学方法 …… 127
3.5 训练小结 …… 127

第4章 通风系统设计基础知识和绘图实例 …… 128
4.1 训练目标 …… 129
4.2 知识模块 …… 129
4.2.1 机械通风系统 …… 129
4.2.2 防排烟系统 …… 130
4.3 任务实例 …… 133
4.3.1 某地下车库机械通风系统 …… 133
4.3.2 某办公楼防排烟系统 …… 134
4.4 教学方法 …… 135
4.5 训练小结 …… 135

第5章 空调系统设计基础知识和绘图实例 …… 151
5.1 训练目标 …… 152
5.2 知识模块 …… 152

5.2.1 空调系统分类及组成 …… 152
5.2.2 冷暖空调系统 …… 153
5.3 任务实例 …… 155
5.3.1 某办公楼空调末端系统 …… 155
5.3.2 某办公楼空调冷源系统 …… 156
5.3.3 某办公楼空调热源系统 …… 156
5.4 教学方法 …… 157
5.5 训练小结 …… 157

第6章 暖通工程软件实操 …… 182
6.1 鸿业明通 ACS …… 183
6.1.1 软件及用户界面简介 …… 183
6.1.2 焓湿图 …… 185
6.1.3 双线风管 …… 192
6.1.4 工具 …… 195
6.1.5 材料统计 …… 203
6.2 BIM在暖通工程中的应用简介 …… 207

参考文献 …… 210

第1章

暖通工程设计制图准备

- 1.1 训练目标
- 1.2 知识模块
- 1.3 训练技法
- 1.4 教学方法
- 1.5 训练小结

本章导读

知识目标

★ 认识常用绘图工具

★ 了解绘图工具的性能和使用方法

★ 熟悉工程图绘制的国家标准

★ 掌握工程图绘制的一般方法

能力目标

★ 能熟练地使用绘图工具

★ 能正确应用国家制图标准

1.1 训练目标

通过学习暖通空调设计的基本知识和技能，熟悉并遵守制图国家标准的基本规定，学会正确使用绘图工具和仪器，掌握绘图的基本方法与技巧。

在学习了设计的基本知识和技能，并进行了初步的制图操作训练后，在已完成画法几何课程的基础上，培养空间想象能力。然后，在逐步深入了解和熟悉制图标准关于基本规格、图样画法、尺寸标注等规定的基础上，由浅入深地反复通过由物画图和由图想物的实践，继续进行绘图技能的操作训练。准确作图，严格遵守制图标准的各项规定，养成正确使用制图工具和仪器的习惯。工程图样被喻为“工程技术界的语言”，是表达、交流技术思想的重要工具和工程技术部门的一项重要技术文件，也是指导生产、施工管理等必不可少的技术资料。通过本章节的学习，最终初步形成认真负责的学风和严谨细致的作图作风。

1.2 知识模块

1.2.1 建筑的基本构造

一栋建筑物是由许许多多的构、配件组成的。无论工业建筑还是民用建筑，基本上主要由基础、地坪层和楼板层、墙体、门窗、楼梯和屋顶六大部分组成(表 1-1，图 1-1)。

表 1-1 房屋建筑基本组成及作用一览表

构件	图例	作用
基础	柱 基础	在建筑工程中，把建筑物最下部与土壤直接接触的扩大构件称为基础。因此基础必须具有足够的强度，能抵御地下各种有害因素的侵蚀，并把建筑物上的全部载荷传给下面的土层(该土层称为地基)

（续表）

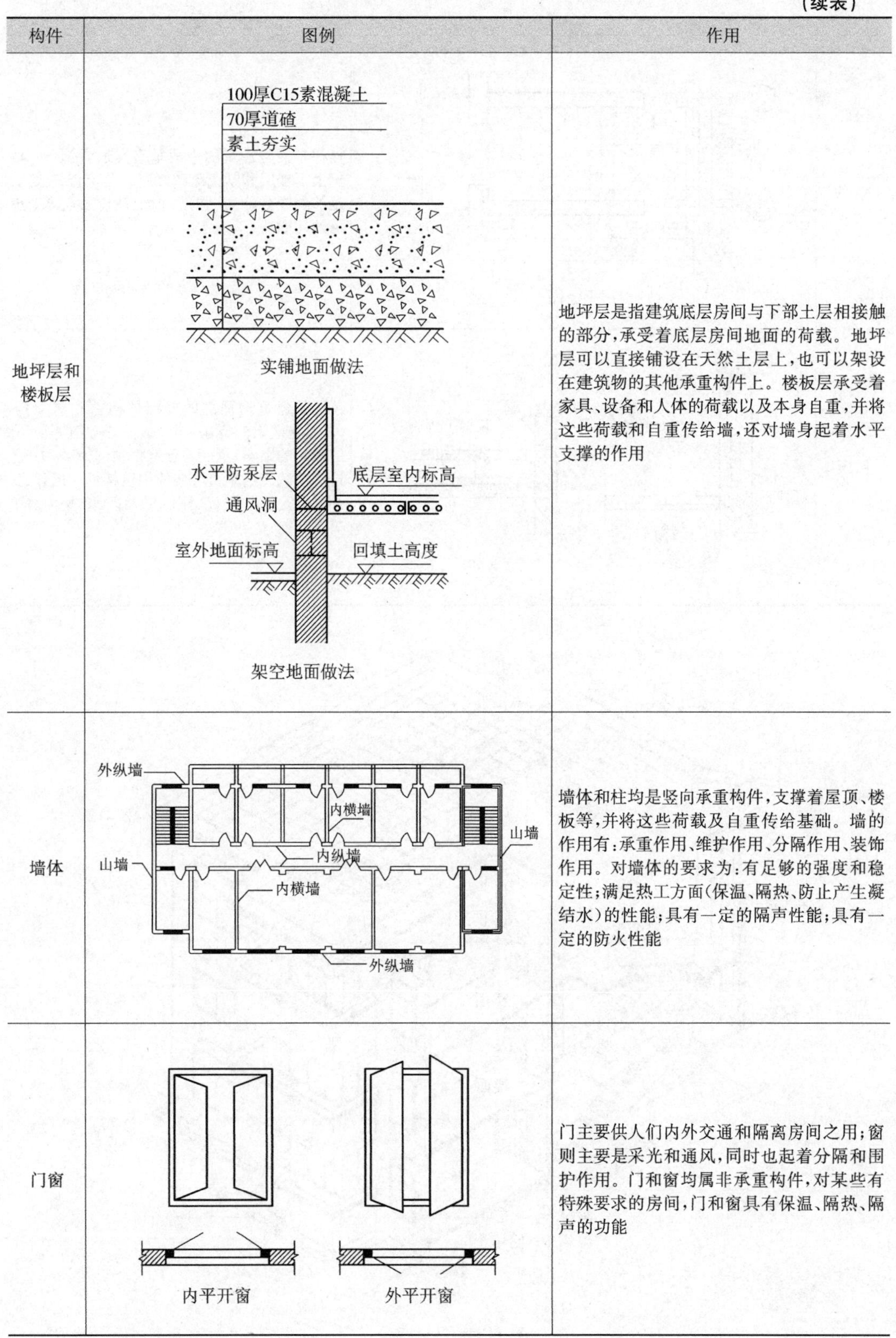

构件	图例	作用
地坪层和楼板层	实铺地面做法 架空地面做法	地坪层是指建筑底层房间与下部土层相接触的部分，承受着底层房间地面的荷载。地坪层可以直接铺设在天然土层上，也可以架设在建筑物的其他承重构件上。楼板层承受着家具、设备和人体的荷载以及本身自重，并将这些荷载和自重传给墙，还对墙身起着水平支撑的作用
墙体		墙体和柱均是竖向承重构件，支撑着屋顶、楼板等，并将这些荷载及自重传给基础。墙的作用有：承重作用、维护作用、分隔作用、装饰作用。对墙体的要求为：有足够的强度和稳定性；满足热工方面（保温、隔热、防止产生凝结水）的性能；具有一定的隔声性能；具有一定的防火性能
门窗	内平开窗　外平开窗	门主要供人们内外交通和隔离房间之用；窗则主要是采光和通风，同时也起着分隔和围护作用。门和窗均属非承重构件，对某些有特殊要求的房间，门和窗具有保温、隔热、隔声的功能

（续表）

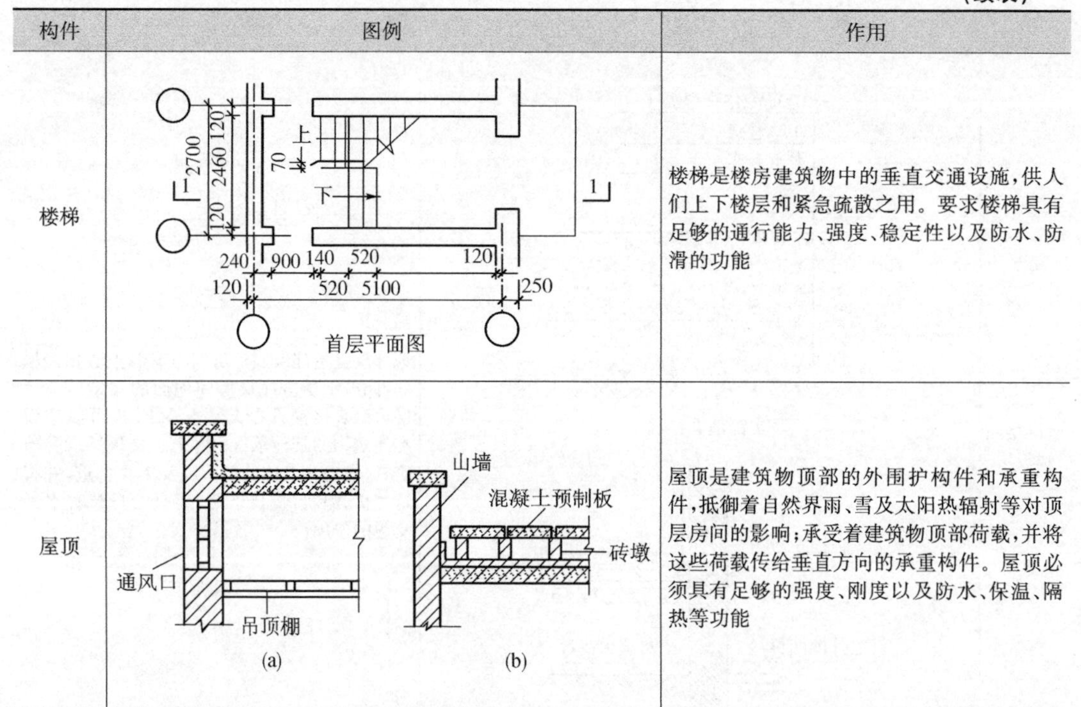

构件	图例	作用
楼梯	首层平面图	楼梯是楼房建筑物中的垂直交通设施，供人们上下楼层和紧急疏散之用。要求楼梯具有足够的通行能力、强度、稳定性以及防水、防滑的功能
屋顶	通风口 吊顶棚 (a)　山墙 混凝土预制板 砖墩 (b)	屋顶是建筑物顶部的外围护构件和承重构件，抵御着自然界雨、雪及太阳热辐射等对顶层房间的影响；承受着建筑物顶部荷载，并将这些荷载传给垂直方向的承重构件。屋顶必须具有足够的强度、刚度以及防水、保温、隔热等功能

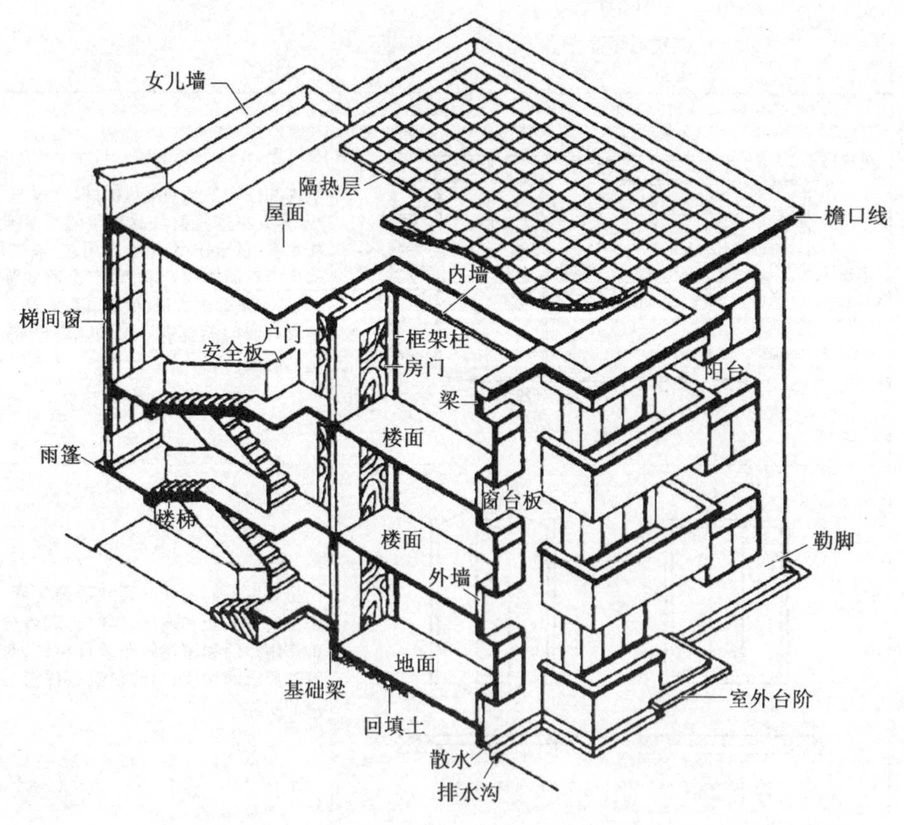

图 1-1　房屋组成

1.2.2　制图国家标准的基本规定

1. 图线

任何工程图样都是采用不同的线型与线宽的图线绘制而成的。建筑工程制图中的各类图线的线型、线宽、用途见表1-2。表1-2中的线宽 d 应根据图形复杂程度和比例大小确定。常见的线宽 d 值为0.35 mm，0.5 mm，0.7 mm，1.0 mm，1.4 mm，2.0 mm。

表1-2　图　线

图线名称	图线型式	图线宽度	一般应用	图例
粗实线	━━━━━━	d	可见轮廓线	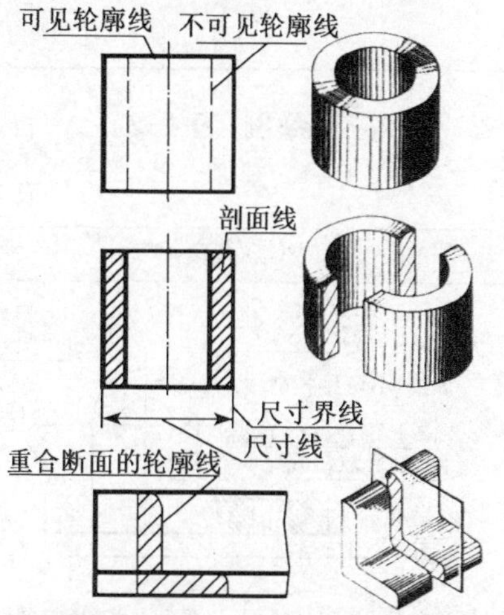 可见轮廓线；不可见轮廓线
细虚线	------------	$d/2$	不可见轮廓线	剖面线
细实线	————————	$d/2$	尺寸线、尺寸界线、剖面线、重合断面的轮廓线、辅助线、引出线、螺纹牙底线及齿轮的齿根线	尺寸界线；尺寸线；重合断面的轮廓线
细点画线	—·—·—·—·	$d/2$	轴线、对称中心线、轨迹线、节圆及节线	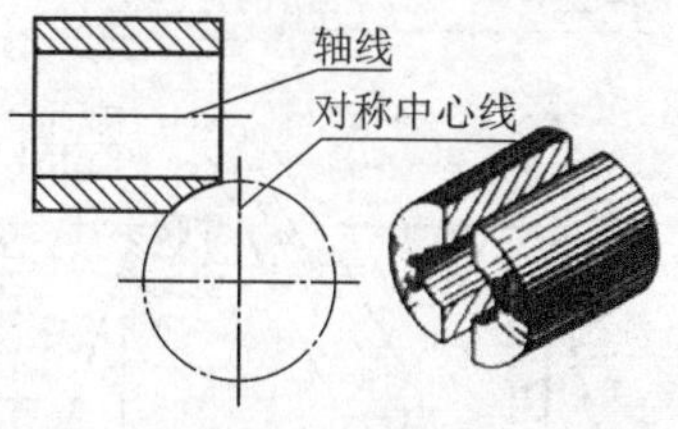 轴线；对称中心线
细双点画线	—··—··—··	$d/2$	极限位置的轮廓线相邻辅助零件的轮廓线、假想投影轮廓线中断线	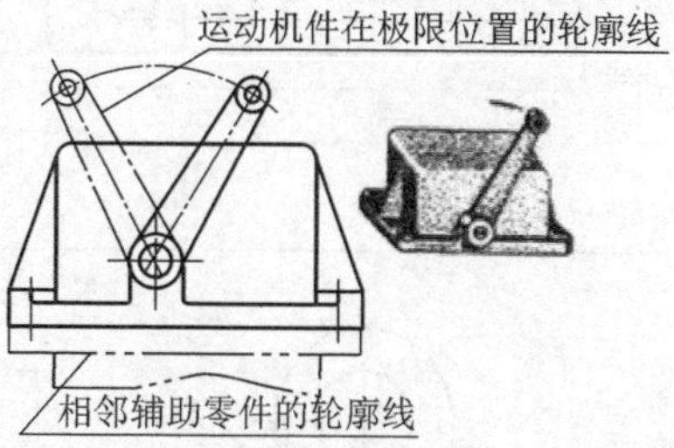 运动机件在极限位置的轮廓线；相邻辅助零件的轮廓线
细波浪线	～～～～	d	机件断裂处的边界线、视图与局部剖视的分界线	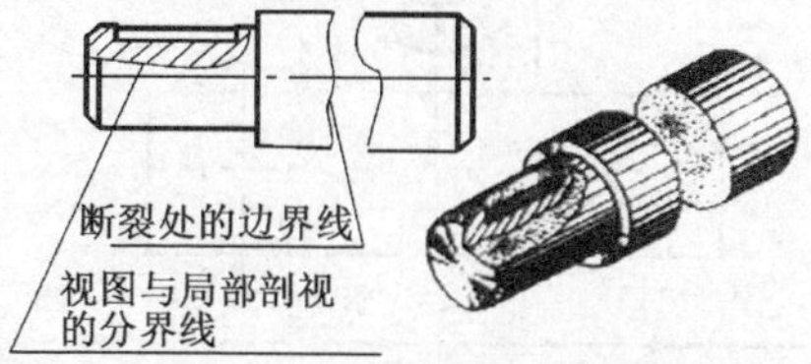 断裂处的边界线；视图与局部剖视的分界线

（续表）

图线名称	图线型式	图线宽度	一般应用	图例
细双折线		$d/2$	断裂处的边界线	
粗点画线		$d/2$	有特殊要求的线或表面的表示线	镀铬

2. 图线应用举例(表 1-3)

表 1-3　图线应用举例

图线应用举例	说明
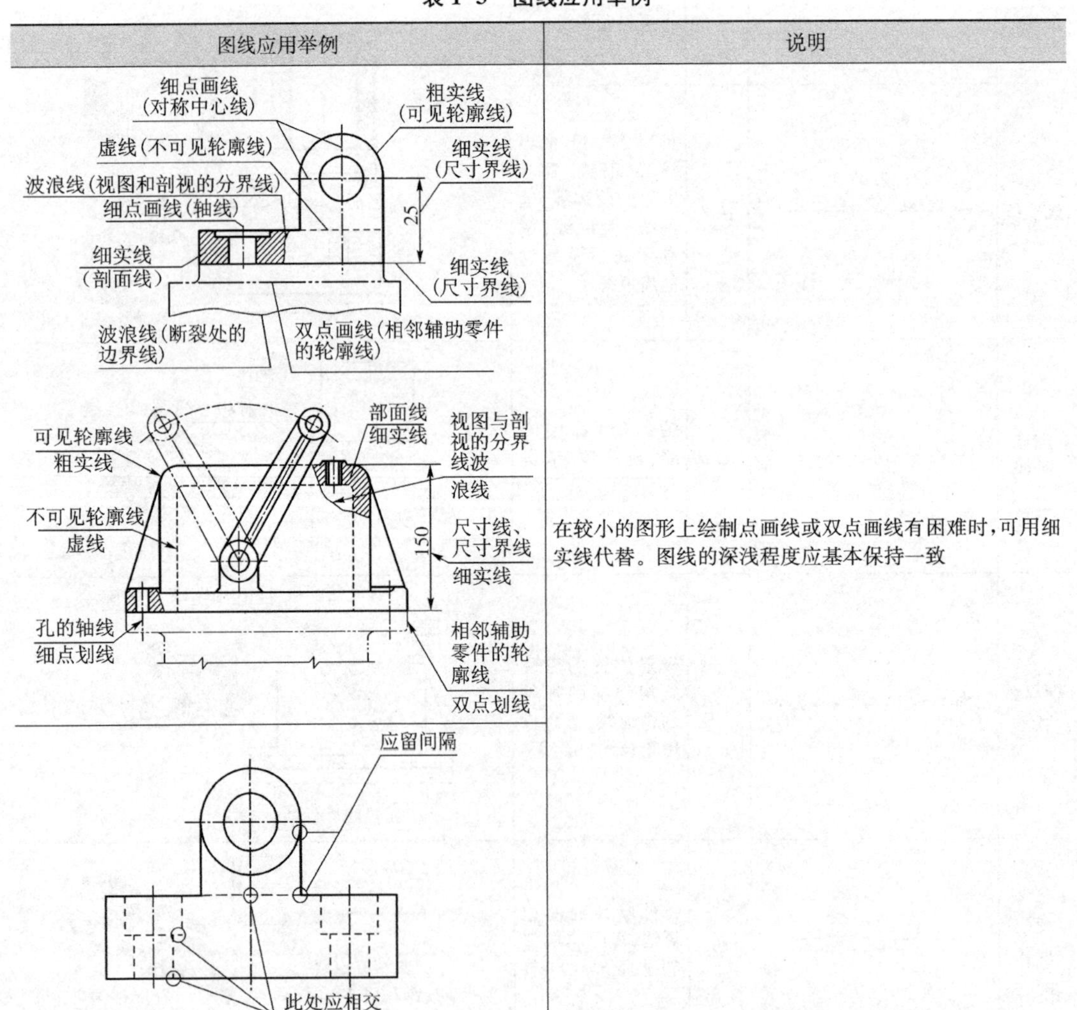	在较小的图形上绘制点画线或双点画线有困难时，可用细实线代替。图线的深浅程度应基本保持一致

3. 尺寸标注的基本知识(表 1-4)

表 1-4　尺寸标准的基本知识

标注尺寸的基本规则

(1) 尺寸数值为机件的真实大小,与绘图比例及绘图的准确度无关。
(2) 图样中的尺寸,以毫米为单位,如采用其他单位时,则必须注明单位名称。
(3) 图中所注尺寸为零件完工后的尺寸,否则应另加说明。
(4) 每个尺寸一般只标注一次,并应标注在最能清晰地反映该结构特征的视图上。
(5) 标注尺寸时,应尽量使用符号和缩写词

尺寸标注中常用符号和缩写词

名　称	符号或缩写词	名　称	符号或缩写词
直径	ϕ	均布	EQS
半径	R	正方形	□
圆球直径	$S\phi$	深度	↧
圆球半径	SR	沉孔或锪平	⌴
厚度	t	埋头孔	∨
45°倒角	C		

尺寸组成

(1) 尺寸界线

尺寸界线为细实线,并应由轮廓线、轴线或对称中心线处引出,也可用这些线代替。

(2) 尺寸线

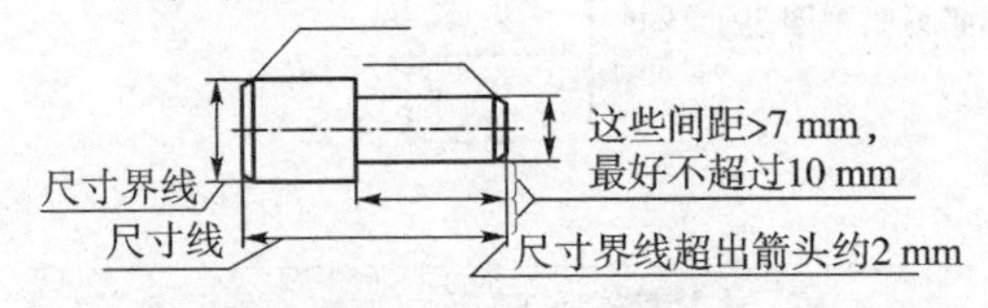

a. 尺寸线为细实线,一端或两端带有终端(箭头或斜线)符号

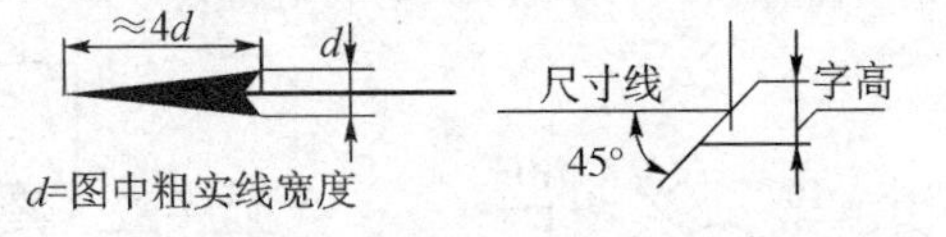

➢ 线性尺寸数字的方向

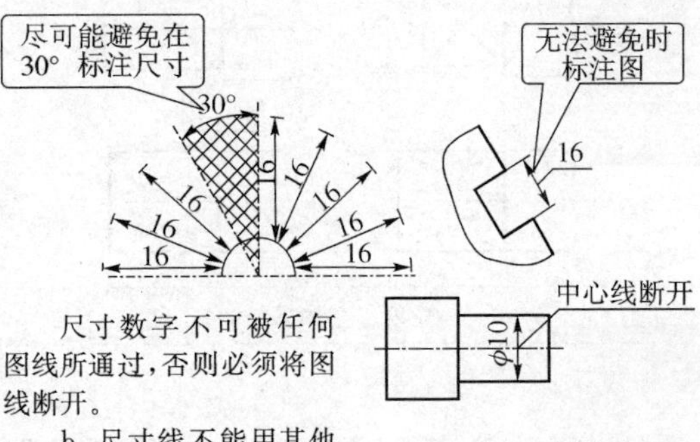

尺寸数字不可被任何图线所通过,否则必须将图线断开。

b. 尺寸线不能用其他图线代替,也不得与其他图线重合或画在其延长线上。

c. 标注线性尺寸时尺寸线必须与所标注线段平行

(3) 尺寸数字

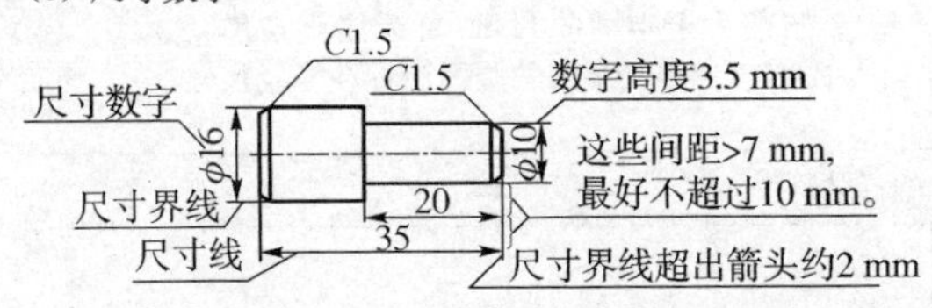

a. 一般应注在尺寸线的上方,也可注在尺寸线的中断处。

b. 尺寸数字应按国标要求书写,并且水平方向字头向上,垂直方向字头向左,字高 3.5 mm。

如:"89" 68 应为 89　　89 应为 68

(4) 当圆弧半径过大或在图纸范围内无法注出圆心位置时的标注方法

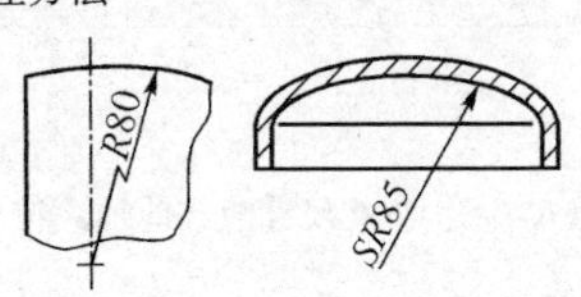

（续表）

狭小部位尺寸的标注	均匀分布的孔的标注

狭小部位尺寸的标注

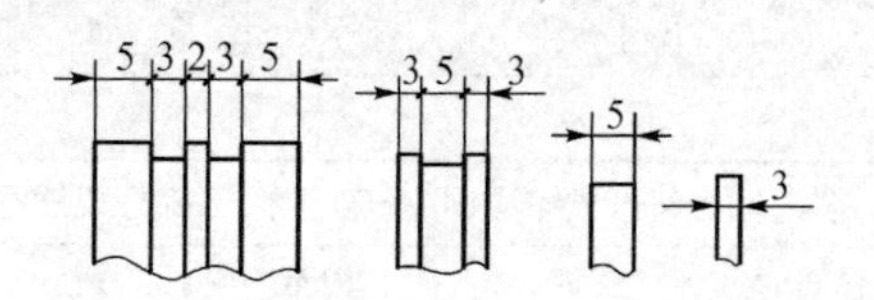

均匀分布的孔的标注

（1）沿直线均匀分布

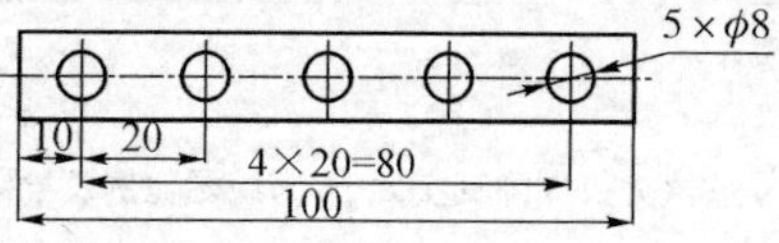

（2）沿圆周均匀分布

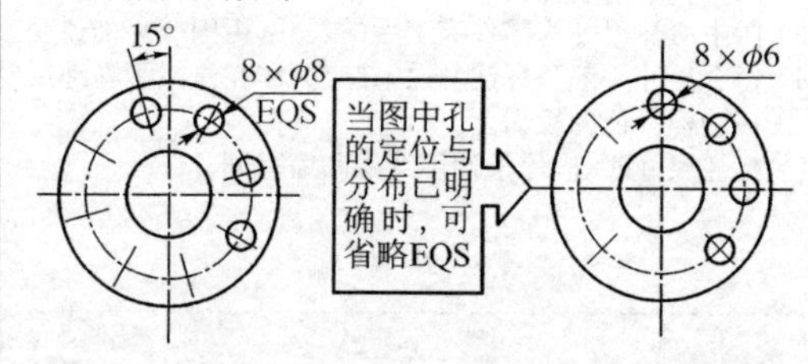

断面为正方形结构的标注

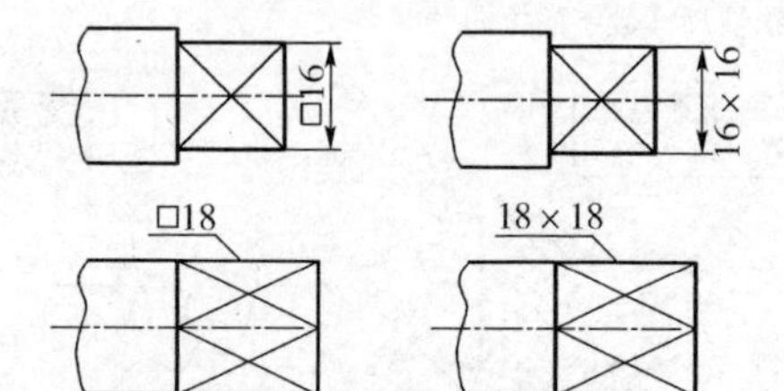

均匀厚度板状零件的标注

不必另画视图表示厚度

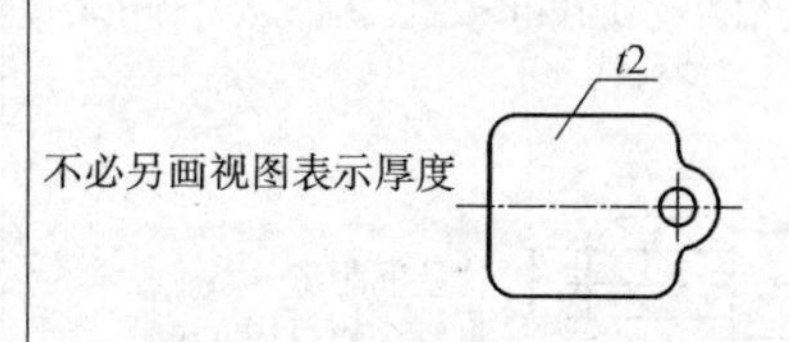

角度尺寸的标注

尺寸线应画成圆弧，其圆心是该角的顶点。尺寸界线沿径向引出。圆弧的半径则根据图中的需要确定

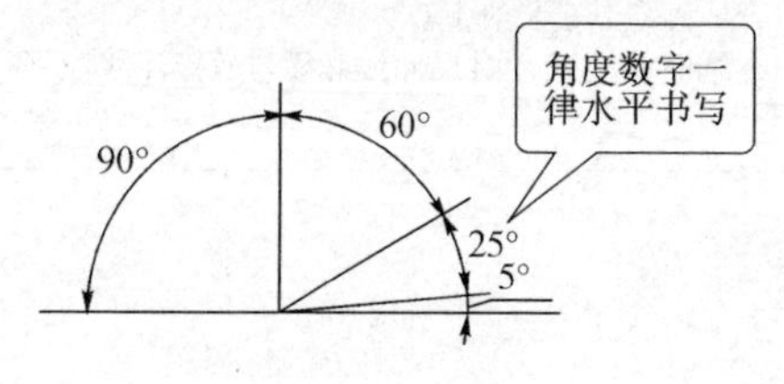

直径尺寸的标注

（1）标注直径尺寸时，应在尺寸数字前加注符号“ϕ”。

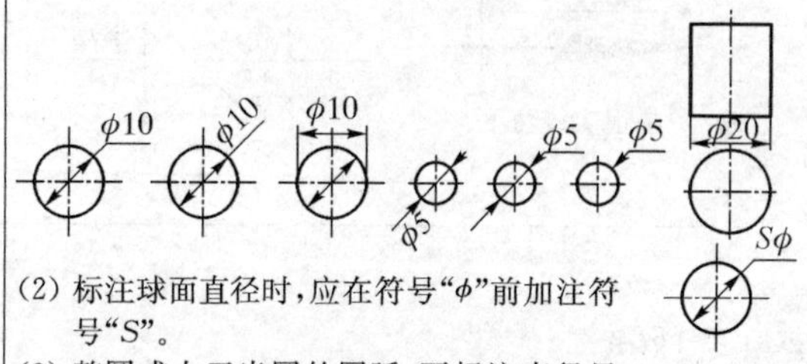

（2）标注球面直径时，应在符号“ϕ”前加注符号“S”。

（3）整圆或大于半圆的圆弧，要标注直径尺寸；等于或小于半圆的圆弧应标注半径尺寸

半径尺寸的标注

（1）标注半径尺寸时，应在尺寸数字前加注符号“R”。

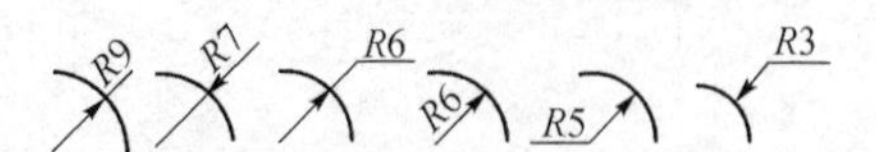

（2）应标注在圆弧的视图上。

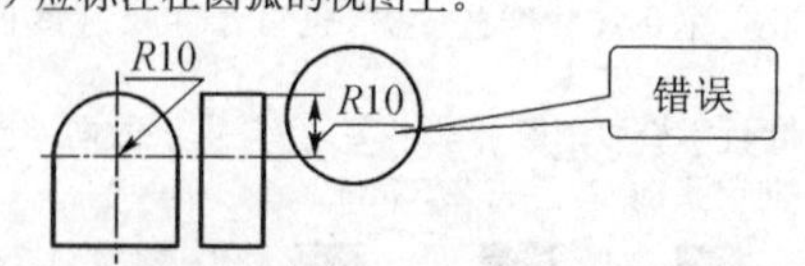

（3）标注球面半径时，应在符号“R”前加注符号“S”

1.2.3 绘图工具和仪器

常用的手工绘图工具和仪器有图板、丁字尺、三角板、比例尺、圆规、分规、铅笔、曲线板等(表1-5)。

表1-5 常用绘图工具和仪器的使用方法

序号	名称	绘图工具	工具说明	使用方法
1	图板		图板是固定图纸用的工具。板面为矩形,以木质表面平整为好,图板的大小依图幅而定,边框要平直,四角均为90°直角	图板的左、右两边镶有工作边,工作边要求平直,以确保作图的准确
2	丁字尺		丁字尺为丁字形尺,由尺头、尺身组成	使用时,要使尺头紧靠图板左边缘,上下移动到需要画线的位置,自左向右画水平线
3	一字尺		一字尺为一字形尺,专业的一字尺由尺身、线轴和细线组成	用一字尺画水平线的顺序同丁字尺一样,也是自上而下依次画出
4	三角板		制图时要用一幅三角板。三角板有30°(60°)和45°两块。三角板常与丁字尺或一字尺配合使用画竖直线	一幅三角板配合丁字尺或一字尺除了可以画30°,45°,60°斜线外,还能画出任意方向的平行线
5	比例尺		常用的比例尺呈三棱柱状体,也称为三棱尺。在它的三个棱面上刻有六种不同常用比例的刻度	在尺上找到所需的比例,看清尺上每单位长度所表示的相应长度,就可以根据所需要的长度,在比例尺上找出相应的长度作图
6	模板		应用建筑绘图模板是为了使制图更加规范和简便	根据所画图形,在模板上寻找相应图形进行绘制
7	曲线板		曲线板是用来画非圆曲线的工具	作图时先徒手用细线将各点连成曲线,然后选择曲线板上曲率合适的部分分段描绘
8	圆规和分规		圆规是画圆或圆弧的主要工具;分规用于量取线段或等分线段;画大圆时,需要加延伸杆	画圆时,针脚和铅芯脚都应垂直纸面。分规两针尖要等长,合拢时要对准。使用时,要单手操作,调整间距

（续表）

序号	名称	绘图工具	工具说明	使用方法
9	墨线笔		绘图墨线笔也称自来水直线笔，是目前广泛使用的一种描图工具。它的笔头是针管，针管直径有粗细不同的规格，可画出不同线宽的墨线	正确的笔位与尺边垂直，两叶片同时垂直纸面，且向前进方向稍倾斜。不正确的笔位，笔杆向外倾斜，笔内墨水将沿尺边渗入尺底而弄脏图纸；而当笔杆向内倾斜时，则所绘图线外侧不光洁
10	绘图铅笔		绘图铅笔有木质铅笔和自动铅笔。铅芯分软硬两类，软芯铅笔标以“B”，“B”前数字越大，铅芯越软；硬芯铅笔标以“H”，“H”前数字越大，铅芯越硬；介于软硬之间的铅笔，标以“HB”	绘图时，常用 2H 或 3H 铅笔打底稿，用 HB 铅笔加深图线或写字，B 或 2B 削成铅芯装在圆规上用来画圆或圆弧
11	擦图片与橡皮		用来修改图线	使用时，把正确的图线盖住，把需要擦掉的图线从擦图片上适当的缺口中漏出，用橡皮擦掉

1.3 训练技法

1.3.1 如何使用不同的绘图工具

“工欲善其事，必先利其器”，要提高绘图的准确度和绘图效率，保证制图质量，必须正确和合理地配合使用各种绘图工具和仪器（表 1-6）。

表1-6 正确与合理地使用各种绘图工具和仪器

种类	图板和丁字尺、三角板配合使用方法	圆规与分规的使用方法
使用图示	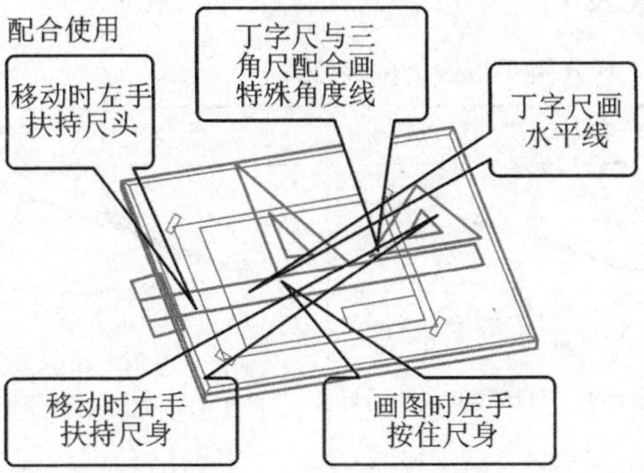 配合使用 移动时左手扶持尺头 丁字尺与三角尺配合画特殊角度线 丁字尺画水平线 移动时右手扶持尺身 画图时左手按住尺身	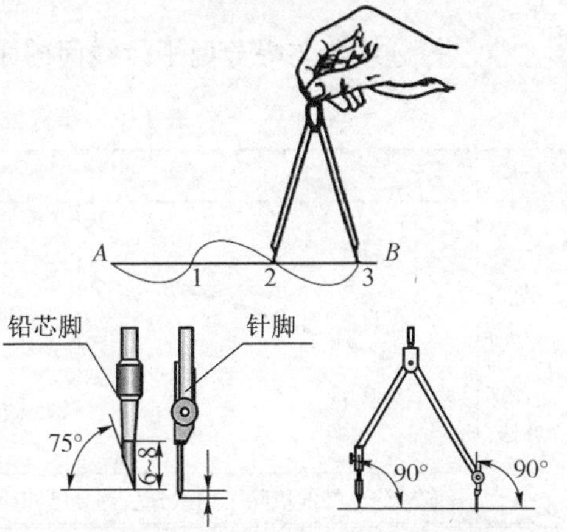 A 1 2 3 B 铅芯脚 针脚 75° 6~8 90° 90°
使用方法	三角板可配合丁字尺自下而上画一系列铅垂线。用丁字尺和三角板还可画与水平线成15°，30°，45°，60°及75°的斜线，这些斜线都是按自左向右的方向画出的	常见的是三用圆规，定圆心的一条腿的钢针两端都为圆锥形，应选用有台肩的一端放在圆心处，并按需要适当调节长度；另一条腿的端部则可按需要装上有铅芯的插腿、有墨线笔头的插腿或有钢针的插腿，分别用来绘制铅笔线的圆、墨线圆或当作分规用
种类	曲线板使用方法	比例尺使用方法
使用图示	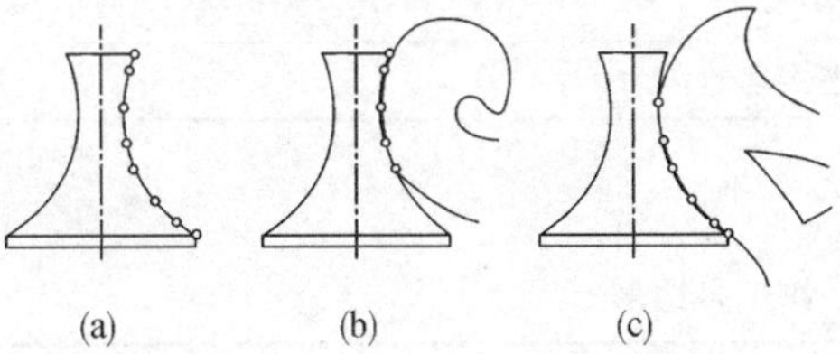 (a) (b) (c)	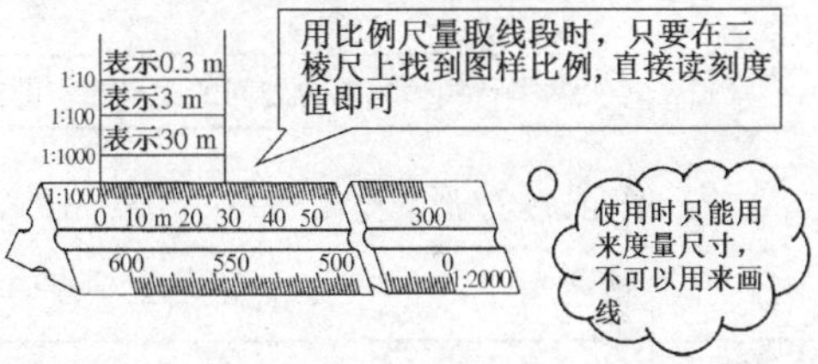 用比例尺量取线段时，只要在三棱尺上找到图样比例，直接读刻度值即可 1:10 表示0.3 m 1:100 表示3 m 1:1000 表示30 m 使用时只能用来度量尺寸，不可以用来画线
使用方法	先将非圆曲线上的一系列点用铅笔勾画出均匀圆滑的稿线，然后选取曲线板上能与稿线重合的一段线描绘下来（曲线至少含三个点），依此类推。若两段或几段不同的曲线连在一起，为光滑连接曲线，前后应有一小段搭接，这样曲线才显得光滑	用于图形放大或缩小。比例尺的三个面有六种不同比例的刻度，刻度数字单位是米。在尺上找到所需的比例；然后，看清尺上每单位长度所表示的相应长度，就可以根据所需要的长度，在比例尺上找出相应的长度作图
种类	铅笔笔芯的用法	铅笔的用法
使用图示	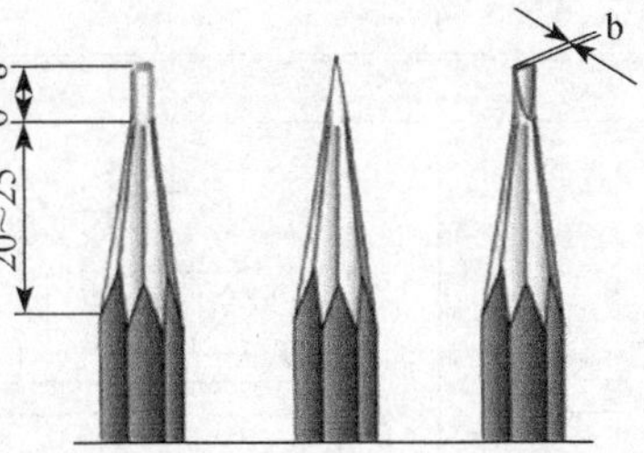 6~8 20~25 b 铅笔常削成圆锥形和矩形，圆锥形用于画细线和写字，矩形用于绘制粗实线	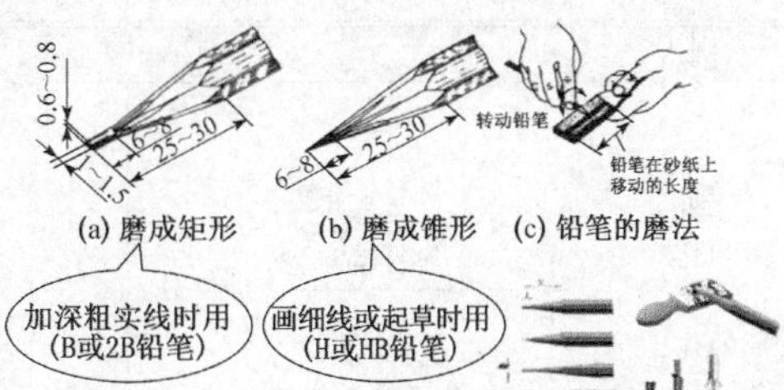 (a) 磨成矩形 (b) 磨成锥形 (c) 铅笔的磨法 加深粗实线时用（B或2B铅笔） 画细线或起草时用（H或HB铅笔） 转动铅笔 铅笔在砂纸上移动的长度

1.3.2 基本几何作图

1. 等分线段与等分两平行线间的距离(表 1-7)

表 1-7 等分线段与等分两平行线间的距离

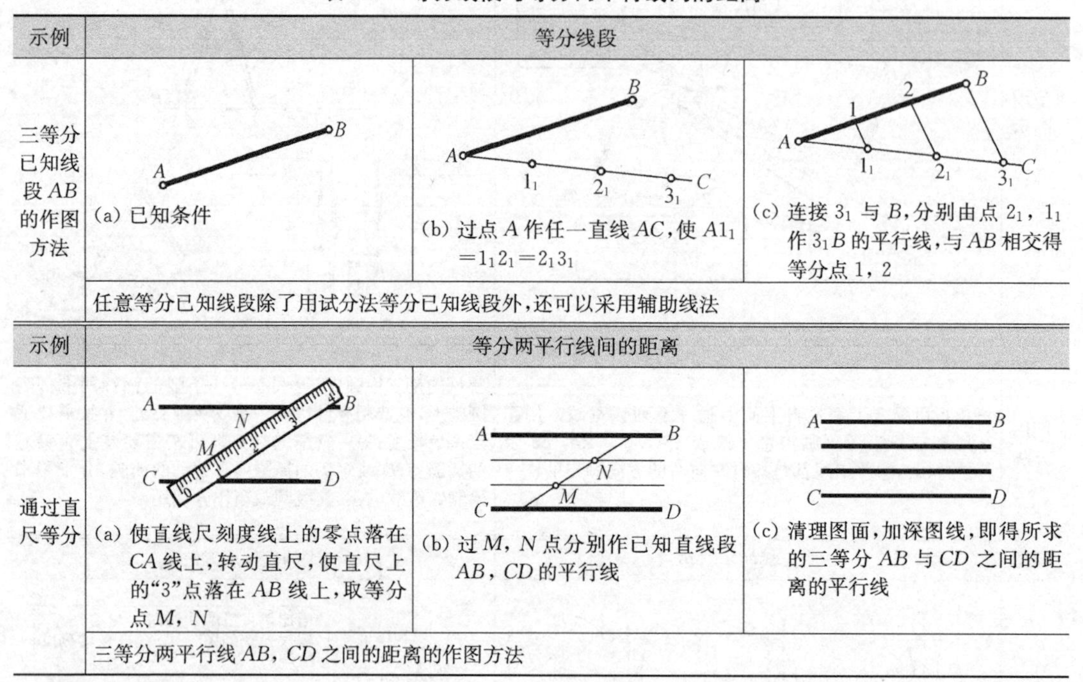

示例	等分线段		
三等分已知线段 AB 的作图方法	(a) 已知条件	(b) 过点 A 作任一直线 AC，使 $A1_1=1_1 2_1=2_1 3_1$	(c) 连接 3_1 与 B，分别由点 2_1，1_1 作 3_1B 的平行线，与 AB 相交得等分点 1，2
	任意等分已知线段除了用试分法等分已知线段外，还可以采用辅助线法		
示例	等分两平行线间的距离		
通过直尺等分	(a) 使直线尺刻度线上的零点落在 CA 线上，转动直尺，使直尺上的“3”点落在 AB 线上，取等分点 M，N	(b) 过 M，N 点分别作已知直线段 AB，CD 的平行线	(c) 清理图面，加深图线，即得所求的三等分 AB 与 CD 之间的距离的平行线
	三等分两平行线 AB，CD 之间的距离的作图方法		

2. 作正多边形(表 1-8)

表 1-8 作正多边形

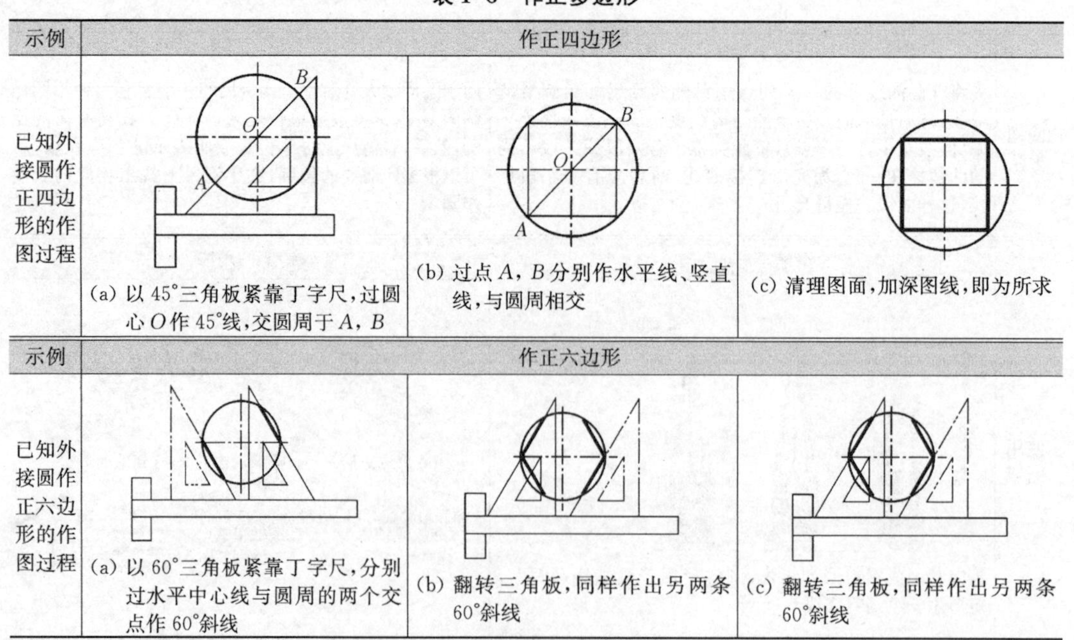

示例	作正四边形		
已知外接圆作正四边形的作图过程	(a) 以 45°三角板紧靠丁字尺，过圆心 O 作 45°线，交圆周于 A，B	(b) 过点 A，B 分别作水平线、竖直线，与圆周相交	(c) 清理图面，加深图线，即为所求
示例	作正六边形		
已知外接圆作正六边形的作图过程	(a) 以 60°三角板紧靠丁字尺，分别过水平中心线与圆周的两个交点作 60°斜线	(b) 翻转三角板，同样作出另两条 60°斜线	(c) 翻转三角板，同样作出另两条 60°斜线

(续表)

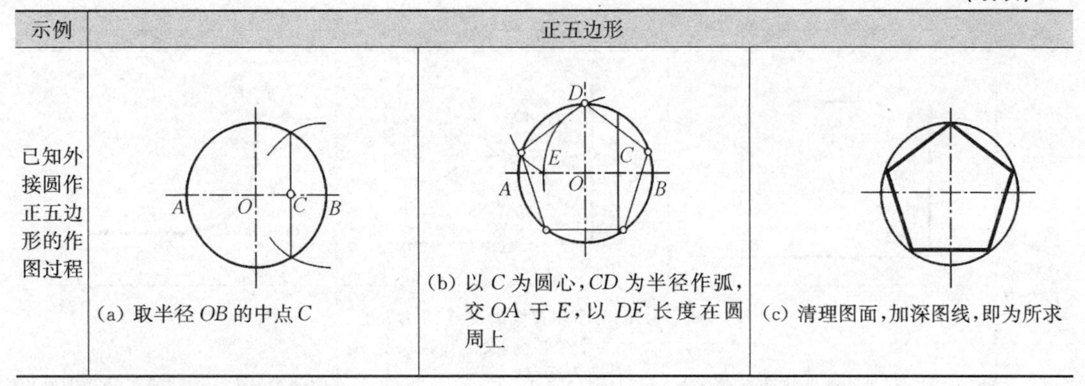

示例	正五边形		
已知外接圆作正五边形的作图过程	(a) 取半径 *OB* 的中点 *C*	(b) 以 *C* 为圆心，*CD* 为半径作弧，交 *OA* 于 *E*，以 *DE* 长度在圆周上	(c) 清理图面，加深图线，即为所求

3. 圆弧连接

使直线与圆弧相切或圆弧与圆弧相切来连接已知图线，称为圆弧连接。

用来连接已知直线或已知圆弧的圆弧称为连接弧，切点称为连接点。为了使线段能准确连接，作图时，必须先求出连接弧的圆心和切点的位置。在表1-9中列举了几种直线段与圆弧、圆弧与圆弧连接的画法及其作图过程。

表1-9 圆弧连接示例

示例	已知条件与作图要求	作图过程	作图结果
过点作圆的切线	过点 *A* 作已知圆 *O* 的切线	1. 连接 *OA*，取 *OA* 中点 *C*； 2. 以 *C* 为圆心，*OC* 为半径画弧，交圆周于点 *B*； 3. 连接 *AB*，即为所求	本例有两个答案，另一答案与 *AB* 对 *OA* 对称，作图过程与求作 *AB* 相同，未画出。清理图面和加深图线后的作图结果如上图所示
示例	已知条件与作图要求	作图过程	作图结果
用圆弧连接两斜交直线	用半径为 *R* 的圆弧连接两条已知的斜交直线	1. 分别作距两已知直线为 *R* 的两条平行线，交点 *O* 为连接弧的圆心； 2. 过圆心 *O* 作两已知直线的垂线，交点 *M*，*N* 即为切点； 3. 以 *O* 为圆心，*R* 为半径，自 *N* 到 *M* 画弧，即为所求	本例有两个答案，另一答案与 $\overset{\frown}{AB}$ 对 O_1，O_2 对称，作图过程与求作 $\overset{\frown}{AB}$ 相同，未画出。清理图面和加深图线后的作图结果如上图所示

（续表）

示例	已知条件与作图要求	作图过程	作图结果
用圆弧连接两正交直线	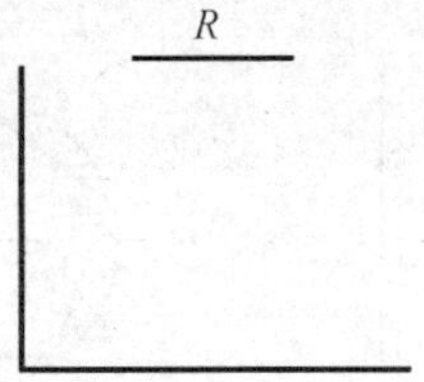 R	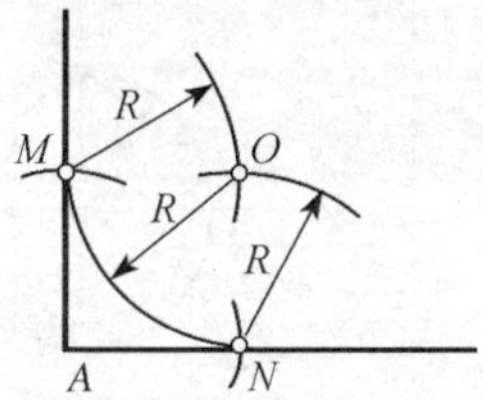 R M O R R A N	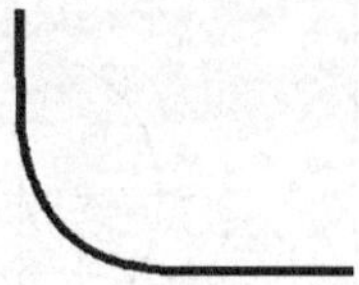
	用半径为 R 的圆弧连接两垂直相交的已知直线	1. 以两已知直线的交点 A 为圆心，R 为半径画圆，交已知直线于 M，N，即为切点； 2. 分别以 M，N 为圆心，R 为半径画圆，交点 O 为连接弧的圆心； 3. 以 O 为圆心，R 为半径，自切点 N 向 M 画弧，即为所求	清理图面和加深图线后的作图结果如图所示
圆弧与两圆弧外切	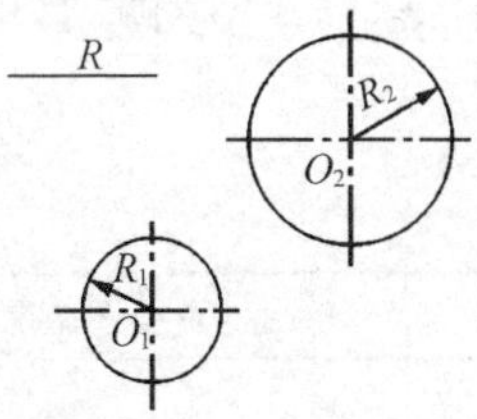 R R_2 O_2 R_1 O_1	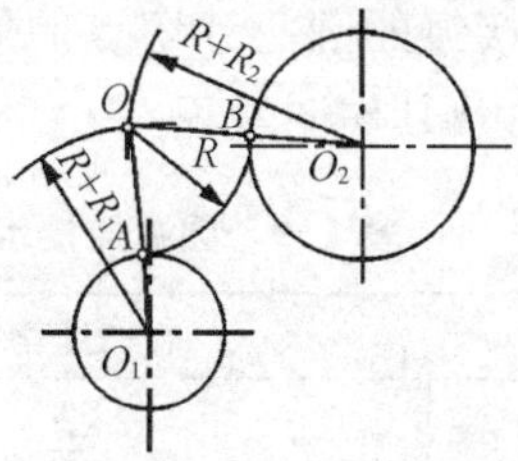 $R+R_2$ O B R O_2 $R+R_1$ A O_1	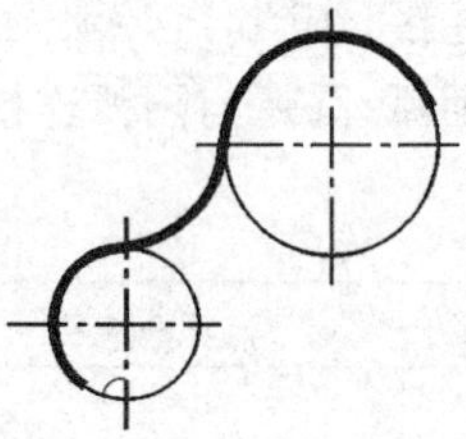
	用半径为 R 的圆弧连接两已知圆弧，使它们同时外切	1. 分别以 O_1，O_2 为圆心，R_1+R、R_2+R 为半径画弧，相交得连接弧的圆心 O； 2. 连接 O 与 O_1，O 与 O_2，OO_1，OO_2 分别与两圆周相交，交点 A、B 即为切点； 3. 以 O 为圆心，R 为半径，自 B 到 A 画弧，即为所求	本例有两个答案，另一答案与 $\overset{\frown}{AB}$ 对 O_1，O_2 对称，作图过程与求作 $\overset{\frown}{AB}$ 相同，未画出。清理图面和加深图线后的作图结果如上图所示
圆弧与两圆弧外切	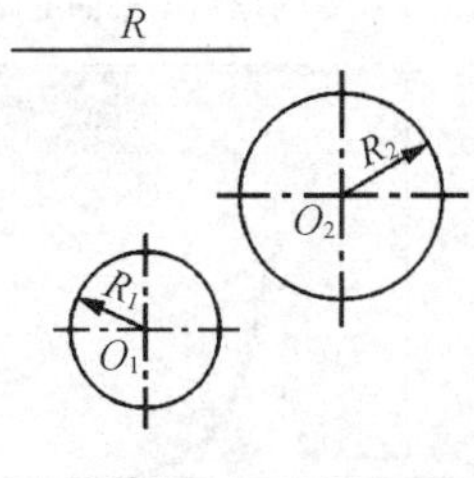 R R_2 O_2 R_1 O_1	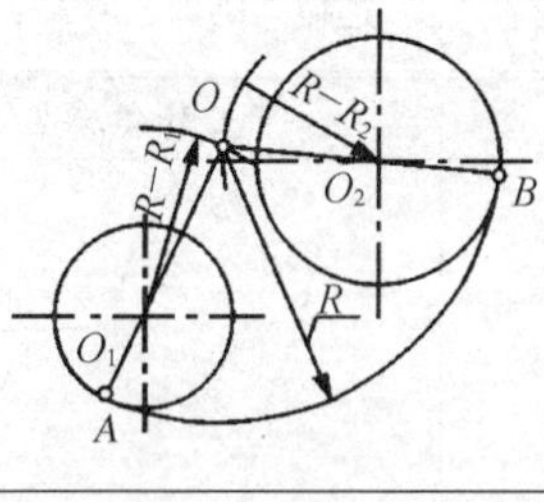 O $R-R_2$ $R-R_1$ O_2 B R O_1 A	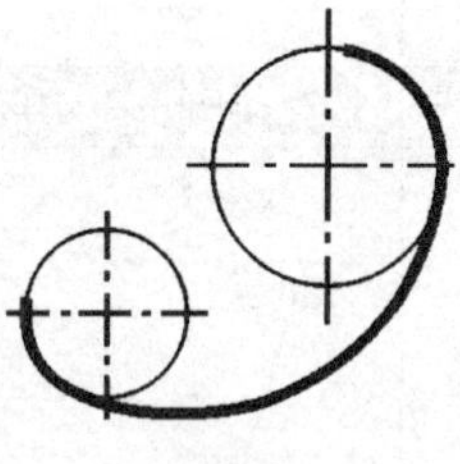
	用半径为 R 的圆弧连接两已知圆弧，使它们同时内切	1. 分别以 O_1，O_2 为圆心，$R-R_1$，$R-R_2$ 为半径画弧，相交得连接弧的圆心 O； 2. 连接 O 与 O_1，O 与 O_2，OO_1，OO_2 的延长线分别与两圆周相交，交点 A、B 即为切点； 3. 以 O 为圆心，R 为半径，自 B 到 A 画弧，即为所求	本例有两个答案，另一答案与 $\overset{\frown}{AB}$ 对 O_1，O_2 对称，作图过程与求作 $\overset{\frown}{AB}$ 相同，未画出。清理图面和加深图线后的作图结果如上图所示

（续表）

示例	已知条件与作图要求	作图过程	作图结果
圆弧与两圆弧外切	作半径为 R 的圆弧，与已知圆弧外切、与已知直线相切	1. 作与已知直线距离为 R 的平行线；以 O_1 为圆心，R_1+R 为半径画弧，与所作平行线相交得连接弧的圆心 O； 2. 过圆心 O 向已知直线作垂线，得垂足 A，连接 O_1 与 O，O_1O 与圆周相交，交点 B 即为切点； 3. 以 O 为圆心，R 为半径，自 A 向 B 画弧，即为所求	本例有两个答案，另一个答案的作图过程与求作 $\widehat{AB}$ 相同，未画出。清理图面和加深图线后的作图结果如上图所示

4. 平面图形的尺寸分析和作图步骤

平面图形的尺寸分析，按其所起的作用，分为定形尺寸、定位尺寸(表 1-10)。

表 1-10　平面图形的尺寸分析和作图步骤

示例	平面图形的尺寸分析	
	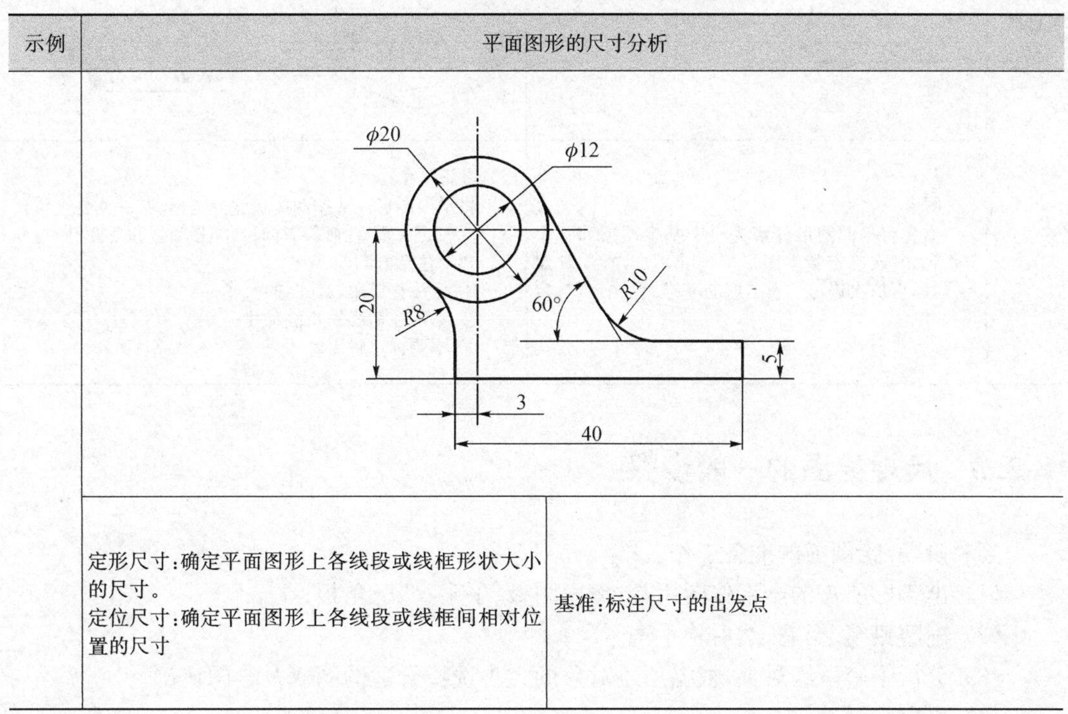	
	定形尺寸：确定平面图形上各线段或线框形状大小的尺寸。 定位尺寸：确定平面图形上各线段或线框间相对位置的尺寸	基准：标注尺寸的出发点

（续表）

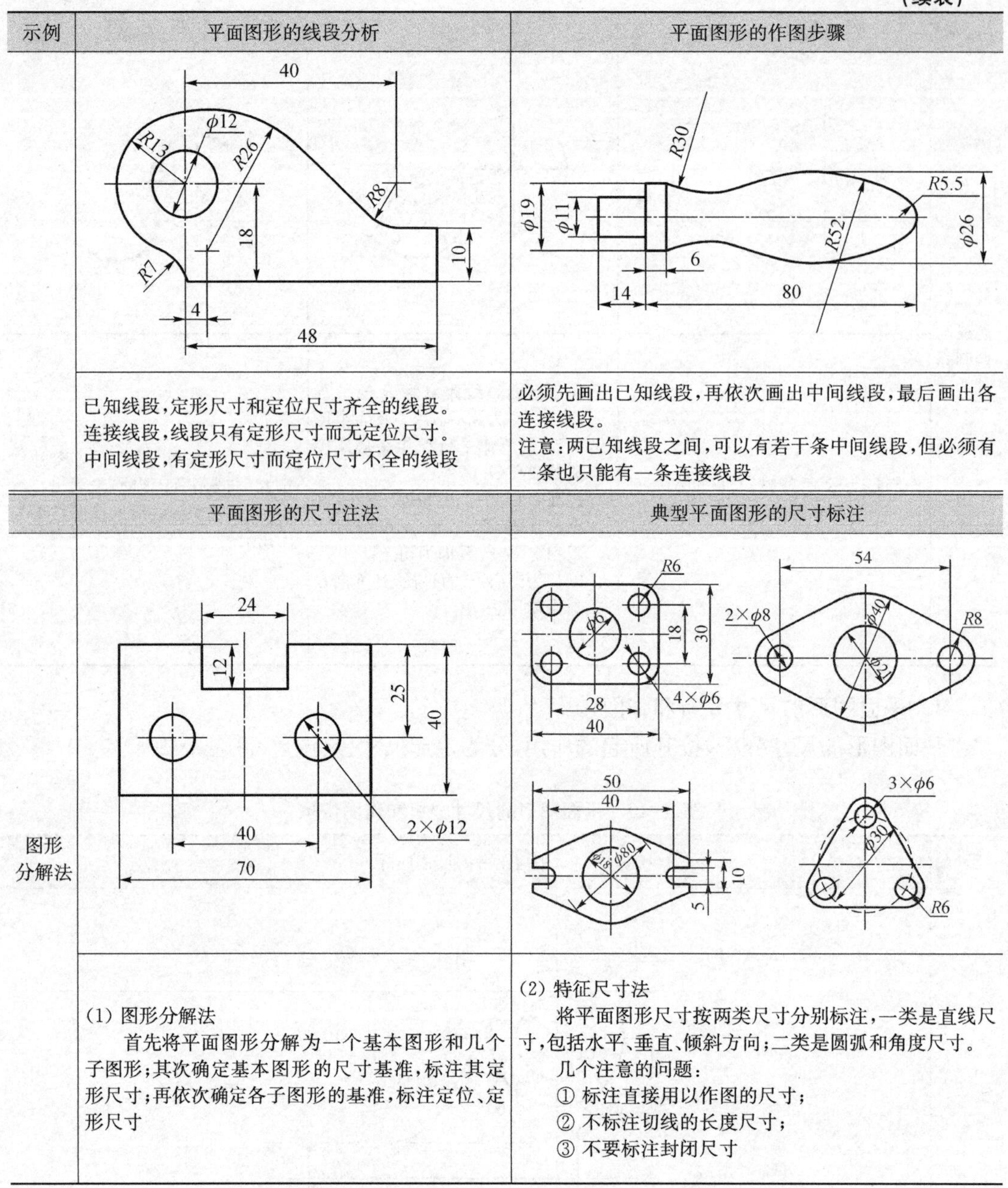

示例	平面图形的线段分析	平面图形的作图步骤
	已知线段，定形尺寸和定位尺寸齐全的线段。 连接线段，线段只有定形尺寸而无定位尺寸。 中间线段，有定形尺寸而定位尺寸不全的线段	必须先画出已知线段，再依次画出中间线段，最后画出各连接线段。 注意：两已知线段之间，可以有若干条中间线段，但必须有一条也只能有一条连接线段
	平面图形的尺寸注法	典型平面图形的尺寸标注
图形分解法	(1) 图形分解法 首先将平面图形分解为一个基本图形和几个子图形；其次确定基本图形的尺寸基准，标注其定形尺寸；再依次确定各子图形的基准，标注定位、定形尺寸	(2) 特征尺寸法 将平面图形尺寸按两类尺寸分别标注，一类是直线尺寸，包括水平、垂直、倾斜方向；二类是圆弧和角度尺寸。 几个注意的问题： ① 标注直接用以作图的尺寸； ② 不标注切线的长度尺寸； ③ 不要标注封闭尺寸

1.3.3 尺规绘图的一般步骤

第一阶段：绘图前的准备工作。

(1) 准备好所需的全部作图用具，擦净图板、丁字尺、三角板；

(2) 削磨铅笔、铅芯，然后将手洗干净；

(3) 分析了解所绘对象，根据所绘对象的大小选择合适的图幅及绘图比例；

(4) 固定图纸。

第二阶段：画底图。

(1) 绘图纸边界线、图框线和标题栏框线；

(2) 从主要轮廓线开始依次作图，先画已知线段，后画连接线段；

(3) 先画圆弧，后画直线。

第三阶段：校核加深、完成全图。

仔细校核底稿，擦去不必要的图线，按线型要求加深全部图线。

加深的原则：先画虚线，后画实线；先细后粗，先曲后直；从上至下，从左至右；最后注尺寸，填写标题栏。

图线要求：线型正确，粗细分明，均匀光滑，深浅一致。

图面要求：布图适中，整洁美观，字体、数字符合标准规定。

加深后的图线要修改时，可用擦图片控制修改范围。

1.4　教学方法

1. 教学设计(表1-11)

表1-11　教学设计

能力描述	掌握制图国家标准及其他有关规定 培养绘制和阅读本专业的工程图样的基本能力 培养空间想象能力和绘制技能
目　　标	完成制图标准、绘图工具使用、尺规绘图的基本技能
训练内容	本课程具有很强的实践性，因此，必须加强实践性训练教学环节，保证认真地完成一定数量的作业和习题，并将学习制图标准的有关规定、初步的专业知识、训练绘图技能，与培养空间想象能力、培养绘图与读图能力紧密结合
学生应具备的知识和基础能力	所需知识，完成画法几何的课程学习，具有一定的几何形体投影原理知识所需能力，查阅暖通规范和基本的几何形体投影知识
教学媒体 多媒体、平面图纸、制图规范	**教学方法** 主要采用手绘实践与课程紧密结合的教学方法
教师安排 具有工程实践经验，并具有丰富教学经验，能够运用多种教学方法和教学媒体的专职教师1名	**教学地点** 多媒体教室
评价方式 学生自评；教师评价	**考核方法** 结果考核

2. 教学方法与思路

在学习了制图的基本知识和技能，并进行了初步的制图操作训练后，应在理解正投影原理中几何形体的投影特性的基础上，培养空间想象能力，打下图示几何形体的理论基础。

然后,在逐步深入了解和熟悉制图标准关于基本规格、图样画法、尺寸标注等规定的基础上,由浅入深地反复通过由物画图和由图想物的实践,继续进行绘图技能的操作训练,准确作图,严格遵守制图标准的各项规定,养成正确使用制图工具和仪器的习惯,初步形成认真负责的学风和严谨细致的工作作风。为进入专业制图阶段学习打下基础。因此教师不但要进行合理的理论教学,还应设置相应的实践习题加强训练。

1.5 训练小结

本章主要介绍建筑的基本构造、《房屋建筑制图统一标准》中的部分内容,以及绘图工具和仪器等设计基础的基本知识,并对常用绘图工具的使用、几何作图、绘图的一般方法步骤等作简要介绍,通过本章的学习与作业的实践,学生应掌握暖通空调设计基础知识和绘图的基本方法和技能,为后续的专业实践打下基础。

第 2 章

暖通空调工程基础训练

- 2.1 训练目标
- 2.2 知识模块
- 2.3 训练法则
- 2.4 实践任务
- 2.5 教学方法
- 2.6 训练小结

本章导读

知识目标

★ 可读取相关建筑图纸信息

★ 熟悉相关暖通空调系统图例

★ 了解各部分图纸需包含信息

能力目标

★ 能熟练与相关建筑专业配合

★ 掌握暖通空调系统设计步骤和流程

2.1 训练目标

暖通空调专业的设计工作，隶属于广义范畴的“建筑设计”，是“大建筑”设计的一个分支或一个有机的组成部分。民用建筑设计涉及多个专业(俗称“工种”)，通常有建筑、结构、给排水、强电、弱电、暖通空调、热能动力和建筑经济等诸多专业，其中给排水、强电、弱电、暖通空调、热能动力又被统称为“机电专业”或“设备专业”。

学生首先需要了解的是，在各个专业之间，需要分别设计与协同设计，暖通空调专业除了做好本职的设计内容之外，还需要与“上、下游”的其他专业密切配合与协作，如需要从作为“上游”的建筑专业得到资料图，并在了解结构专业梁、柱的情况后，开展本专业的计算、设计和绘图工作；暖通空调专业在自身的设计内容进行到一定的时间节点并达到一定的深度时，还需要向作为“下游”专业的结构、电气和给排水专业提出需求资料，如预留预埋、设备基础、设备配电要求、弱电及BA配置要求、补水及排水要求等；在基本完成本专业的设计内容后，还需要将完整的设计文件提供给建筑经济专业(俗称“概预算”)，以便计算出暖通空调系统的初投资(或称“一次性投资”)情况。

在方案设计、初步设计的基础上，设计院最终完成可供工程项目现场施工安装的图纸，即“施工图”，学生对其过程也应有完整、清晰的了解，如设计步骤、设计流程、设计文件组成、设计深度规定、图例及表达方式、识图方法、绘图要点等，这些知识是学习设计绘图实践的重要基础。

2.2 知识模块

2.2.1 建筑提供配合资料图例

1. 图纸幅面

图纸幅面及图框尺寸，应符合《房屋建筑制图统一标准》(GB/T 50001—2010)的规定，如表2-1和图2-1所示。

表2-1 图纸幅面及图框尺寸　　单位：mm

尺寸代号	幅面代号				
	A0	A1	A2	A3	A4
$b \times l$	841×1189	594×841	420×594	297×420	210×297
c	10			5	
a		25			

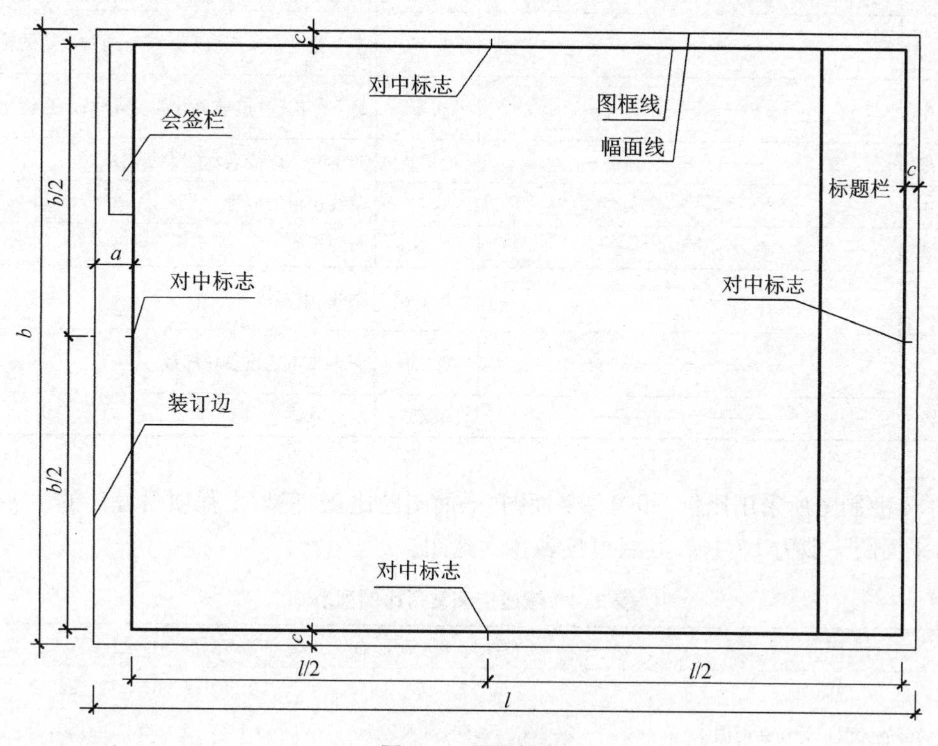

图 2-1　图纸幅面

2. 线形和比例

制定制图标准线型和比例的目的，在于统一专业制图规则，保证制图质量，提高制图效率，达到图面简明清晰，符合设计、施工、存档要求，适合工程建设需要。

暖通空调专业制图采用的各种线型，宜符合表 2-2、表 2-3 的规定。此外，图样中也可使用自定义图线及含义，但应有图例说明，且含义不应与上表相反。

表 2-2　线型及其含义(一)

名称		线型	线宽	一般用途
实线	粗	——————	b	单线表示的供水管线
	中粗	——————	$0.7b$	本专业设备轮廓、双线表示的管道轮廓

表 2-3　线型及其含义(二)

名称		线型	线宽	一般用途
实线	中	——————	$0.5b$	尺寸、标高、角度等标注线及引出线；建筑物轮廓
	细	——————	$0.25b$	建筑布置的家具、绿化等；非本专业设备轮廓
虚线	粗	— — — — — — —	b	回水管线及单根表示的管道被遮挡的部分

（续表）

名称		线型	线宽	一般用途
虚线	中粗		0.7*b*	本专业设备及双线表示的管道被遮挡的轮廓
	中		0.5*b*	地下管沟、改造前风管的轮廓线；示意性连线
	细		0.25*b*	非本专业虚线表示的设备轮廓等
波浪线	中		0.5*b*	单线表示的软管
	线		0.25*b*	断开界线
单点长画线			0.25*b*	轴线、中心线
双点长画线			0.25*b*	假想或工艺设备轮廓线
折断线			0.25*b*	断开界线

本专业制图所采用比例，其中总平面图、平面图的比例，宜与工程项目设计的主导专业一致，平面图一般为 1∶100，其余可按表 2-4 选用。

表 2-4　暖通空调常用比例列表

图名	常用比例	可用比例
剖面图	1∶50，1∶100	1∶150，1∶200
局部放大图、管沟断面图	1∶20，1∶50，1∶100	1∶25，1∶30，1∶150，1∶200
索引图、详图	1∶1，1∶2，1∶5，1∶10，1∶20	1∶3，1∶4，1∶15

3. 计算机制图文件的图层

为了便于在工程设计中采用计算机软件（如 AutoCAD）协同工作，建筑、结构和机电专业都各自命名了不同的图层系列，且在各自专业的设计中还将不同的系统、设备、管线、标注等，以不同名称的图层加以区别。

图层可根据不同的用途、设计阶段、属性和使用对象等进行组织，但在工程上应具有明确的逻辑关系，便于识别、记忆、软件操作和检索；图层名称可使用汉字、拉丁字母、数字和连字符“-”的组合，但汉字与拉丁字母不得混用；在同一工程中，应使用统一的图层命名格式，图层名称应自始至终保持不变，且不得同时使用中文和英文的命名格式。

图层命名应采用分级形式，每个图层名称由 2～5 个数据字段（代码）组成，第一级为专业代码，第二级为主代码，第三、四级分别为次代码 1 和次代码 2，第五级为状态代码；其中专业代码和主代码为必选项，其他数据字段为可选项；每个相邻的数据字段用连字符分隔开；专业代码用于说明专业类别，主代码用于详细说明专业特征，主代码可以和任意的专业代码组合；次代码 1 和次代码 2 用于进一步区分主代码的数据特征，次代码可以和任意的主代码组合；状态代码用于区分图层中所包含的工程性质或阶段，但状态代码不能同时表示工程状态和阶段。

《房屋建筑制图统一标准》（GB/T 50001—2010）建议采用的暖通空调专业图层名称见表2-5。

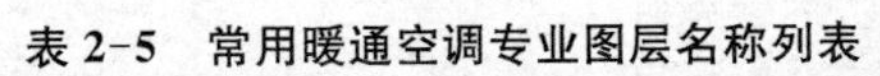

表 2-5　常用暖通空调专业图层名称列表

图层	中文名称	英文名称	说明
轴线	暖通-轴线	M-AXIS	
轴网	暖通-轴线-轴网	M-AXIS-GRID	平面轴网、中心线
轴线标注	暖通-轴线-标注	M-AXIS-DIMS	轴线尺寸标注及标注文字
轴线编号	暖通-轴线-编号	M-AXIS-TEXT	
空调系统	暖通-空调	M-HVAC	
冷水供水管	暖通-空调-冷水-供水	M-HVAC-CPIP-SUPP	
冷水回水管	暖通-空调-冷水-回水	M-HVAC-CPIP-RETN	
热水供水管	暖通-空调-热水-供水	M-HVAC-HPIP-SUPP	
热水回水管	暖通-空调-热水-回水	M-HVAC-HPIP-RETN	
冷热水供水管	暖通-空调-冷热-供水	M-HVAC-RISR-SUPP	
冷热水回水管	暖通-空调-冷热-回水	M-HVAC-RISR-RETN	
冷凝水管	暖通-空调-冷凝	M-HVAC-CNDW	
冷却水供水管	暖通-空调-冷却-供水	M-HVAC-CWTR-SUPP	
冷却水回水管	暖通-空调-冷却-回水	M-HVAC-CWTR-RETN	
冷媒供液管	暖通-空调-冷媒-供水	M-HVAC-CMDM-SUPP	
冷媒回水管	暖通-空调-冷媒-回水	M-HVAC-CMDM-RETN	
热媒供水管	暖通-空调-热媒-供水	M-HVAC-HMDM-SUPP	
热媒回水管	暖通-空调-热媒-回水	M-HVAC-HMDM-RETN	
蒸汽管	暖通-空调-蒸汽	M-HVAC-STEM	
空调设备	暖通-空调-设备	M-HVAC-EQPM	空调水系统阀门及其他配件
空调标注	暖通-空调-标注	M-HVAC—IDEN	空调水系统文字标注
通风系统	暖通-通风	M-DUCT	
送风风管	暖通-通风-送风-风管	M-DUCT-SUPP-PIPE	
送风风管中心线	暖通-通风-送风-中线	M-DUCT-SUPP-CNTR	
送风风口	暖通-通风-送风-风口	M-DUCT-SUPP-VENT	
送风立管	暖通-通风-送风-立管	M-DUCT-SUPP-VPIP	
送风设备	暖通-通风-送风-设备	M-DUCT-SUPP-EQPM	送风阀门、法兰及其他配件
送风标注	暖通-通风-送风-标注	M-DUCT-SUPP-IDEN	送风风管标高、尺寸、文字等标注
回风风管	暖通-通风-回风-风管	M-DUCT-RETN-PIPE	
回风风管中心线	暖通-通风-回风-中线	M-DUCT-RETN-CNTR	
回风风口	暖通-通风-回风-风口	M-DUCT-RETN-VENT	
回风立管	暖通-通风-回风-立管	M-DUCT-RETN-VPIP	

（续表）

图层	中文名称	英文名称	说明
回风设备	暖通-通风-回风-设备	M-DUCT-RETN-EQPM	回风阀门、法兰及其他配件
回风标注	暖通-通风-回风-标注	M-DUCT-RETN-IDEN	回风风管标高、尺寸、文字等标注
新风风管	暖通-通风-新风-风管	M-DUCT-MKUP-PIPE	
新风风管中心线	暖通-通风-新风-中线	M-DUCT-MKUP-CNTR	
新风风口	暖通-通风-新风-风口	M-DUCT-MKUP-VENT	
新风立管	暖通-通风-新风-立管	M-DUCT-MKUP-VPIP	
新风设备	暖通-通风-新风-设备	M-DUCT-MKUP-EQPM	新风阀门、法兰及其他配件
新风标注	暖通-通风-新风-标注	M-DUCT-MKUP-IDEN	新风风管标高、尺寸、文字等标注
除尘风管	暖通-通风-除尘-风管	M-DUCT-PVAC-PIPE	
除尘风管中心线	暖通-通风-除尘-中线	M-DUCT-PVAC-CNTR	
除尘风口	暖通-通风-除尘-风口	M-DUCT-PVAC-VENT	
除尘立管	暖通-通风-除尘-立管	M-DUCT-PVAC-VPIP	
除尘设备	暖通-通风-除尘-设备	M-DUCT-PVAC-EQPM	除尘阀门、法兰及其他配件
除尘标注	暖通-通风-除尘-标注	M-DUCT-PVAC-IDEN	除尘风管标高、尺寸、文字等标注
排风风管	暖通-通风-排风-风管	M-DUCT-EXHS-PIPE	
排风风管中心线	暖通-通风-排风-中线	M-DUCT-EXHS-CNTR	
排风风口	暖通-通风-排风-风口	M-DUCT-EXHS-VENT	
排风立管	暖通-通风-排风-立管	M-DUCT-EXHS-VPIP	
排风设备	暖通-通风-排风-设备	M-DUCT-EXHS-EQPM	排风阀门、法兰及其他配件
排风标注	暖通-通风-排风-标注	M-DUCT-EXHS-IDEN	排风风管标高、尺寸、文字等标注
排烟风管	暖通-通风-排烟-风管	M-DUCT-DUST-PIPE	
排烟风管中心线	暖通-通风-排烟-中线	M-DUCT-DUST-CNTR	
排烟风口	暖通-通风-排烟-风口	M-DUCT-DUST-VENT	
排烟立管	暖通-通风-排烟-立管	M-DUCT-DUST-VPIP	
排烟设备	暖通-通风-排烟-设备	M-DUCT-DUST-EQPM	排烟阀门、法兰及其他配件
排烟标注	暖通-通风-排烟-标注	M-DUCT-DUST-IDEN	排烟风管标高、尺寸、文字等标注
消防风管	暖通-通风-消防-风管	M-DUCT-FIRE-PIPE	
消防风管中心线	暖通-通风-消防-中线	M-DUCT-FIRE-CNTR	
消防风口	暖通-通风-消防-风口	M-DUCT-FIRE-VENT	
消防立管	暖通-通风-消防-立管	M-DUCT-FIRE-VPIP	
消防设备	暖通-通风-消防-设备	M-DUCT-FIRE-EQPM	消防阀门、法兰及其他配件

(续表)

图层	中文名称	英文名称	说明
消防标注	暖通-通风-消防-标注	M-DUCT-FIRE-IDEN	消防风管标高、尺寸、文字等标注
采暖系统	暖通-采暖	M-HOTW	
供水管	暖通-采暖-供水	M-HOTW-SUPP	
供水立管	暖通-采暖-供水-立管	M-HOTW-SUPP-VPIP	
供水支管	暖通-采暖-供水-支管	M-HOTW-SUPP-LATL	
供水设备	暖通-采暖-供水-设备	M-HOTW-SUPP-EQPM	供水阀门及其他配件
供水标注	暖通-采暖-供水-标注	M-HOTW-SUPP-IDEN	供水管标高、尺寸、文字等标注
回水管	暖通-采暖-回水	M-HOTW-RETN	
回水立管	暖通-采暖-回水-立管	M-HOTW-RETN-VPIP	
回水支管	暖通-采暖-回水-支管	M-HOTW-RETN-LATL	
回水设备	暖通-采暖-回水-设备	M-HOTW-RETN-EQPM	回水阀门及其他配件
回水标注	暖通-采暖-回水-标注	M-HOTW-RETN-IDEN	回水管标高、尺寸、文字等标注
散热器	暖通-采暖-散热器	M-HOTW-RDTR	
平面地沟	暖通-采暖-地沟	M-HOTW-UNDR	
注释	暖通-注释	M-ANNO	
图框	暖通-注释-图框	M-ANNO-TTLB	图框及图框文字
图例	暖通-注释-图例	M-ANNO-LEGN	图例与符号
尺寸标注	暖通-注释-标注	M-ANNO-DIMS	尺寸标注及标注文字
文字说明	暖通-注释-文字	M-ANNO-TEXT	暖通专业文字说明
公共标注	暖通-注释-公共	M-ANNO-IDEN	
标高标注	暖通-注释-标高	M-ANNO-ELVT	标高符号及标注文字
表格	暖通-注释-表格	M-ANNO-TABL	

暖通空调管道和设备布置平面图、剖面图应以直接正投影法绘制。管道系统图的基本要素应与平、剖面图相对应，如采用轴测投影法绘制，宜采用与相应的平面图一致的比例，按正等轴测或正面斜二轴测的投影规则绘制。原理图(即流程图)不按比例和投影规则绘制，其基本要求是应与平、剖面图及管道系统图相对应。

暖通空调施工图依次包括图纸目录、选用图集(纸)目录、设计施工说明、图例、设备及主要材料表、总图、工艺(原理)图、系统图、平面图、剖面图、评图等。

主要设备及材料表一般包括序号、设备名称、技术要求、数量、备注栏；设备部件需表明其型号、性能时，可用明细栏表示。

暖通空调系统编号、入口编号由系统代号和顺序号组成；竖向布置的垂直管道系统，应标注立管号；为避免引起误解时，可只标注序号，但应与建筑轴线编号有明显区别。

通风、空调图样包括平、剖面图及详图、系统图和原理图。通风空调平面图，应按本层平顶以下俯视绘出，剖面图应在其平面图上选择能反映该系统全貌的部位直立剖切。通风空调剖面图剖切的视向宜向上、向左。平、剖面图应绘出建筑轮廓线，标出定位轴线编号、房间名称，以及与通风空调系统有关的门、窗、梁、柱、平台等建筑构配件。

平、剖面图中的风管宜用双线绘制，以便增加直观感。风管的法兰盘可用单线绘制。平、剖面图中的各设备、部件等，宜标注编号。通风、空调系统如需编号时，宜用系统名称的汉语拼音字头加阿拉伯数字进行编号。如送风系统 S-1，2，…，排风系统 P-1，2，…。设备的安装图应由平面图、剖面图、局部详图等组成，图中各细部尺寸应注清楚，设备、部件均应注编号。

通风空调系统图是施工图的重要组成部分，也是区别于建筑、结构施工图的一个主要特点。它可以形象地表达通风空调系统在空间的前后、左右、上下的走向，以突出系统的立体感。为使图样简洁，系统图中的风管宜按比例以单线绘制。对系统的主要设备、部件应注出编号，对各设备、部件、管道及配件要表示出它们的完整内容。系统图宜注明管径、标高，其标注方法应与平、剖面图一致。图中的土建标高线，除注明其标高外，还应加文字说明。

2.2.2 暖通空调施工图图样类别

建筑暖通施工图的图样一般有：设计与施工总说明，图例，设备材料表，平面图（风管、水管平面，设备平面），详图（冷冻、空调机房平剖面，节点平剖面），系统图（风系统、水系统），流程图（热力、制冷流程、空调冷热水流程）等。

1. 设计与施工总说明

（1）设计总说明：设计概况，设计参数；冷热源情况；冷热媒参数；空调冷热负荷及负荷指标；水系统总阻力；系统形式和控制方法。

（2）施工总说明：使用管道、阀门附件、保温等材料，系统工作压力和试压要求；施工安装要求及注意事项；管道容器的试压和冲洗等；标准图集的采用。

2. 设计图例

图例是用表格的形式列出该系统中使用的图形符号或文字符号，其目的是使读图者容易读懂图样。

3. 主要设备材料表

设备材料表一般都要列出系统主要设备及主要材料的规格、型号、数量、具体要求。但是表中的数量一般只作为概算估计数，不作为设备和材料的供货依据。

4. 暖通空调平面图

建筑轮廓、主要轴线、轴线尺寸、室内外地面标高、房间名称。风管平面为双线风管；空调水管平面为单线水管；平面图上标注风管水管规格、标高及及定位尺寸；各类空调、通风设备和附件的平面位置；设备、附件、立管的编号。

5. 暖通系统系统图

小型空调系统，当平面图不能表达清楚时，绘制系统图，其比例宜与平面图一致，按 45°或 30°轴测投影绘制；系统图须绘出设备、阀门、控制仪表、配件、标注介质流向、管径及设备编号、管道标高。

6. 暖通系统流程图

大型空调系统，当管道系统比较复杂时，绘制流程图（包括冷热源机房流程图、冷却水流程图、通风系统流程图等），流程图可不按比例，但管路分支应与平面图相符，管道与设备

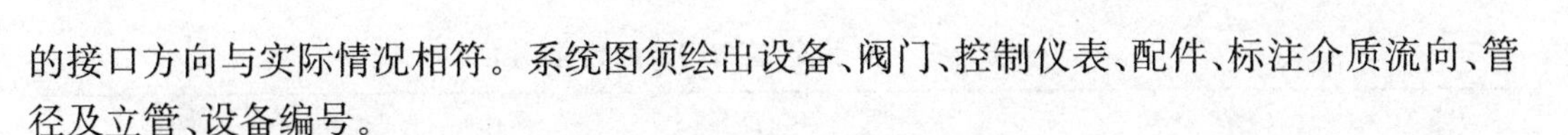

的接口方向与实际情况相符。系统图须绘出设备、阀门、控制仪表、配件、标注介质流向、管径及立管、设备编号。

7. 大样图、详图

通风、空调、制冷机房大样图：绘出通风、空调、制冷设备的轮廓位置及编号，注明设备和基础距墙或轴线的尺寸；连接设备的风管、水管的位置走向；注明尺寸、标高、管径。

通风、空调剖面图：风管或管道与设备交叉复杂的部位，应绘制平面图。绘出风管、水管、设备等的尺寸，标高，气、水流方向以及与建筑梁、板柱及地面的尺寸关系。

通风、空调、制冷机房剖面图：绘出对应于机房平面图的设备、设备基础的竖向尺寸标高。标注连接设备的管道尺寸及设备编号。

2.2.3　暖通空调施工图的图例及表达方式

本专业常用的图例包括四个方面，即水、汽管道，风道，暖通空调设备和调控装置及仪表。水、汽管道包括水汽管道代号和管道阀门与附件图例，宜分别按表 2-6 和表 2-7 采用。风管也有代号和风道、附件及阀门两个方面，宜分别按表 2-8—表 2-11 采用。暖通空调设备和调控装置及仪表的图例，见表 2-12—表 2-14。

表 2-6　水、汽管道命名及代号

序号	名称	代号	序号	名称	代号
01	供暖热水供水管	— HS —	22	二次蒸汽管	— S2 —
02	供暖热水回水管	---- HR ----	23	蒸汽凝结水管	---- SC ----
03	空调冷水供水管	— CS —	24	给水管	— J —
04	卒调冷水回水管	---- CR ----	25	软化水管	— SR —
05	空调热水供水管	— AHS —	26	除氧水管	— CY —
06	空调热水同水管	---- AHR ----	27	锅炉进水管	— GG —
07	空调冷、热水供水管	— CHS —	28	加药管	— JY —
08	空调冷、热水回水管	---- CHR ----	29	盐溶液管	— YS —
09	冷却水供水管	— CTS —	30	连续排污管	---- XL ----
10	冷却水回水管	---- CTR ----	31	定期排污管	---- XD ----
11	空气冷凝水管	---- CD ----	32	泄水管	---- XS ----
12	膨胀水管	— E —	33	溢流水(油)管	---- YL ----
13	补水管	— MU —	34	市政(一次)热水供水管	— GHS —
14	循环水管	— X —	35	市政(一次)热水回水管	---- GHR ----
15	冷媒管	— R —	36	放空管	---- F ----
16	乙二醇供水管	— YG —	37	安全阀放空管	---- FAQ ----
17	乙二醇回水管	---- YH ----	38	柴油供油管	— OS —
18	冰水供水管	— BG —	39	柴油回油管	---- OR ----
19	冰水回水管	---- BH ----	40	重油供油管	— OZS —
20	过热蒸汽管	— SG —	41	重油同油管	---- OZR ----
21	饱和蒸汽管	— SB —	42	排油管	---- OE ----

表 2-7　水、汽管道阀门及附件图例

序号	名称	图例	序号	名称	图例
01	截止阀		29	上出三通	
02	闸阀		30	下出三通	
03	球阀		31	变径管	
04	柱塞阀		32	活接头或法兰连接	
05	快开阀		33	固定支架	
06	蝶阀		34	导向支架	
07	旋塞阀		35	活动支架	
08	止回阀		36	金属软管	
09	浮球阀		37	橡胶软接管	
10	三通调节阀		38	Y形汽、水过滤器	
ll	平衡阀		39	疏水器	
12	定流量阀		40	减压阀	
13	定压差阀		41	直通型、反冲型除污器	
14	自动排气阀		42	除垢仪	
15	集气罐、手动放气阀		43	补偿器	
16	节流阀		44	矩形补偿器	
17	调节、止回、关断阀		45	套筒补偿器	
18	膨胀阀		46	波纹管补偿器	
19	放空管、放散管		47	弧形补偿器	
20	安全阀		48	球形补偿器	
21	角阀		49	伴热管	
22	底阀		50	保护套管	
23	漏斗排水		51	爆破膜	
24	地漏排水		52	阻火器	
25	明沟排水		53	节流孔板、减压孔板	
26	向上弯头		54	快速接头	
27	向下弯头		55	介质流向	
28	法兰封头或管封		56	坡度及坡向	i=0.003

表 2-8　风管分类命名及代号

序号	名称	代号	序号	名称	代号
01	送风风管	SA	06	消防排烟风管	SX
02	回风风管	RA	07	消防补风风管	MP
03	排风风管	EA	08	消防加压送风风管	SP
04	新风引入风管	OA	09	平时送风兼消防补风风管	SA(M)
05	空调新风风管	FA			

表 2-9 风管、风阀及附件图例

序号	名称	图例	序号	名称	图例
01	矩形风管宽×高(mm)	***×***	14	风管软接头	
02	圆形风管直径(mm)	ϕ***	15	对开多叶调节风阀	
03	风管向上		16	止回风阀	N.R.D N.R.D
04	风管向下		17	三通调节风阀	
05	风管上升摇手弯及气流方向		18	方形风口	
06	风管下降摇于弯及气流方向		19	条缝形风口	
07	软风管		20	矩形风口	
08	圆弧形弯头		21	圆形风口	
09	带导流片的矩形弯头		22	侧面风门	
10	消声器	ZP100 ZP100	23	防雨百叶风口	
11	消声弯头(A)		24	检修门	A.D A.D
12	消声弯头(B)		25	气流方向	
13	消声静压箱		26	远程于控盒	B

表 2-10 风口命名及代号

序号	名称	代号	序号	名称	代号
01	单层格栅风口(叶片垂直)	AV	12	条缝形风口(*为条缝数量)	E*
02	单层格栅风口(叶片水平)	AH	13	细叶形斜出风散流器(*为出风面数量)	F*
03	双层格栅风口(前组叶片垂直)	BV	14	门铰式细叶回风口	FH
04	双层格栅风口(前组叶片水平)	BH	15	扁叶形直片出风散流器	G
05	矩形散流器(*为出面数量)	C*	16	百叶回风口	H
06	自垂百叶风口	CB	17	门铰式百叶回风口	HH
07	圆形平面散流器	DF	18	喷口	j
08	圆形凸面散流器	DS	19	蛋格形风口	K
09	圆盘形散流器	DP	20	门铰式蛋格形回风口	KH
10	圆形斜片散流器(*为出风面数量)	DX*	21	花板形回风口	L
11	圆环形散流器	DH	22	旋流风口	SD

表 2-11 风口附属功能和附件命名及代号

序号	名称	代号	序号	名称	代号
01	防结露送风口(冠于类型风口代号前)	N	04	带风口静压箱	B
02	低温型送风口(冠于类型风口代号前)	T	05	带风口调节风阀	D
03	防雨百叶风口	W	06	带风口过滤阀	F

表 2-12　暖通空调设备图例

序号	名称	图例	序号	名称	图例
01	轴流风机		05	水泵	
02	轴(混)流式管道风机		06	变风量末端	
03	离心式管道风机		07	分体式空调机	
04	吊顶式排气扇				

表 2-13　调控装置及仪表图例

序号	名称	图例	序号	名称	图例
01	温度传感器	T	10	温度计	
02	湿度传感器	H	11	压力表	
03	压力传感器	P	12	流量计	F.T
04	压差传感器	ΔP	13	能量计	E.M
05	流量传感器	F	14	数字输入量	DI
06	烟感器	S	15	数字输出量	DO
07	流量开关	FS	16	模拟输入量	AI
08	控制器	C	17	模拟输出量	AO
09	吸顶式温度感应器	T			

表 2-14　暖通空调设备名称及代号

序号	名称	代号	序号	名称	代号
01	冷水机组	CH	15	风机盘管	FCU
02	风源冷水机组	ASCH	16	变风量空调末端设备	VAV
03	风源冷热水机组	ASHP	17	带风机变风量末端设备	FPB
04	水源冷热水机组	WSHP	18	送风机	SF
05	蒸汽型溴化锂冷水机组	SACH	19	楼梯间加压送风机	SPF
06	直燃型溴化锂冷热水机组	DFCH	20	前室加压送风机	VPF
07	水环热泵	WCHP	21	回风机	RF
08	分体式空调器	SAC	22	排风机	EF
09	一拖多分体空调室外机	SAC-O	23	排烟风机	SEF
10	一拖多分体空调室内机	SAC-I	24	厨房排烟风机	KEF
11	全热交换器	THE	25	消声设备	ATT
12	空调箱	AHU	26	加湿器	HU
13	新风空调箱	FAU	27	排烟时补风风机	SS
14	能量回收排风箱	ERU	28	锅炉	B

（续表）

序号	名称	代号	序号	名称	代号
29	冷却水塔	CT	39	软化水器	WS
30	热交换器	HE	40	水箱	WT
31	板式热交换器	PHE	41	膨胀水箱	ET
32	水泵	P	42	软化水箱	WST
33	冷水泵	CP	43	油箱	OT
34	冷热水泵	CHP	44	日用油箱	DOT
35	冷却水泵	CTP	45	全称水处理仪	ETR
36	补水泵	MUP	46	分水器	WSD
37	燃油泵	FOP	47	集水器	WRD
38	除氧器	DEA			

2.3　训练技法

2.3.1　暖通空调设计步骤

(1) 收集、了解、熟悉本项目的原始设计资料:建设方(业主)提供的依据性文件、政府批文、设计任务书、功能用途及其工艺要求等。

(2) 调研、收集、准备与设计相关的资料:查阅设计规范、标准、措施、手册,相关设备、材料的产品资料等。

(3) 确定室外气象参数、室内设计参数:根据设计建筑物所处地区,查取室外空气冬、夏季气象设计参数;根据建筑物的使用功能,确定室内空气冬、夏季设计参数。

(4) 确定建筑物建筑热工参数及其他参数:根据建筑物的外围护结构的构成,计算外墙、屋面、外门、外窗的传热系数等参数;根据建筑物的内外围护结构的构成,计算内墙、楼板、外门、外窗的传热系数等参数;根据建筑物的使用功能,确定在室人员数量、灯光负荷、设备负荷、工作时间段等参数。

(5) 空调热、湿负荷计算:计算设计建筑物在最不利条件下的空调热、湿负荷(余热、余湿);进行建筑节能方案比较,确定合理的空调热、湿负荷。

(6) 确定适当的暖通空调设计方案:通过技术与经济比较,选择并确定适合所设计建筑物的空调系统方式、冷(热)源方式、空调系统控制方式。

(7) 送风量与气流组织计算:根据计算的空调热、湿负荷以及送风温差,确定冬、夏季送风状态和送风量;根据设计建筑物的工作环境要求,计算确定最小新风量;根据空调方式及计算的送、回风量,确定送、回风口形式,布置送、回风口,进行气流组织设计。

(8) 空调水、风系统设计:布置空调风管道,进行风道系统的水力计算,确定管径、阻力等;布置空调水管道,进行水管路系统的水力计算,确定管径、阻力等。

（9）主要空调设备设计选型：根据空调系统的空气处理方案，进行空调设备选型设计计算；确定空气处理设备的容量（热负荷）及送风量，确定表面式换热器的结构形式及其热工参数；根据风道系统的水力计算，确定风机的流量、风压及型号。

（10）防、排烟系统设计。

（11）冷、热源机房设计：根据空气处理设备的容量，确定冷源（制冷机）或热源（锅炉）的容量及型号；根据管路系统的水力计算，确定水泵的流量、扬程及型号。

（12）空调设备及其管道的保冷与保温、消声与隔振设计。

（13）工程图纸绘制、整理设计计算说明书。

2.3.2 暖通空调施工图设计的流程

1. 施工图设计流程（表 2-15）。

表 2-15　施工图设计流程

<table>
<tr><th>序号</th><th>设计程序</th><th>设计组织步骤</th><th>设计控制过程</th><th>相关设计阶段</th></tr>
<tr><td rowspan="4">01</td><td rowspan="4">设计策划</td><td>确定项目管理级别</td><td>集团级或院级项目</td><td rowspan="4">方案</td></tr>
<tr><td>组建项目设计团队</td><td>确定专业负责人、设计及校审人员</td></tr>
<tr><td>下达“任务通知单”</td><td>审批意见由院长签署</td></tr>
<tr><td>编制设计大纲</td><td>项目概况、质量及技术措施要求</td></tr>
<tr><td rowspan="4">02</td><td rowspan="4">设计接口</td><td rowspan="3">外部接口</td><td>业主“设计任务书”及设计要求</td><td rowspan="4">方案
初步设计
施工图</td></tr>
<tr><td>主管部门批文、当地法规标准</td></tr>
<tr><td>现场踏勘及了解市政配套条件</td></tr>
<tr><td>内部接口（接收）</td><td>接收建筑、结构提出的资料</td></tr>
<tr><td rowspan="14">03</td><td rowspan="14">设计输入</td><td>设计准备</td><td>设计方案的技术与经济比选、空调（供暖）冷（热）负荷、机械通风、防排烟估算、主要设备选型估算</td><td>方案
初步设计</td></tr>
<tr><td rowspan="6">设计计算</td><td>空调或供暖热负荷、逐项逐时空调冷负荷计算</td><td rowspan="6">施工图</td></tr>
<tr><td>机械通风、防排烟计算</td></tr>
<tr><td>各系统主要设备选型计算</td></tr>
<tr><td>设备节能指标校核、耗电输冷（热）比计算</td></tr>
<tr><td>全空气式空调末端系统焓湿图计算分析</td></tr>
<tr><td>供暖（空调）水系统、空调（通风）风系统水力计算</td></tr>
<tr><td rowspan="3">图纸绘制</td><td>各栋建筑单体各层各区域平面图</td><td rowspan="7">初步设计
施工图</td></tr>
<tr><td>各类系统图、剖面图、大样图</td></tr>
<tr><td>主要设备表、总说明、图例、目录</td></tr>
<tr><td rowspan="2">内部接口（提出）</td><td>向建筑、结构专业提供配合资料</td></tr>
<tr><td>向强弱电、给排水提供配合资料</td></tr>
<tr><td>管线综合与拍图</td><td>典型及难控部位管线综合剖面</td></tr>
<tr><td>概预算接口</td><td>向建筑经济专业提供配合资料</td></tr>
</table>

（续表）

序号	设计程序	设计组织步骤	设计控制过程	相关设计阶段
04	设计评审	本专业评审	设计构思及系统选型的 PPT 文件	初步设计
		所有专业综合评审	专业概述及设计配合的 PPT 文件	
05	设计验证	校对	由校对人填写“校审记录单”	初步设计 施工图
		审核	由审核人填写“校审记录单”	
06	设计输出	打印、出图	打图室打印硫酸纸签署后交内务秘书	
		会签	在建筑、结构主要相关图纸上会签	
07	设计确认	施工图审查	审图公司提出意见修改设计文件	施工图
		消防、节能专项审查	主管部门提出意见后修改设计文件	
08	制作交付	文本制作、晒图	由图文公司交付、寄出产品	方案 初步设计 施工图
09	文件归档	计算书归档	按规定格式打印计算书交质量秘书	
		校对单、审核单归档	完整回复及签署后交质量秘书	
10	质量评定	设计质量评定表	由各专业总师填写后交质量秘书	施工图
11	施工交底	交流设计施工要求	由业主、施工、设计、监理各方参加	后期配合
12	设计更改	订正瑕疵或设计变更	填写设计变更单或修订图纸出新版	
13	现场服务	解决工地施工问题	由业主、施工、设计、监理各方参加	

2. 施工图的组成及深度(表 2-16)

表 2-16　施工图的组成及深度

序号	图纸类别	图纸名称(按绘制顺序排列)	图纸内容设计深度简述
a	平面图 (1：100 或 1：150)	供暖系统平面图	绘出散热器位置并注明片数或长度，绘出供暖干管、立管位置及编号； 单线绘出管道及阀门、放气装置、固定支架及热补偿装置，绘出热力入口装置、减压装置、疏水器、管沟及检查入孔位置； 注明干管管径、标高等
		空调、通风、防排烟平面图	以双线绘出风管、风管部件、设备(空调末端、风机箱)和风口，单线绘出空调冷冻水管、冷却水管、供暖水管、冷媒管、空气凝结水管等管道； 标注风管尺寸、标高(通常以本层地坪面为基准)和风口尺寸，标注水管管径及标高； 标注空调末端、风机(箱)等设备和风口的安装定位尺寸及编号； 标注消声装置、调节风阀和防火阀等各种部件位置及风管、风口的气流方向

（续表）

序号	图纸类别	图纸名称(按绘制顺序排列)	图纸内容设计深度简述
b	系统图 (可不按比例)	供暖、空调、通风、防排烟原理图、流程图或轴侧图	集中供暖系统应绘制正45°角的管道轴侧图(透视图)比例宜与平面图相一致,热力入口、供暖立管均应编号,水平干管应标注管径、标高及坡向、坡度等,散热器应注明片数,热力入口均应标注供热量(或循环水量)、资用压头等参数; 供暖或空调水系统、冷媒系统和复杂的风系统,应绘制系统流程图,绘出设备、配件、阀门、仪表,标注介质流向、管径及设备编号,虽可不按比例绘制,但管路分支应与平面图一致; 空调冷(热)水或冷媒分支管路采用竖向输送时,应绘制立管图及编号,并注明管径、坡向、标高及设备型号(或编号); 空调冷热源及末端系统有BA及监控要求时,应绘制控制原理图,绘出设备、传感器及控制元件位置,说明控制要求和必要的控制参数。 对于层数较多、分段加压、分段排烟或中途竖井转换的防排烟系统,或平面表达不清竖向关系的风系统,应绘制系统示意或竖风道图
c	剖面图 (1∶100 或1∶50)	空调、通风、防排烟剖面图	绘出风管、水管、设备、风口等与建筑、结构的梁、柱、板及地坪面的尺寸关系; 注明风管及风口、水管等的尺寸(或管径)和标高,注明气流方向机详图索引编号
d	大样图、详图 (1∶50或更大)	机房(或局部)平面大样图(集中式冷热源机房、空调机房、机械通风和防排烟机房)	绘出冷热源、空调、通风和防排烟设备的轮廓、位置及编号,注明设备及基础距离墙或轴线的定位尺寸; 绘出连接设备的水管、风管的位置及走向,注明定位尺寸、管径(或尺寸)和标高; 标注机房(或局部)内所有设备和管道附件(阀门、仪表、过滤器等)的位置
		机房(或局部)剖面大样图(集中式冷热源机房、空调机房、机械通风和防排烟机房)	当其他图纸不能表达复杂管道的相对关系或竖向位置时,需绘制剖面大样图; 应绘出与机房(或局部)剖面大样图相对应的设备、设备基础、管道及附件的竖向位置、竖向尺寸和标高,标注连接设备的管道位置及管径(或尺寸),注明设备和附件的编号及详图索引编号
e	主要设备表	主要设备及材料表	注明主要设备的名称、参考型号、规格及参数、单位及数量、所在位置或编号等
f	总说明及图例	设计与施工总说明(设计总说明、建筑节能与绿色建筑专项说明、施工总说明)	设计依据及设计规范标准、项目概况、室外设计参数等; 冷源、热源情况,冷媒、热媒参数; 供暖热负荷、耗热量指标及系统总阻力,散热器类型及标准规格; 空调冷负荷及冷指标、空调热负荷及热指标,空调冷热源及空调水(冷媒)系统形式,空调末端机风系统形式,BA及自控策略; 通风与防排烟系统设计换气次数或风量指标,系统形式和控制要求; 消防、建筑节能与绿色建筑、环境保护、卫生防疫、劳动保护等专项设计技术措施; 设计中使用的材料和附件,系统工作压力和试压要求; 施工安装技术要求、安装参考图集和注意事项。 备注:参见集团下发的施工图说明设计模板
g	总平面图	室外供暖、空调管道总平面图	室外供暖、空调水管道,阀件、补偿器和检查井
h	目录	图纸目录	按序排列施工图图纸名称,选用的标准图、通用图

2.3.4 暖通空调施工图识图方法

阅读暖通施工图，应了解暖通施工图的特点，按照一定阅读程序进行阅读，这样才能比较迅速、全面地读懂图纸，以完全实现读图的意图和目标。

一套暖通施工图所包括的内容比较多，图纸往往有很多张，一般应按以下顺序依次阅读，有时还需进行相互对照阅读。

1. 看图纸目录及标题栏

了解工程名称项目内容、设计日期、工程全部图纸数量、图纸编号等。

2. 看总设计说明

了解工程总体概况及设计依据，了解图纸中未能表达清楚的各有关事项。如冷源、冷量、系统形式、管材附件使用要求、管路敷设方式和施工要求，图例符号，施工时应注意的事项等。

3. 看暖通平面布置图

平面布置图看图顺序为：底层→楼层→屋面→地下室→大样图。

要求了解各层平面图上风管、水管平面布置，立管位置及编号，空气处理设备的编号及平面位置、尺寸，空调风口附件的位置，风管水管的规格等。了解暖通平面对土建施工、建筑装饰的要求，进行工种协调。统计平面上器具、设备、附件的数量，管线的长度作为暖通工程预算和材料采购的依据。

4. 看暖通系统图、流程图

系统图或流程图看图顺序为：

冷热源→供回水水加压装置→供水干管→空气处理设备→回水管→水系统控制附件→仪表附件→管道标高；

冷热源→冷却水加压装置→冷却水供水管→冷却塔→冷却水回水管→仪表附件→管道标高；

送风系统进风口→加压风机→加压风道→送风口→风管附件；

排风系统出风口→排风机→排风道→室内排风口→风管附件。

系统图一般和平面图对照阅读，要求了解系统编号，管道的来龙去脉，管径、管道标高、设备附件的连接情况、立管上设备附件的连接数量和种类。了解给空调管道在土建工程中的空间位置，建筑装饰所需的空间。统计系统图上设备、附件的数量，管线的长度作为暖通工程预算和材料采购的依据。

5. 看安装大样图、详图

大样图看图顺序为：设备平面布置图→基础平面图→剖面图→流程图。

了解设备用房平面布置，定位尺寸、基础要求、管道平面位置，管道、设备平面高度，管道设备的连接要求，仪表附件的设置要求等。

6. 看主要设备及材料表

设备材料表提供了该工程所使用的主要设备、材料的型号、规格和数量，是编制工程预算，编制购置主要设备、材料计划的重要参考资料。

严格地说，阅读工程图纸的顺序并没有统一的硬性规定，可以根据需要，自己灵活掌握，并应有所侧重。为更好地利用图纸指导施工，使之安装质量符合要求，阅读图纸时，还应配合阅读有关施工及检验规范、质量检验评定标准以及全国通用暖通标准图集，以详细了解安装技术要求及具体安装方法。

2.3.5 暖通空调施工图绘制要点

1. 设计与施工总说明

(1) 建筑物概况：介绍建筑物的面积、高度及使用功能；对空调工程的要求。

(2) 设计标准：室外气象参数，夏季和冬季的温度、湿度、风速；室内设计标准，如各空调房间(如客房、办公室、餐厅、商场等)夏季和冬季的设计温度、相对湿度、新风量要求和噪声控制标准等。

(3) 供暖、空调系统：对整幢建筑物的供暖、空调方式和建筑物内各空调房间所采用的集中供暖、空气调节设备作简要说明。

(4) 空调系统设备安装要求：主要对空调系统的装置，如风机盘管、柜式空调器及通风机等提出详细的安装要求。

(5) 通风、空调系统技术要求：对风管使用的材料、保温和安装提出要求并说明。

(6) 供暖、空调水系统：供暖、空调水系统的类型，所采用的管材及保温，系统试压和水处理情况。

(7) 机械通风、防排烟系统：建筑物内各供暖或空调房间、设备层、车库、走廊等的送、排风，以及消防前室、防烟楼梯间和内走道等的防排烟系统设计要求和标准。

(8) 供暖热力站、空调冷冻机房：列出冷、热源主机房所采用的各类设备型号、规格、性能和台数，并提出主要的安装要求。

2. 通风与空调平面图、剖面图

要表示出各层、各空调房间的通风与空调系统的风道及设备布置，给出进风管、排风管、冷冻水管、冷却水管和风机盘管的平面位置。

对于在平面图上难以表达清楚的风道和设备，应加绘剖面图。剖面图的选择要能反映该风道和设备的全貌，并给出设备、管道中心(或管底)标高和注出距该层地面的尺寸。

3. 通风与空调系统轴侧图

系统图与平面图相配合可以说明通风与空调系统的全貌。表示出风管的上、下楼层间的关系，风管中干管、支管、进(出)风口及阀门的位置关系。风管的管径、标高，也能得到反映。

对通风与空调工程中的送风、排风、消防正压送风、机械排烟等作出标示。

4. 供暖或空调水系统流程图

在空调工程中，风与水两个体系紧密联系，缺一不可，但又相互独立。所以在施工图中须将冷冻水及冷却水的流程详尽绘出，使施工人员对整个水系统有全面的了解。

需要注意的是，冷冻水和冷却水流程图和送、排风示意图均是无比例的。

5. 供暖、空调冷、热源主机房布置

给出换热机组、冷水机组、水泵、水池、电气控制柜的安装位置。

6. 主要设备及材料表

列出通风与空调工程主要设备，材料的型号、规格、性能和数量。

7. 局部大样图或详图

部门标准图可采用国家或地区的标准图，而对多数的本工程特有的、无法套用标准图的，须由设计人员专门绘制提供。

2.4 实践任务——暖通空调设计与建筑提资配合实例

2.4.1 暖通空调设计与建筑提资配合——平面图

(1) 首次建筑专业向暖通专业提资的建筑平面图上，只需保留轴线及尺寸、轴号、结构立柱、墙线、门窗线、房间名称等基本信息，删除多余的信息或关闭相关的图层，提供给暖通专业(图 2-2)。

建筑师根据经验，在必要的地方(如交通核)预留机房、井道等，具体大小和位置，需暖通专业人员复核。

(2) 在交通核和宾馆的洗手间处，预留机房和管道井的位置，待暖通专业复核并提出更详细要求(图 2-3)。

(3) 在交通核处，预留机房和管道井的位置，待暖通专业复核并提出更详细要求(图2-4)。

(4) 机房层屋顶平面图只需保留出屋面机房墙体和女儿墙，待暖通专业确定风机基础位置和规格，提结构专业进行负荷计算(图 2-5)。

(5) 经过多次提资与反提资，在最终的建筑平面施工图中，需包含暖通专业需求的机房、管道井等功能(图 2-6)。

(6) 屋顶层还需包括风机基础位置和尺寸(图 2-7)。

(7) 经过多次提资与反提资，在最终的建筑平面施工图中，需包含暖通专业需求的机房、管道井等功能(图 2-8)。

(8) 屋顶层还需包括风机基础位置和尺寸(图 2-9)。

2.4.2 暖通空调设计与建筑提资配合——立面图

(1) 首次建筑专业向暖通专业提资的建筑立面图上，保留轴线及尺寸、轴号、开窗位置和立面材料等基本信息，删除多余的信息或关闭相关的图层，在其上绘制暖通空调专业的设计内容。建筑师根据经验，在必要的地方预留通风口，材质一般为百叶，具体大小和位置，需暖通专业人员复核(图 2-10～图 2-13)。

(2) 经过多次提资与反提资，在最终的建筑立面施工图中，需包含暖通专业要求的各类风口，材质一般为百叶(图 2-14～图 2-17)。

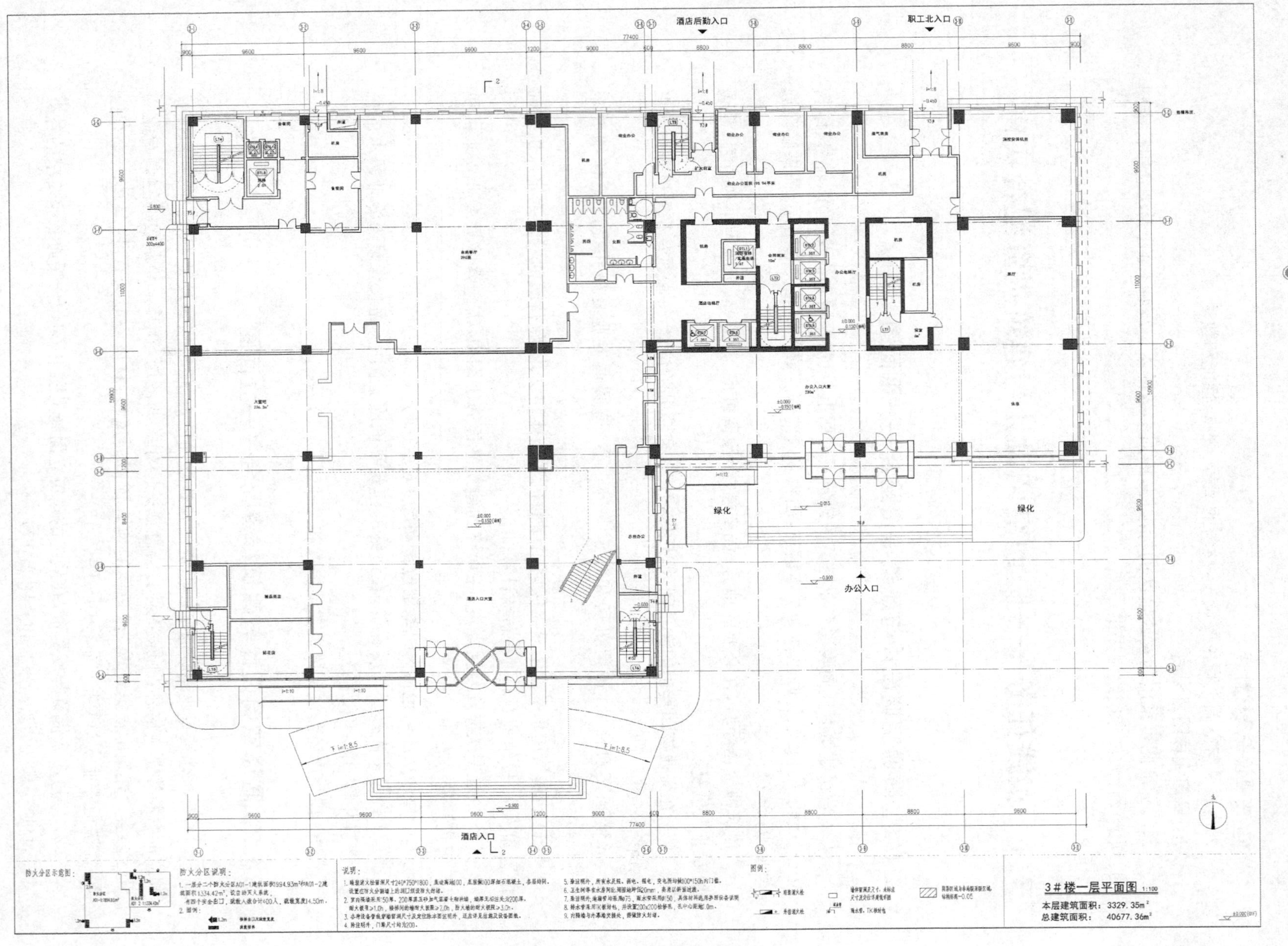
酒店后勤入口
职工北入口
绿化
绿化
办公入口
酒店入口
防火分区示意图：
防火分区说明：
说明：
图例：
3＃楼一层平面图 1:100
本层建筑面积：3329.35m²
总建筑面积：40677.36m²

图 2-2　3＃楼一层平面图

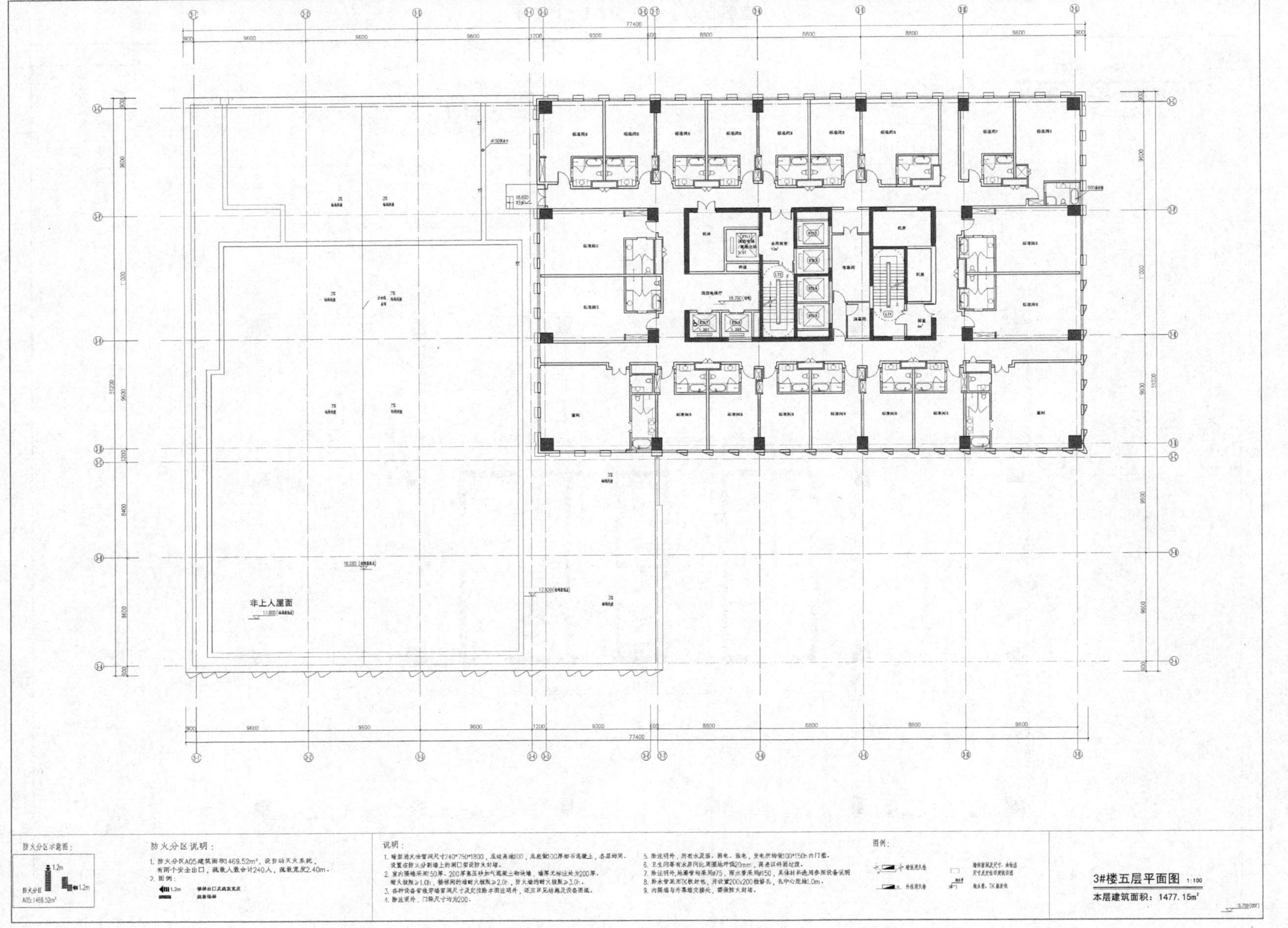

图 2-3　3#楼五层平面图

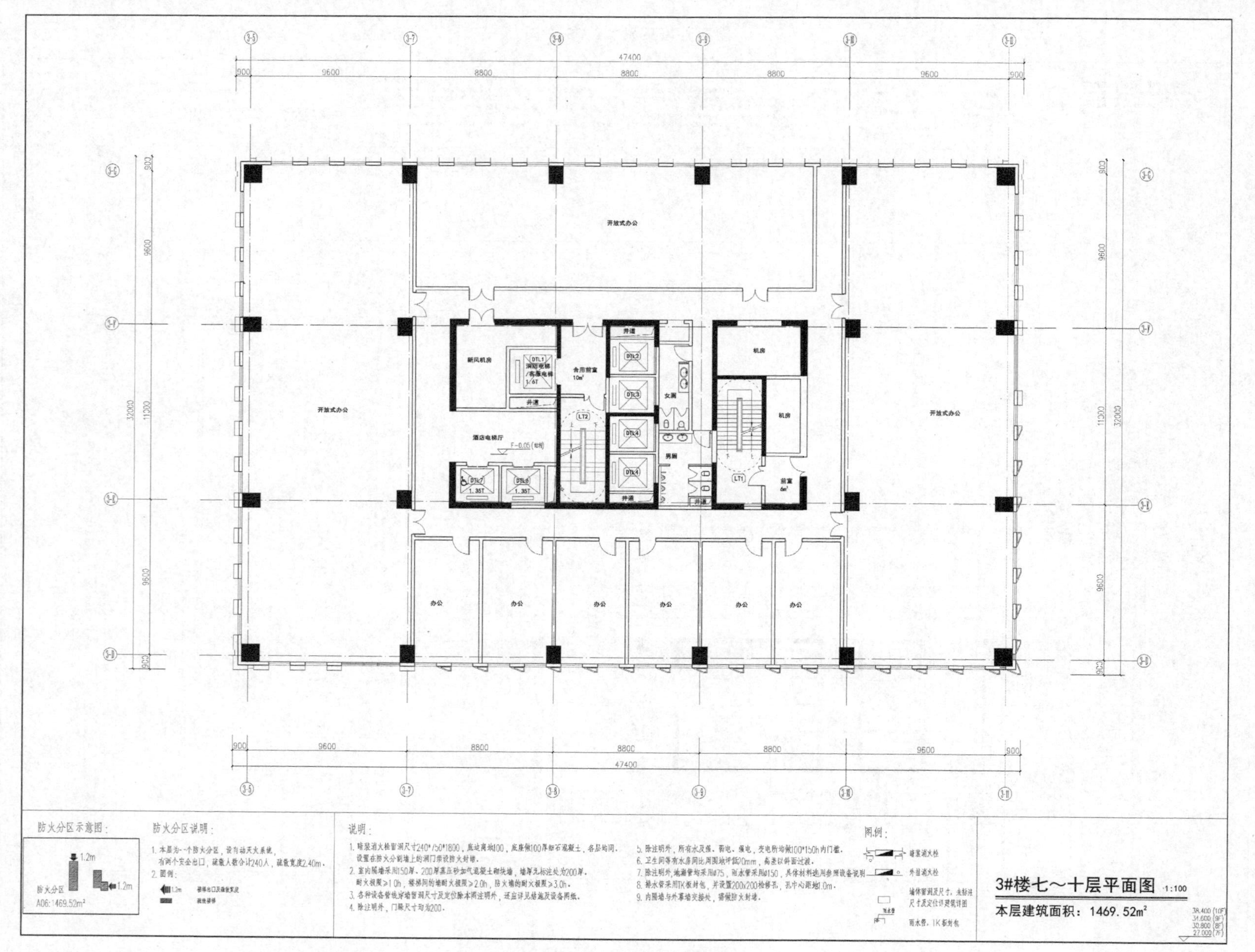

图 2-4　3＃楼七～十层平面图

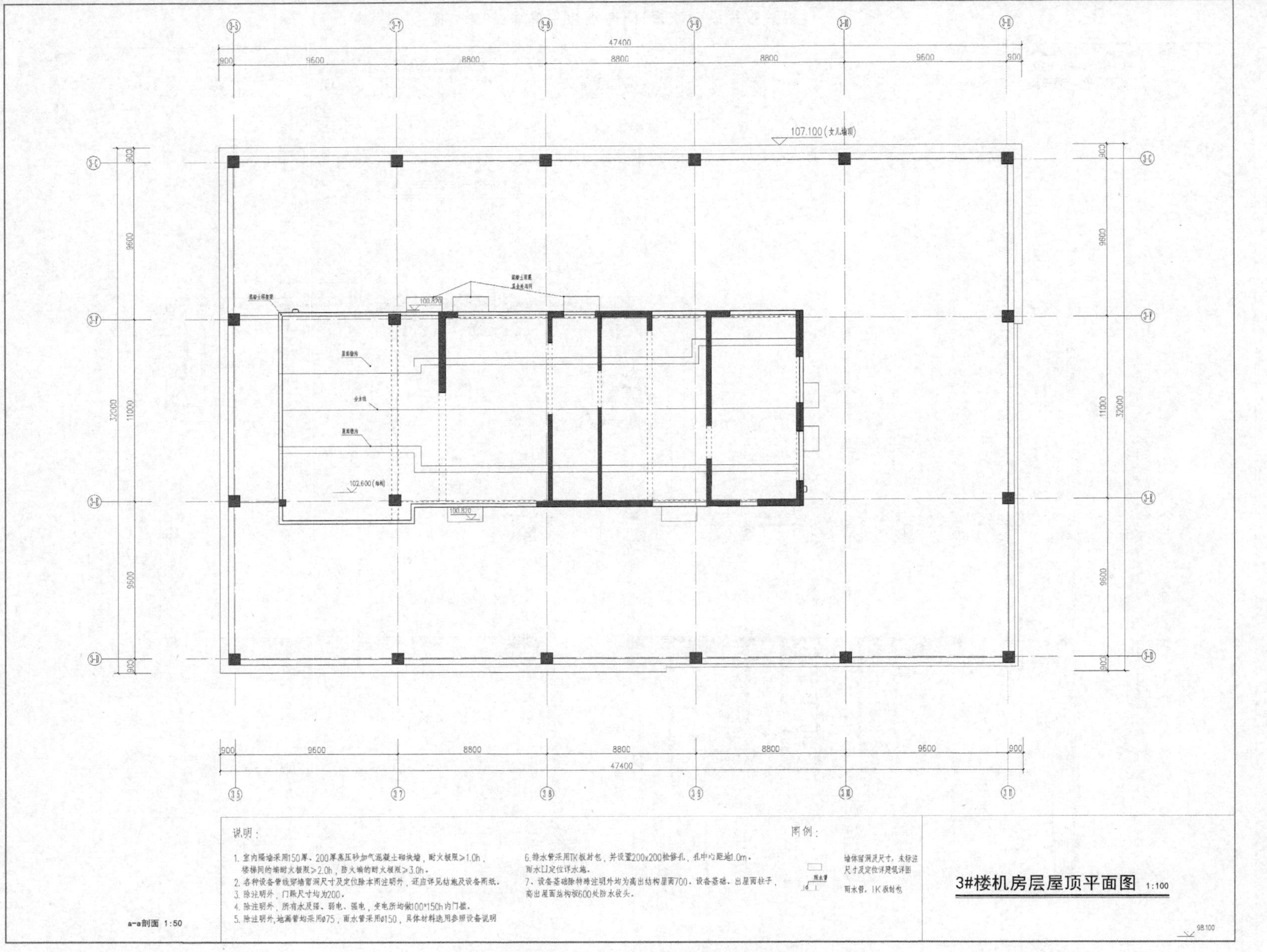

图 2-5　3＃楼机房层屋顶平面图

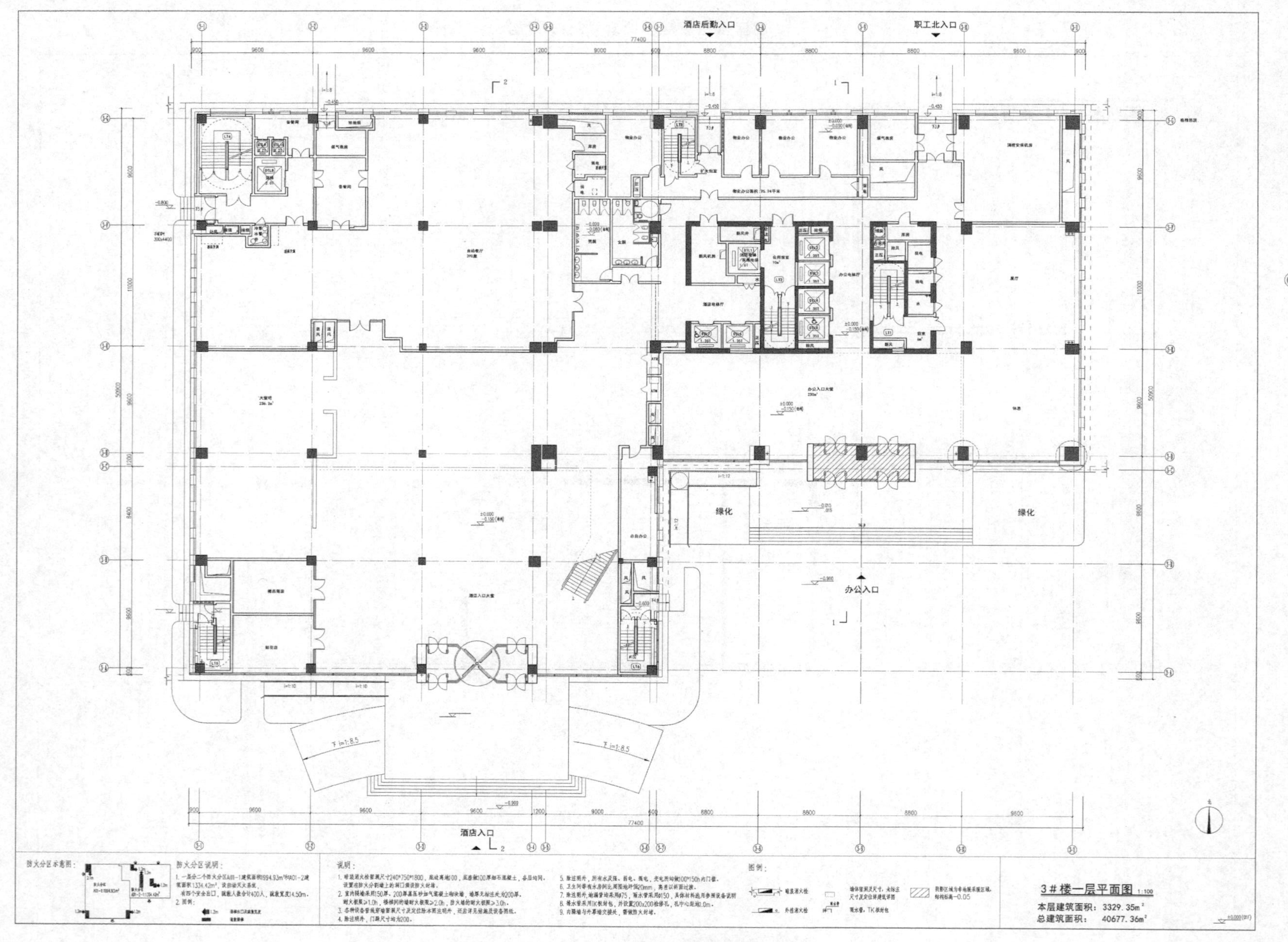

图 2-6　3#楼一层平面图(多次提资与反提资)

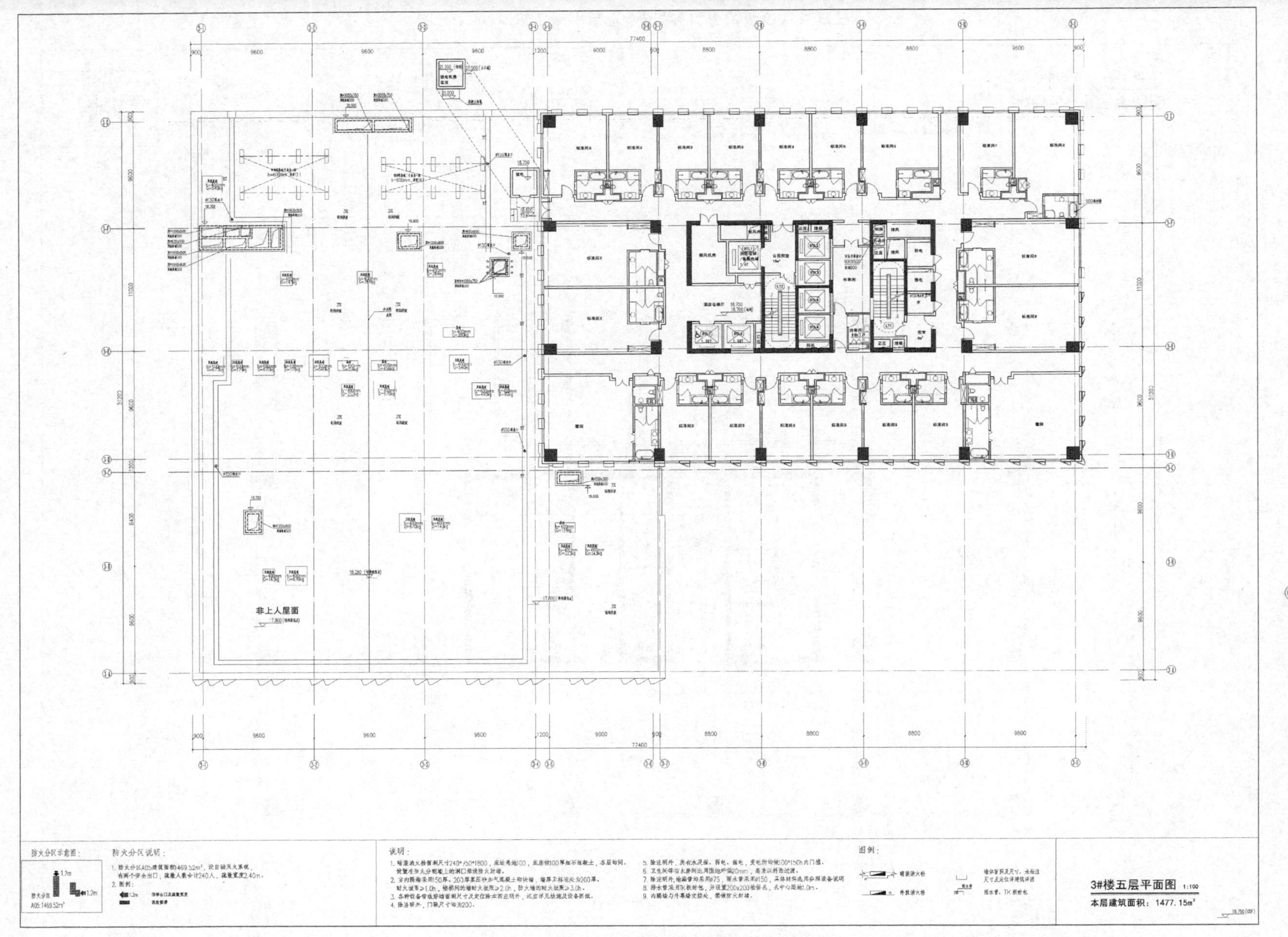

图 2-7　3＃楼五层平面图（包括风机基础位置和尺寸）

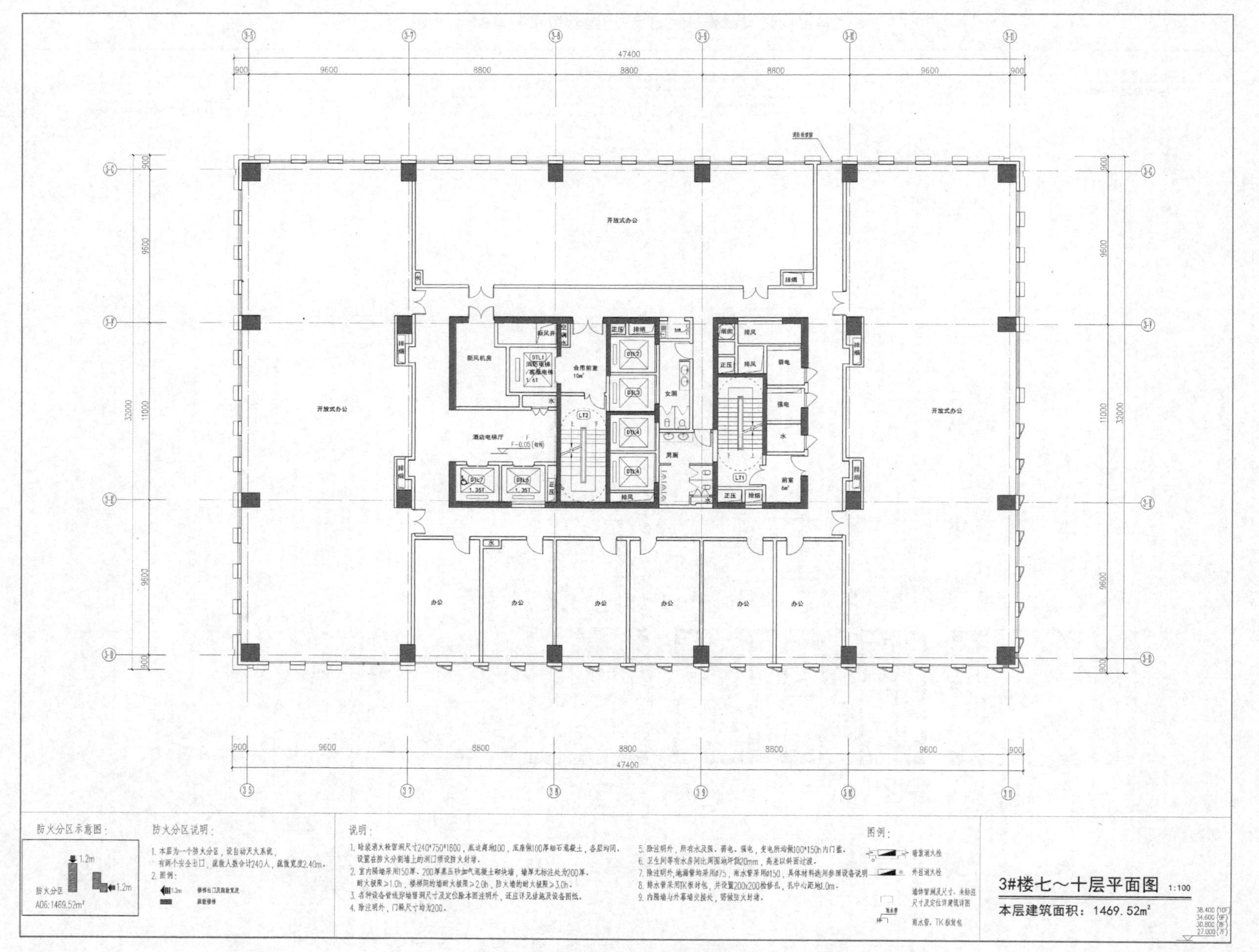

图 2-8　3#楼七～十层平面图(经过多次提资与反提资)

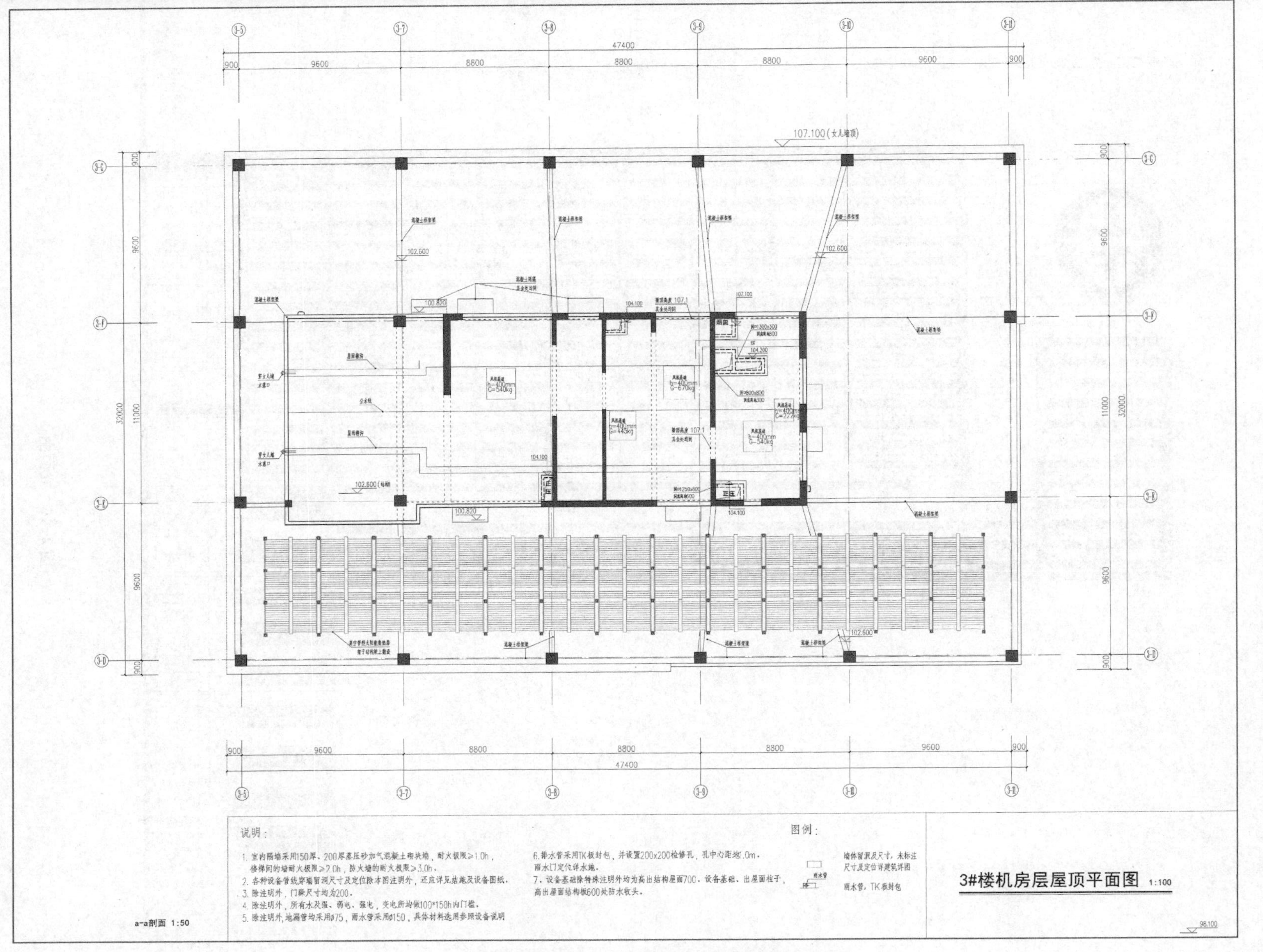

图 2-9　3♯楼机房层屋顶平面图(包括风机位置和尺寸)

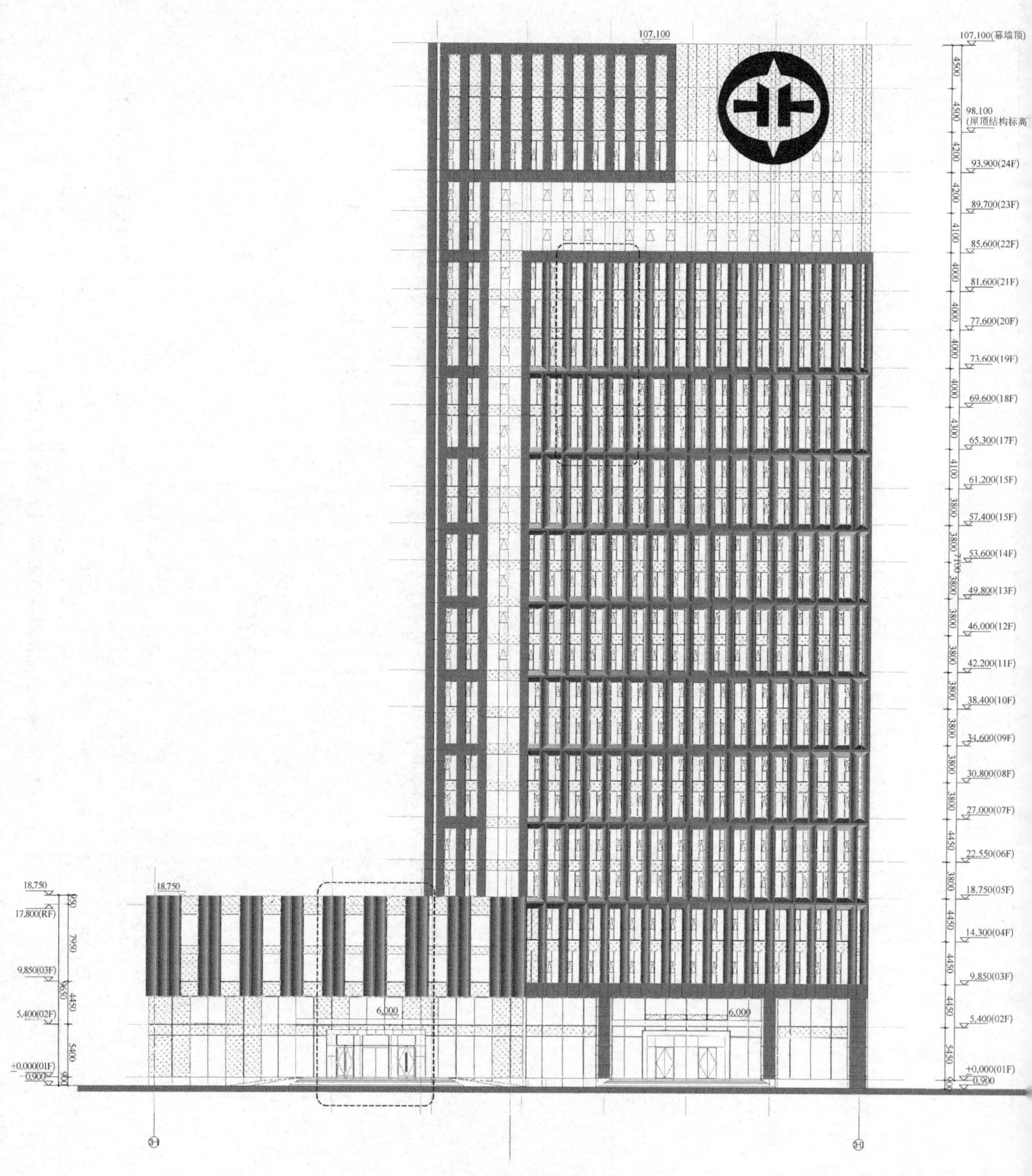
107,100
107,100(幕墙顶)
98,100
(屋顶结构标高
93,900(24F)
89,700(23F)
85,600(22F)
81,600(21F)
77,600(20F)
73,600(19F)
69,600(18F)
65,300(17F)
61,200(15F)
57,400(15F)
53,600(14F)
49,800(13F)
46,000(12F)
42,200(11F)
38,400(10F)
34,600(09F)
30,800(08F)
27,000(07F)
22,550(06F)
18,750(05F)
14,300(04F)
9,850(03F)
5,400(02F)
±0,000(01F)
-0,900
4500
4500
4200
4200
4100
4000
4000
4000
4000
4300
4100
3800
3800
3800
3800
3800
3800
3800
3800
3800
4450
3800
4450
4450
4450
5450
900
18,750
18,750
17,800(RF)
9,850(03F)
5,400(02F)
±0,000(01F)
-0,900
7950
4450
5400
900
6,000
6,000

图 2-10 立面图 1

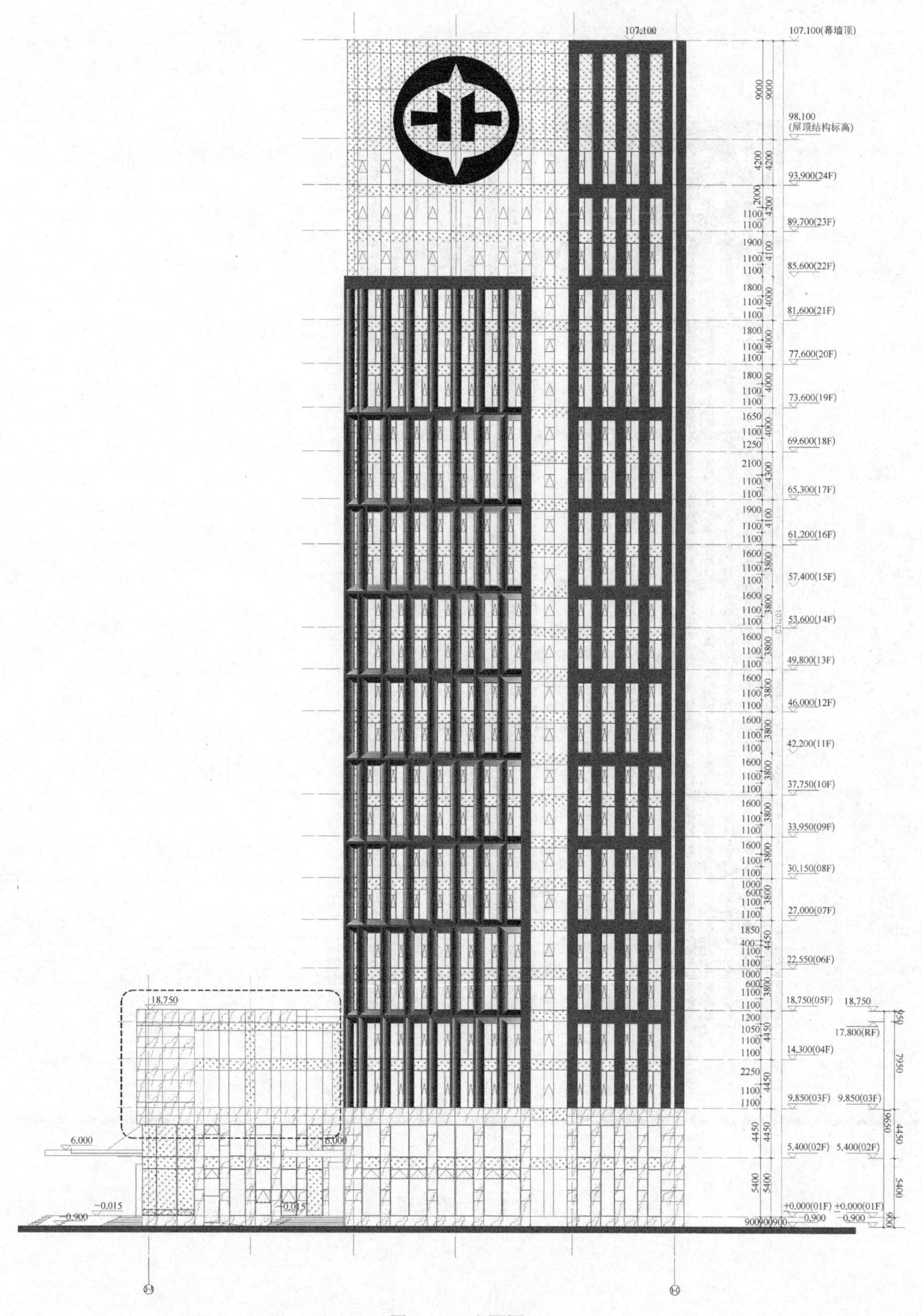

图 2-11　立面图 2

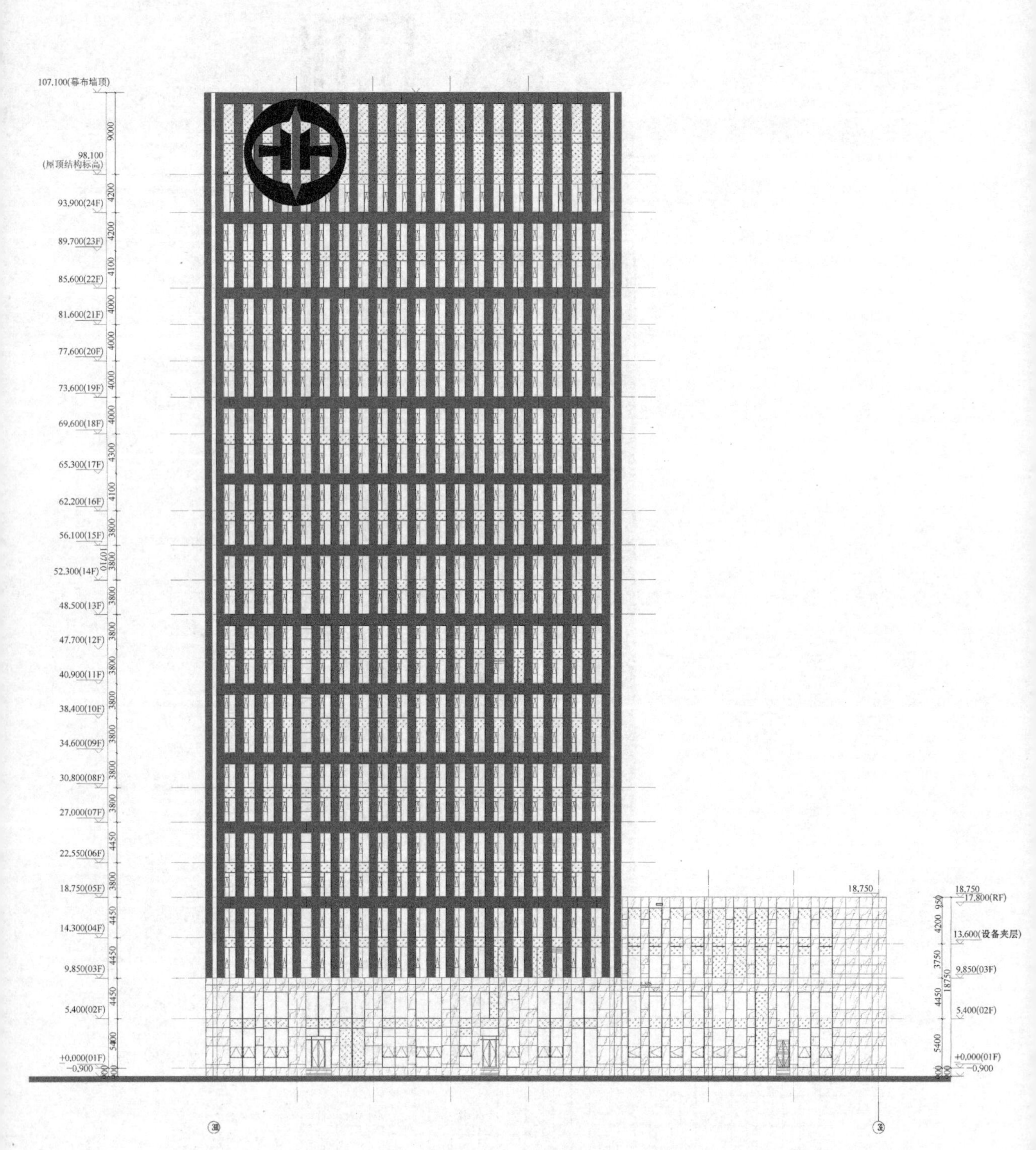
107.100(幕布墙顶)
98.100
(屋顶结构标高)
93.900(24F)
89.700(23F)
85.600(22F)
81.600(21F)
77.600(20F)
73.600(19F)
69.600(18F)
65.300(17F)
62.200(16F)
56.100(15F)
52.300(14F)
48.500(13F)
47.700(12F)
40.900(11F)
38.400(10F)
34.600(09F)
30.800(08F)
27.000(07F)
22.550(06F)
18.750(05F)
14.300(04F)
9.850(03F)
5.400(02F)
±0.000(01F)
-0.900
18.750
18.750
17.800(RF)
13.600(设备夹层)
9.850(03F)
5.400(02F)
±0.000(01F)
-0.900

图 2-12　立面图 3

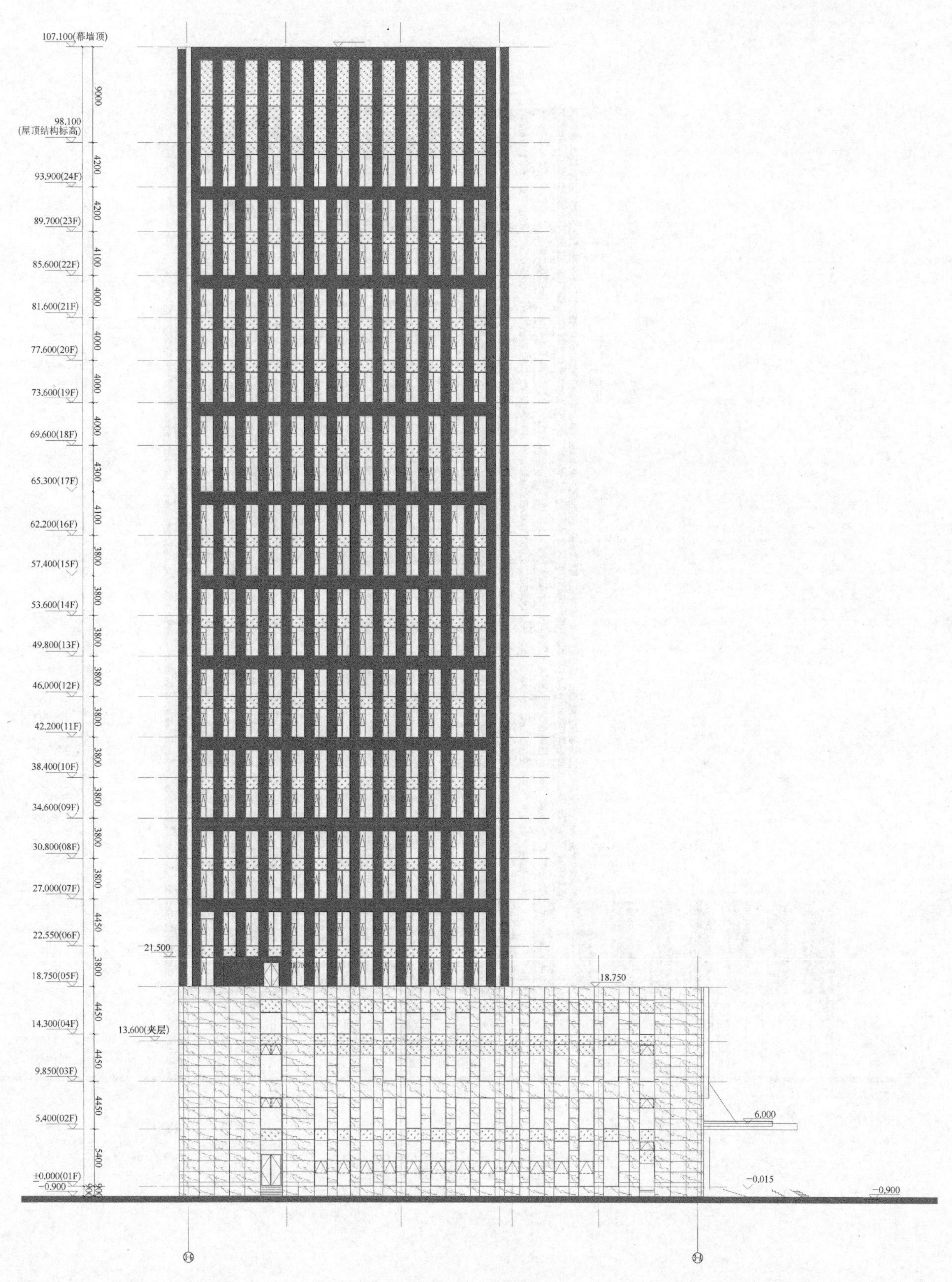
107.100(幕墙顶)
9000
98.100
(屋顶结构标高)
4200
93.900(24F)
4200
89.700(23F)
4100
85.600(22F)
4000
81.600(21F)
4000
77.600(20F)
4000
73.600(19F)
4000
69.600(18F)
4300
65.300(17F)
4100
62.200(16F)
3800
57.400(15F)
3800
53.600(14F)
3800
49.800(13F)
3800
46.000(12F)
3800
42.200(11F)
3800
38.400(10F)
3800
34.600(09F)
3800
30.800(08F)
3800
27.000(07F)
4450
22.550(06F)
21.500
3800
18.750(05F)
18.750
4450
14.300(04F)
13.600(夹层)
4450
9.850(03F)
4450
5.400(02F)
6.000
5400
±0.000(01F)
−0.900
900
−0.015
−0.900

图 2-13　立面图 4

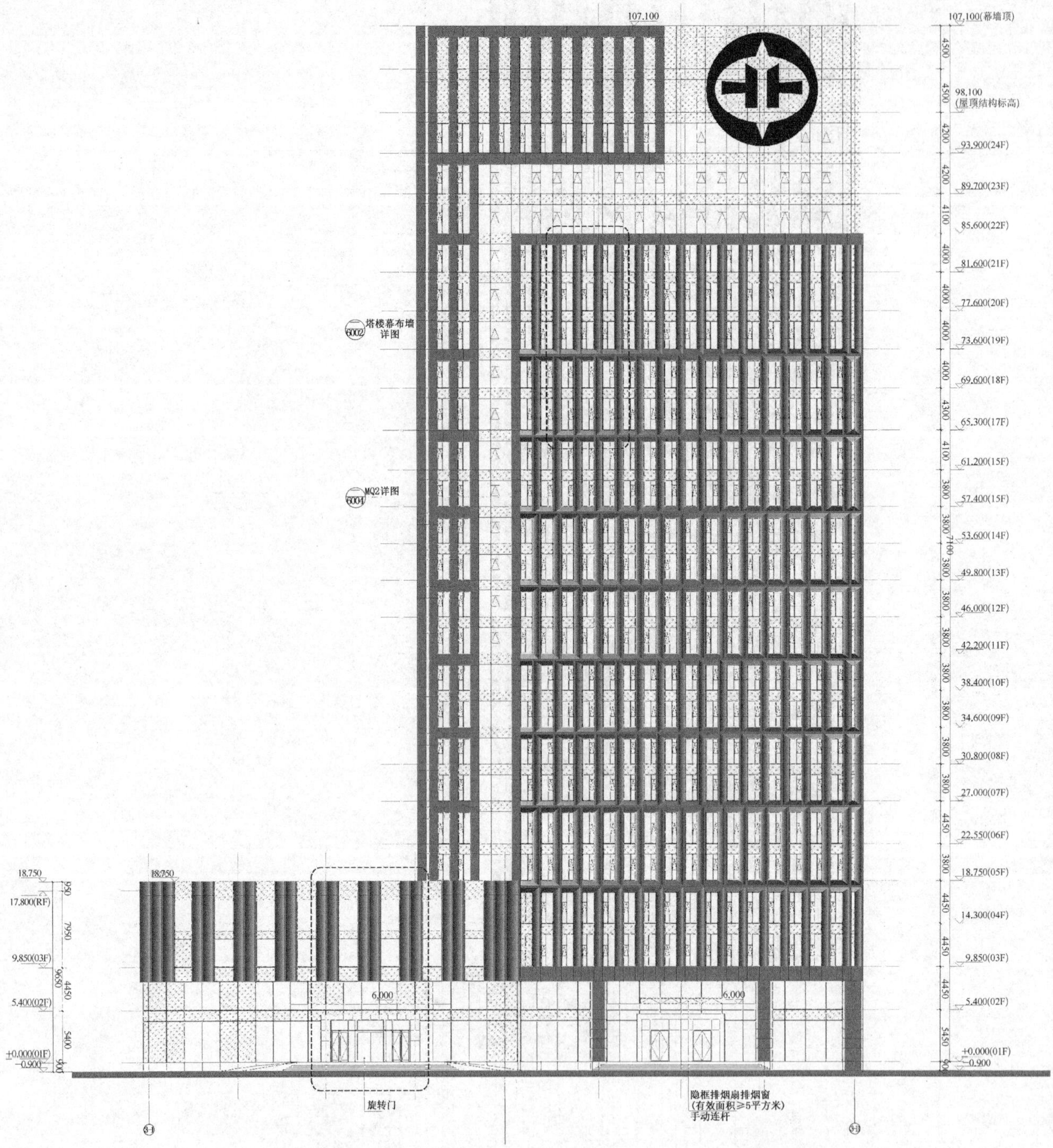

图 2-14　立面图 5

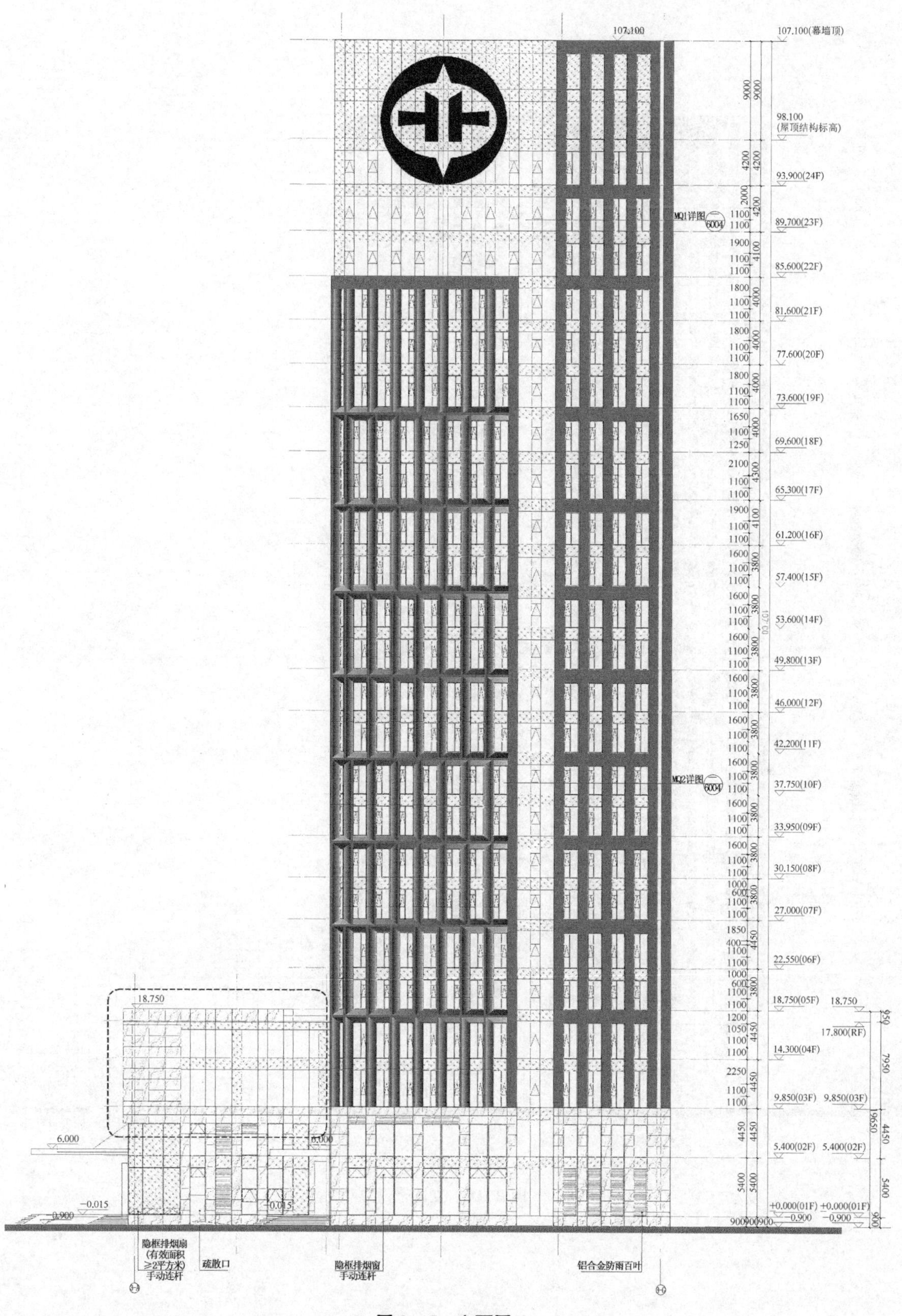
107.100(幕墙顶)
98.100
(屋顶结构标高)
93.900(24F)
89.700(23F)
85.600(22F)
81.600(21F)
77.600(20F)
73.600(19F)
69.600(18F)
65.300(17F)
61.200(16F)
57.400(15F)
53.600(14F)
49.800(13F)
46.000(12F)
42.200(11F)
37.750(10F)
33.950(09F)
30.150(08F)
27.000(07F)
22.550(06F)
18.750(05F)
17.800(RF)
14.300(04F)
9.850(03F)
5.400(02F)
+0.000(01F)
MQ1详图
MQ2详图
隐框排烟扇
(有效面积
≥2平方米)
手动连杆
疏散口
隐框排烟窗
手动连杆
铝合金防雨百叶

图 2-15　立面图 6

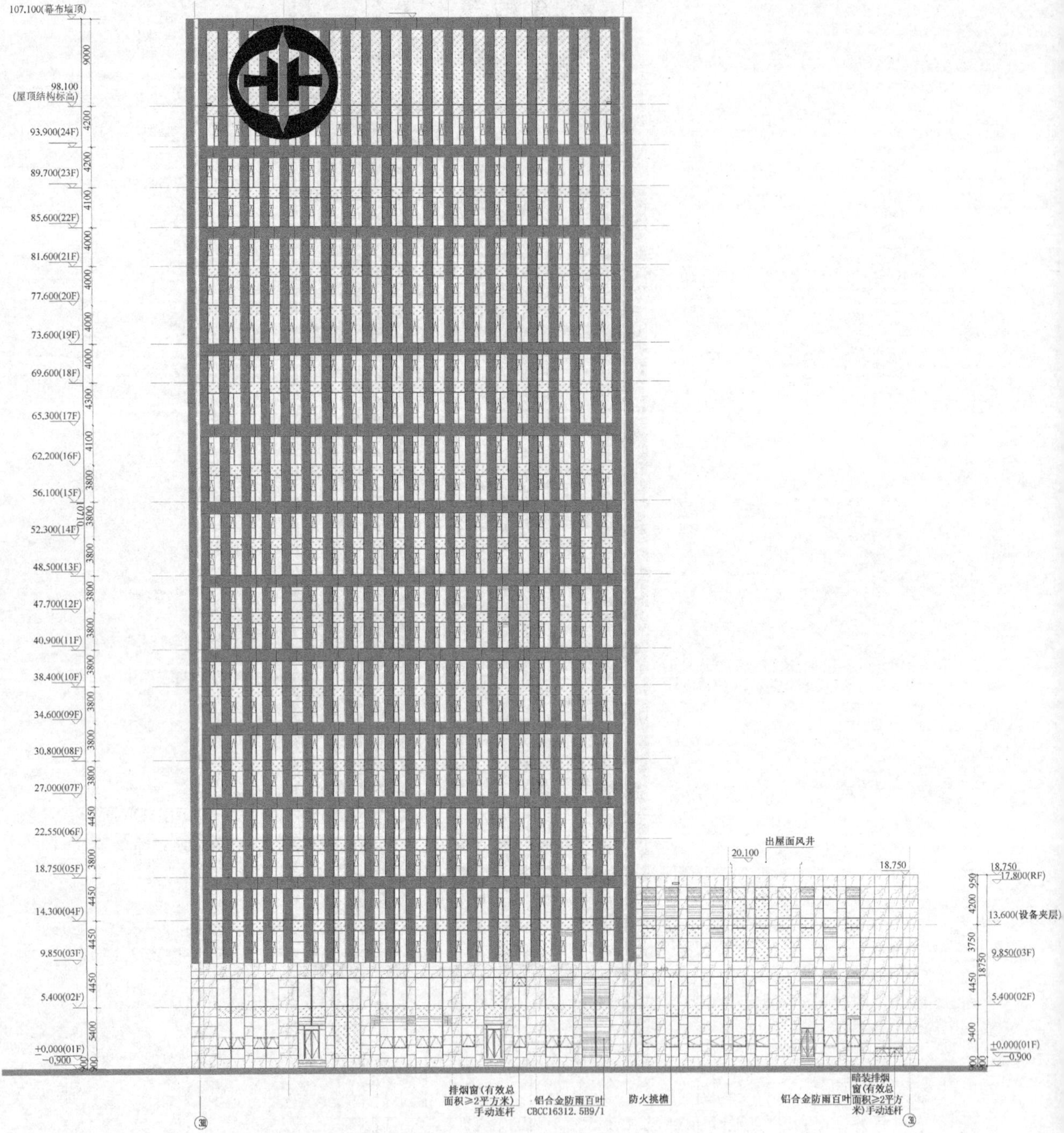

107.100(幕布墙顶)
98.100
(屋顶结构标高)
93.900(24F)
89.700(23F)
85.600(22F)
81.600(21F)
77.600(20F)
73.600(19F)
69.600(18F)
65.300(17F)
62.200(16F)
56.100(15F)
52.300(14F)
48.500(13F)
47.700(12F)
40.900(11F)
38.400(10F)
34.600(09F)
30.800(08F)
27.000(07F)
22.550(06F)
18.750(05F)
14.300(04F)
9.850(03F)
5.400(02F)
±0.000(01F)
−0.900

出屋面风井
20.100
18.750
18.750
17.800(RF)
13.600(设备夹层)
9.850(03F)
5.400(02F)
±0.000(01F)
−0.900

排烟窗(有效总面积≥2平方米)手动连杆
铝合金防雨百叶 CBCC16312.5B9/1
防火挑檐
铝合金防雨百叶
暗装排烟窗(有效总面积≥2平方米)手动连杆

图 2-16　立面图 7

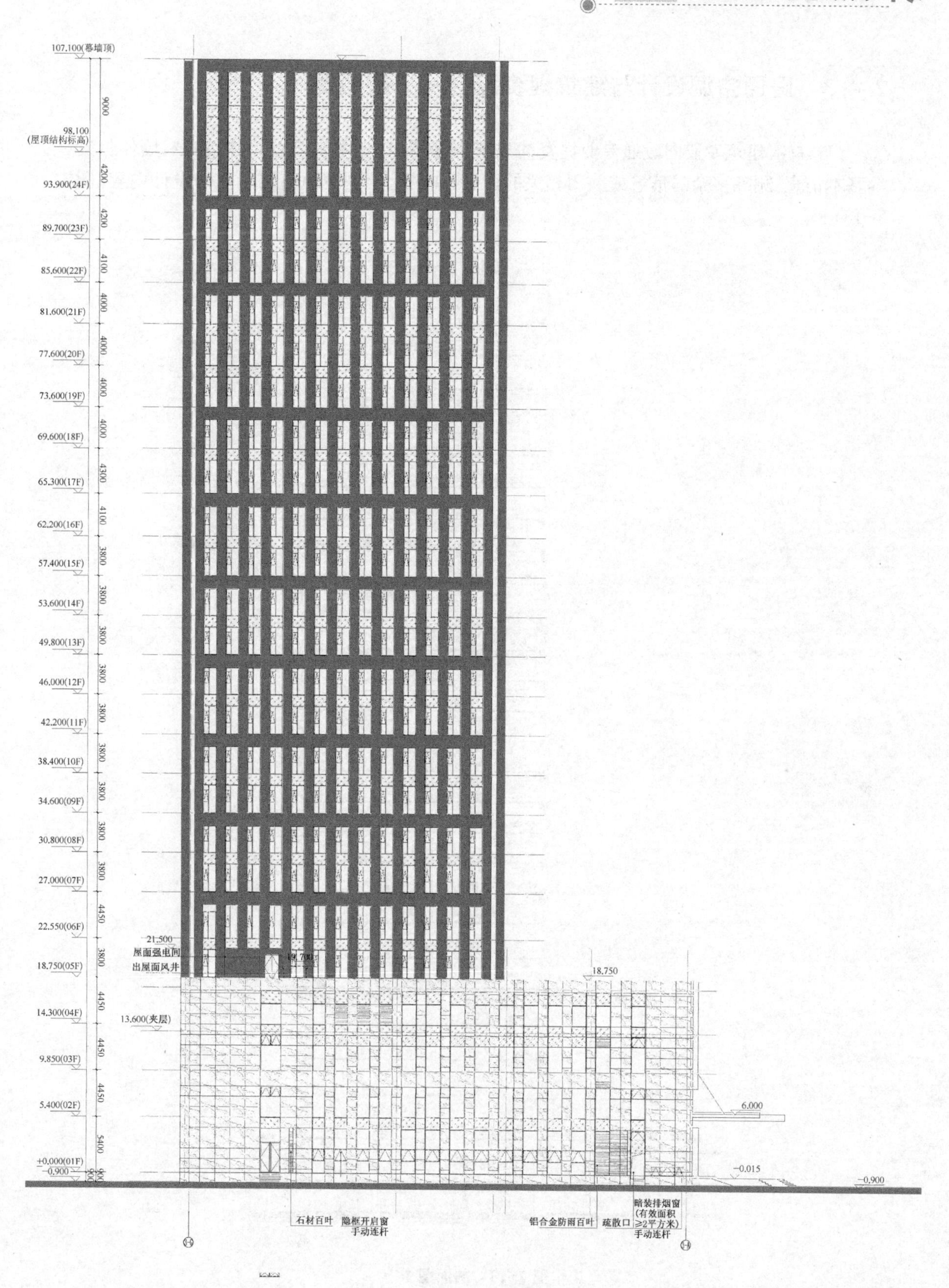
107.100(幕墙顶)
98.100
(屋顶结构标高)
93.900(24F)
89.700(23F)
85.600(22F)
81.600(21F)
77.600(20F)
73.600(19F)
69.600(18F)
65.300(17F)
62.200(16F)
57.400(15F)
53.600(14F)
49.800(13F)
46.000(12F)
42.200(11F)
38.400(10F)
34.600(09F)
30.800(08F)
27.000(07F)
22.550(06F)
21.500
屋面强电间
出屋面风井
18.750(05F)
19.700
18.750
14.300(04F)
13.600(夹层)
9.850(03F)
5.400(02F)
6.000
±0.000(01F)
−0.900
−0.015
−0.900
石材百叶
隐框开启窗
手动连杆
铝合金防雨百叶
疏散口
暗装排烟窗
(有效面积
≥2平方米)
手动连杆

图2-17 立面图8

2.4.3 暖通空调设计与建筑提资配合——剖面图

(1) 首次建筑专业向暖通专业提资的建筑剖面图上,保留轴线及尺寸、轴号、墙体位置等基本信息,删除多余的信息或关闭相关的图层,在其上绘制暖通空调专业的设计内容(图2-18)。

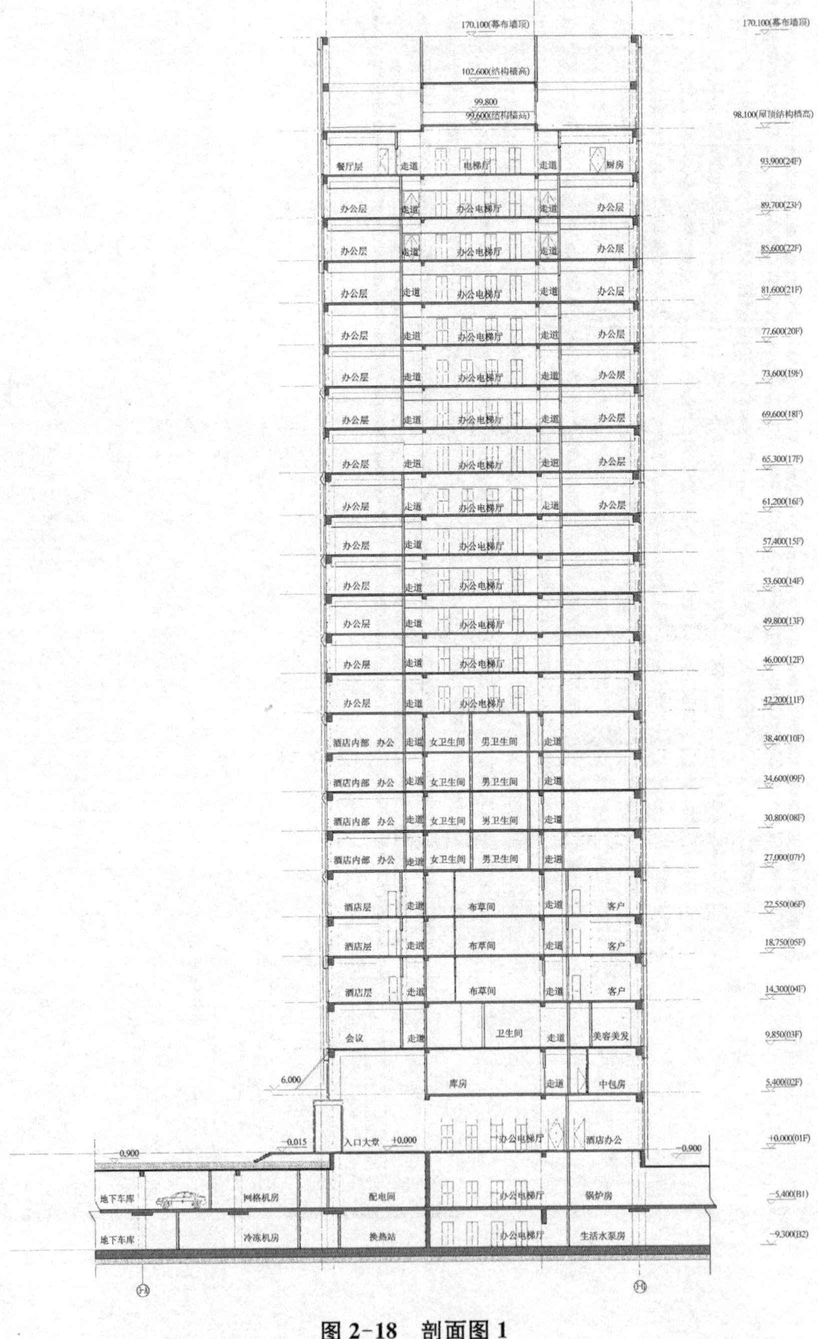

图 2-18 剖面图 1

（2）经过多次提资与反提资，在最终的建筑剖面施工图中，根据暖通专业及其他专业的管线综合设计图，确定吊顶高度和位置(图 2-19)。

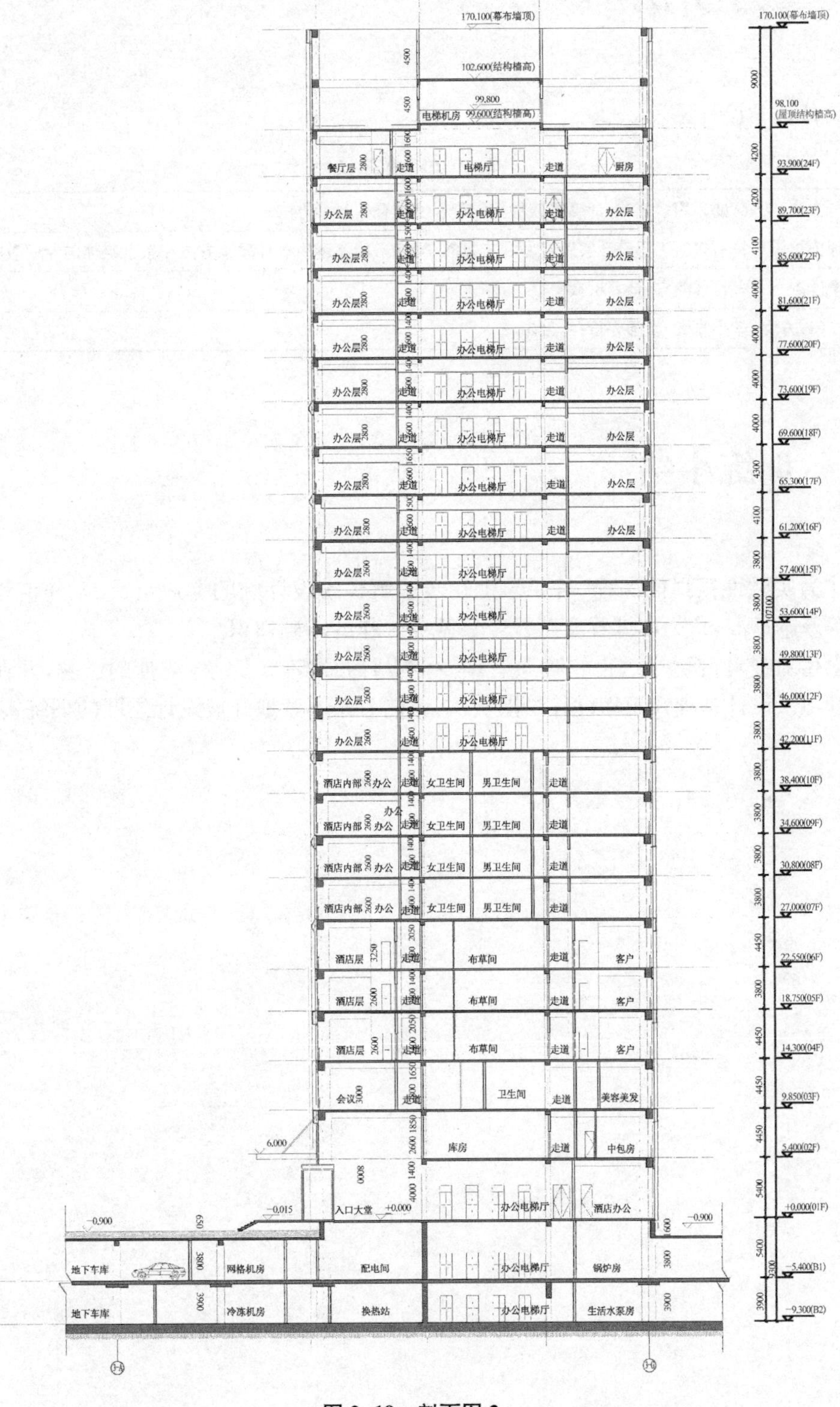

图 2-19　剖面图 2

2.5 教学方法

具体教学设计见表 2-20。

表 2-20 教学设计

教学方法	主要采用多媒体、计算机软件与课程紧密结合的教学方法
教师安排	具有丰富工程设计实践经验和丰富教学经验，能够运用多种教学方法和教学媒体的专职教师 1 名
教学地点	多媒体教室、计算机教室
评价与考核方式	学生自评；教师评价；结果考核

2.6 训练小结

作为实践性很强的课程，需要学生初步了解建筑设计院的专业组成、工作流程和设计深度等基本情况，作为本课程实践及今后就业工作的基础知识。

学生对设计院运作过程和暖通空调专业设计过程有了完整、清晰的了解，并在其后的章节学习了设计基础知识和设计绘图实例，就能有条不紊地开展设计绘图的训练实践。

第3章 供暖系统设计基础知识和绘图实例

- 3.1 训练目标
- 3.2 知识模块
- 3.3 任务实例
- 3.4 教学方法
- 3.5 训练小结

本章导读

知识目标

★ 熟悉供暖系统分类和组成

★ 掌握供暖系统设计方法

★ 掌握供暖系统绘图方法

能力目标

★ 能根据项目特征正确选择供暖系统

★ 能独立完成整套供暖空调系统设计绘制工作

3.1 训练目标

与供暖空调系统设计相关的专业课程通常有：供热工程、锅炉房工艺与设备、制冷技术、空气调节、工业通风、流体输配管网、燃气输配、建筑设备自动化等。学生在完成这些专业课程的学习后，应该已掌握了从事供暖空调系统设计的基本专业知识。

在本章中，结合学生已学习的专业课程，对供暖空调系统设计所涉及的专业基础知识，进行简要的回顾及概述，作为本书其后篇章的铺垫。通过学习供暖施工图设计绘制实例，熟悉并遵守国家相关设计标准和制图标准的基本规定，学会正确使用计算机绘图软件、工具和仪器，掌握计算机绘图的基本方法与技巧。

在熟悉供暖系统的基本专业知识和基本设计技能的基础上，学生可以进行初步的设计制图操作训练。在逐步深入了解和熟悉供暖系统设计制图的基本方法、图样画法、尺寸标注等规定的基础上，由浅入深地进行设计绘图技能的操作训练，注意作图的规范性、准确性和完整性，并最终完成设计文件的编制。设计图纸是指导供暖系统安装及施工安装必不可少的依据性文件资料，通过本章的学习，让学生形成认真负责的工作态度和严谨细致的设计风格。在工程设计的实践与训练中，学生如遇到技术问题或困难，可查找或复习已学习过的相关专业课程，巩固专业基础知识，才能不断提高自身的专业技术水平，做好供暖空调系统的设计工作。

3.2 知识模块

3.2.1 供暖系统分类及组成

在冬季，由于室外温度低于室内温度，房间内的热量通过围护结构（墙、窗、门、地面、屋顶等）不断向外散失，为了使室内保持所需的温度，就必须供给室内相应的热量，这种向室内供给热量的工程设备系统称为供暖系统。

(1) 供暖系统的分类

① 集中式供暖系统：由远离供暖房间的热源、输热管道和房间内的散热设备等三部分组成的工程设施，称为集中式供暖系统。热源负责提供热媒，输热管道负责输送热媒，散热设备负责将热媒的热量散发到室内空气中；热媒种类主要有：热水、蒸汽和热空气等。

② 局部供暖系统：将热源和散热设备合并成一个整体，分散设置在各个房间里的供暖系统，如火炉、红外线煤气炉、电暖器、电热膜等。

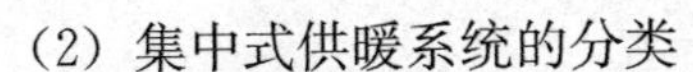

（2）集中式供暖系统的分类

民用建筑通常以热水作为热媒设置集中式供暖系统，它是目前最广泛使用的一种供暖系统。热水供暖系统的分类如下。

① 按热媒参数分：热水供暖系统（供水温度通常≤95℃且≥75℃）、低温热水供暖系统（供水温度通常≤60℃）。

② 按系统循环动力分：自然循环（即重力循环）、机械循环系统。

③ 按系统的管道敷设方式分：垂直式、水平式。

④ 按供水干管位置不同分：上供下回式、下供下回式、下供上回式等。

⑤ 按立管与散热器连接形式不同分：双管式、单管式、单双管混合式。其中，单管式按布置方式分为垂直单管式和水平单管式，按散热器支管与单管连接方式又分为顺流式和跨越式。

⑥ 按通过各立管的循环环路总长度是否相等分：同程式、异程式。

（3）集中式供暖系统供、回水温度的确定

① 供暖热水的供水温度，应根据建筑物的使用功能、供暖方式、热媒性质和管材等多种因素综合确定，可参照表 3-1 的供水温度选取。

表 3-1　供暖热水的供水温度

<table>
<tr><th>供暖系统形式</th><th>管材</th><th>建筑物类型</th><th>供水温度(℃)</th></tr>
<tr><td rowspan="4">热水
散热器供暖</td><td rowspan="3">钢管</td><td>居住类建筑(住宅、宿舍、旅馆、幼儿园、养老院、医院等)</td><td>宜≤85</td></tr>
<tr><td>人员长时间停留的公共建筑(办公楼、商场等)</td><td>宜≤95</td></tr>
<tr><td>人员短时间停留的高大空间(展馆、剧院、休育馆等)</td><td>宜≤95</td></tr>
<tr><td colspan="2">塑料管和内衬塑料管</td><td>宜≤85</td></tr>
<tr><td>低温热水
地面辐射供暖</td><td colspan="2">塑料管和内衬塑料管</td><td>应≤60</td></tr>
</table>

② 供、回水温差可参照下列原则选取：

- 当热源为供暖锅炉房时，供、回水温差不得小于 20℃；
- 当热源为热电联产集中供热时，供、回水温差宜在 15℃～20℃；
- 当热源为各类电驱动型热泵机组时，供、回水温差宜在 10℃以内。

3.2.2　集中式供暖系统的形式

1. 热水散热器供暖系统

供暖系统的热媒（蒸汽或热水），通过散热设备的壁面，主要以自然对流传热方式（对流传热量大于辐射传热量）向房间传热，这种散热设备通称为散热器。

热水供暖系统的热能利用率高，输送时无效热损失较小，散热设备不易腐蚀，使用周期长，且散热设备表面温度低，符合卫生要求；系统操作方便，运行安全，易于实现供水温度的集中调节，系统蓄热能力高，散热均匀，适合于较远距离的输送。

采用热水散热器供暖时，系统类型的选择原则见表3-2。

表3-2　系统类型的选择原则

序号	系统形式	适用范围	备注
1	垂直双管系统	4层及4层以下的建筑物； 每组散热器设有恒温控制阀且满足水力平衡要求时，可不受此限制	供暖水系统应优先采用下供下回方式，散热器的连接方式宜采用同侧上进下出，每组供水立管的顶端应设置自动排气阀； 有条件布置水平供水干管时，可采用上供下回方式，末端集中设置自动排气阀
2	垂直单管跨越式系统	6层及6层以下的建筑物	应优先采用上供下回跨越式系统，垂直层数不宜超过6层
3	水平双管系统	低层大空间供暖建筑，或可设共用立管及分户分(集)水器进行分室控温、分户计量的多层或高层住宅	在住宅建筑中，应优先采用下供下回方式，每个环路只带一组散热器，管径不应大于DN25 mm； 散热器的接管，宜采用异侧上进下出
4	水平单管跨越式系统	缺乏设置众多立管条件的多层或高层建筑； 实行分户热计量的住宅	散热器的接管，宜采用异侧上进下出，或采用H形分配阀方式
5	水平单管串联式系统	缺乏设置众多立管条件的多层或高层建筑； 实行分户热计量的住宅	最多可串接的散热器数量，以每个环路的管径DN≤25 mm为原则； 散热器的接管，宜采用异侧上进下出或采用H形分配阀的方式

2. 低温热水辐射供暖系统

供暖系统以低温热水(≤60℃)为加热热媒，以塑料盘管作为加热管，预埋在地面混凝土层中并将其加热，向外辐射热量的供暖方式称为低温热水地面辐射供暖；此时，建筑物部分围护结构与散热设备已合二为一。

辐射供暖系统的热媒，通过散热设备的壁面，主要以辐射方式向房间传热；散热设备可采用在建筑物的顶棚、墙面或者地板内埋设管道、风道或加热电缆的方式，也可采用在建筑物内悬挂金属辐射板的方式。

3. 热风(空调)供暖系统

通过散热设备向房间输送比室内温度高的空气，也可直接向房间供热。利用热空气向房间供热的系统，称为热风供暖系统。热风供暖系统既可以采用集中送风的方式，也可以采用暖风机加热室内再循环空气的方式以及风机盘管的方式向房间供热。

3.2.3　锅炉房、热力站与供热管道系统

供热系统通常是利用锅炉及锅炉房设备生产出蒸汽(或热水)，而后通过热力管道，将蒸汽(或热水)输送至用户，以满足生产工艺或生活供暖等方面的需要。因此，锅炉是供热

之源，锅炉及锅炉房设备的任务，在于安全可靠、经济有效地把燃料的化学能转化为热能，进而将热能传递给水，以生产热水或蒸汽。

热力站，是指根据热网的工况和用户需要，采用合理的连接方式，转换热介质种类，改变供热介质参数，分配、控制、集中计量及检测供给热用户热量的场所。其中热用户是指从供热系统获得热能的用热装置，它是集中供热系统中的末端装置。热力站是为某一区域的建筑服务的，可以是单独的建筑，也可以设在某一建筑物内。

一般从热源向外供热有两种基本方式：第一种方式为热媒由热源经过热网直接（直连）进入热用户，第二种为热媒由热源经过热网进入热力站，再进入各个热用户。

用户热力站又称为用户引入口，设置在单幢民用建筑及公共建筑的地沟入口或建筑物底层的专用房间、建筑物的地下室、入口竖井内，通过它向该用户或相邻几个用户分配热能。在用户引入口处，在用户供回水总管上应设置关断阀、调节阀及水力平衡阀、旁通阀、压力表、温度计和监测计量仪表等。用户引入口的主要作用是为用户分配、转换和调节供热量，以达到设计要求；监测并控制进入用户的热媒参数；计量、统计热媒流量和用热量。因此，用户引入口是按局部系统需要进行热量分配、转换、调节、控制、计量的枢纽。

供热管道是输送蒸汽或过热水等热能介质的管道。热力管道的特点是其输送的介质温度高、压力大、流速快，在运行时会给管道带来较大的膨胀力和冲击力。因此在管道安装中应解决管道材质、管道伸缩补偿、管道支吊架、管道坡度及疏排水、放气装置等问题，以确保管道的安全运行。

热力管道的平面布置方式，主要有枝状和环状两类。热力管道的敷设形式，主要有架空、地沟和直接埋地（直埋）等。

3.2.4 室内燃气管道系统

（1）燃气的种类：按气源种类，可分为天然气、人工煤气、液化石油气、生物气（如沼气）等。室外、室内的管道燃气分为不同的压力等级，见表 3-3。

表 3-3 燃气管道设计压力（表压）分级表

级别	压力 P/MPa
高压 A	$2.5<P\leqslant4.0$
高压 B	$1.6<P\leqslant2.5$
次高压 A	$0.8<P\leqslant1.6$
次高压 B	$0.4<P\leqslant0.8$
中压 A	$0.2<P\leqslant0.4$
中压 B	$0.01<P\leqslant0.2$
低压	$P<0.01$

(2) 燃气供应流程:管道燃气来源于当地燃气公司,通过市政道路下敷设的室外燃气管网,从小区室外覆土下接至燃气用户的建筑物外墙处出室外地面,接驳补偿器后进入室内,先经过燃气计量表具后接用户的燃气设备。燃气设备中,通常燃气型锅炉、燃气型常压或真空热水机组、直燃型溴化锂空调冷热水机组等需供应及连接中压燃气管道,厨房燃器具(如灶具、烤箱、热水器等)需供应及连接低压燃气管道。

(3) 室内燃气管道设计:民用建筑设计院的动力专业设计人员,主要负责室内部分的燃气管道设计工作。

3.3 任务实例

在实例介绍之前,需了解暖通空调施工图平面图绘制一般流程,如图 3-1 所示。

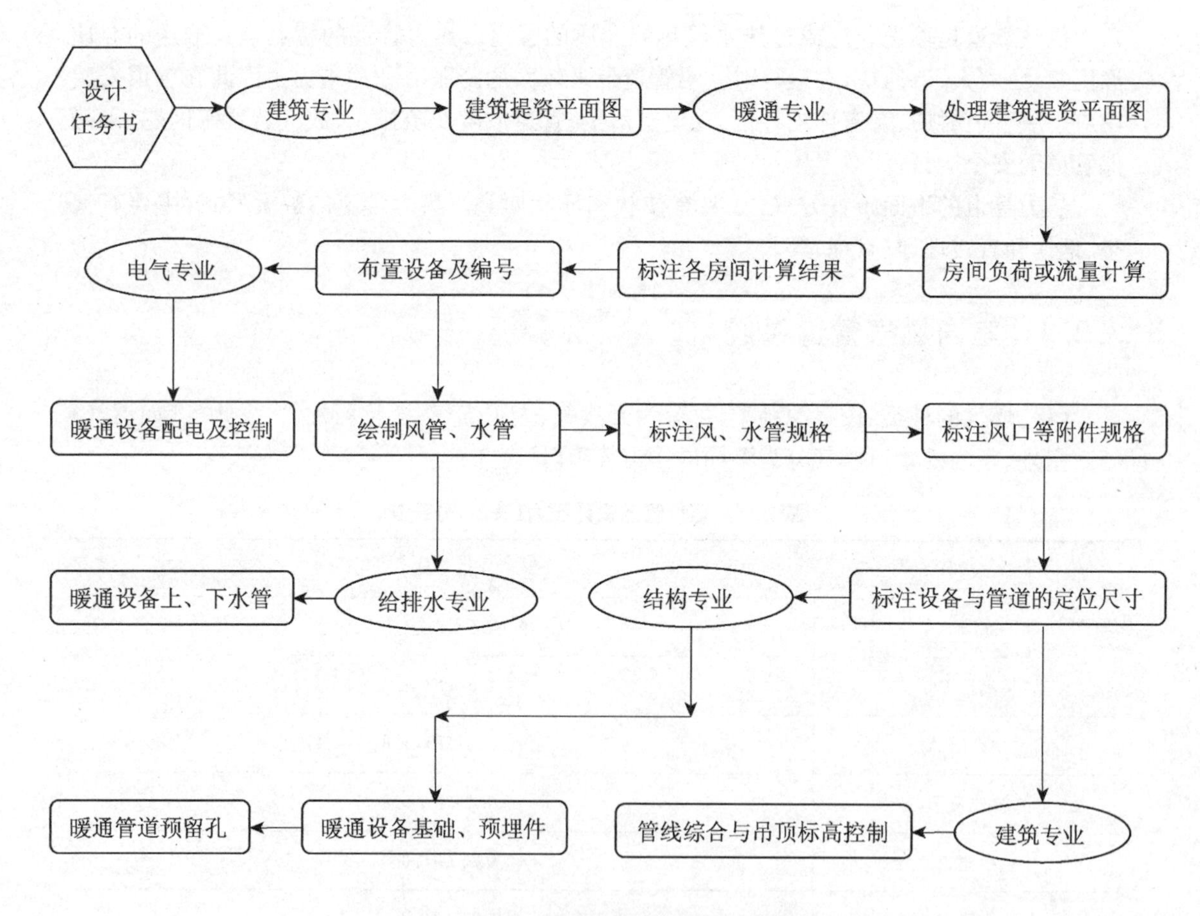

图 3-1 暖通空调施工图平面图绘制流程

3.3.1 某小型专家楼暖通空调系统设计绘图实例

(1) 收到建筑提资图纸(一):这是一个“专家楼”工程,共二层,属于较小建筑规模的项目,但对室内装饰和机电设施的设计要求较高,尤其是供暖、通风和空调系统。先收到建筑专业提供的施工图阶段平面资料图,以“一层平面图”为例,作为暖通空调专业下一步设计的基础(图3-2)。

(2) 收到建筑提资图纸(二):“专家楼”共二层,收到建筑专业提供的施工图阶段平面资料图,以“二层平面图”为例,作为暖通空调专业下一步设计的基础(图 3-3)。

(3) 处理建筑提资图纸(一):在建筑一层平面资料图上,保留轴线及尺寸、轴号、结构立柱、墙线、门窗线、房间名称等基本信息,删除多余的信息或关闭相关的图层,处理后的建筑平面资料图一般也称之为“建筑底版图”,在其上绘制暖通空调专业的设计内容(图3-4)。

(4) 处理建筑提资图纸(二):在建筑二层平面资料图上,保留轴线及尺寸、轴号、结构立柱、墙线、门窗线、房间名称等基本信息,删除多余的信息或关闭相关的图层,其后在此处理好的“建筑底版图”上绘制暖通空调专业的设计内容(图 3-5)。

(5) 标注冬季供暖负荷简要计算结果(一):在已处理好的一层建筑底版图上,将各个功能房间编号,一般从左上角开始按顺时针方向经由右上角、右下角、左下角一直编至左侧,采用软件计算每个房间的冬季供暖热负荷,并将各房间的最大计算负荷对应标注在该房间位置的表格内,作为低温热水辐射供暖系统加热盘管选型的依据;由于该计算结果表格仅在设计绘图的过程使用,所以应单独设置图层,以便在正式出图时可以关闭该图层(图 3-6)。

(6) 标注冬季供暖负荷简要计算结果(二):在已处理好的二层建筑底版图上,采用软件计算每个房间的冬季供暖热负荷,并将各房间的最大计算负荷对应标注在该房间位置的表格内,作为低温热水辐射供暖系统加热盘管选型的依据;由于该计算结果表格仅在设计绘图的过程使用,所以应单独设置图层,以便在正式出图时可以关闭该图层(图3-7)。

(7) 绘制供暖水干管和立管(一):从室外热力管网接入处的“热力入口”开始,循序绘制一层的供暖供、回水主干管、立管和水平干管,直至各个分(集)水器的供、回水接口(图3-8)。

(8) 绘制供暖水干管和立管(二):从立管开始,循序绘制二层的供暖供、回水立管和水平干管,直至各个分(集)水器的供、回水接口(图 3-9)。

(9) 绘制及标注低温热水地面辐射供暖散热盘管(一):从各个分(集)水器的供、回水分配回路接口开始,根据一层每个房间的冬季供暖热负荷的计算结果,循序绘制本楼层每个房间的地面低温热水辐射供暖系统加热盘管;然后,标注本楼层各每个房间低温热水地面辐射供暖加热盘管的管间距(mm)和总管长(m)(图 3-10)。

(10) 绘制及标注低温热水地面辐射供暖散热盘管(二):从各个分(集)水器的供、回水分配回路接口开始,根据二层每个房间的冬季供暖热负荷的计算结果,循序绘制本楼层每个房间的地面低温热水辐射供暖系统加热盘管;然后,标注本楼层各每个房间低温热水地面辐射供暖加热盘管的管间距(mm)和总管长(m)(图 3-11)。

(11) 绘制及标注地面辐射供暖系统的轴侧图:从室外热力管网接入处的“热力入口”开始,循序绘制及标注低温热水地面辐射供暖系统的主干管、立管和水平干管的轴侧图,以及标注相应的供、回水管径规格,例如“DN50”表示该段水管的公称直径为 50 mm (图3-12)。

(12) 标注夏季空调负荷简要计算结果(一):在已处理好的一层建筑底版图上,将各个功能房间编号,采用软件计算每个房间的空调夏季冷负荷和新风量,并将各房间的最大计算负荷、新风量对应标注在该房间位置的表格内,作为空调末端机组选型的依据;由于该计算结果表格仅在设计绘图的过程使用,所以应单独设置图层,以便在正式出图时可以关闭该图层(图 3-13)。

(13) 标注夏季空调负荷简要计算结果(二):在已处理好的二层建筑底版图上,将各个功能房间编号,采用软件计算每个房间的空调夏季冷负荷和新风量,并将各房间的最大计算负荷、新风量对应标注在该房间位置的表格内,作为空调末端机组选型的依据;由于该计算结果表格仅在设计绘图的过程使用,所以应单独设置图层,以便在正式出图时可以关闭该图层(图 3-14)。

(14) 布置多联机空调设备及编号(一):根据一层各个房间夏季空调最大冷负荷的计算结果,选型及布置多联机空调系统各个房间的室内末端机组,以及室外地坪上的空调主机设备,并分别予以编号(图 3-15)。

(15) 布置多联机空调设备及编号(二):根据二层各个房间夏季最大空调冷负荷的计算结果,选型及布置多联机空调系统各个房间的室内末端机组,并分别予以编号(图3-16)。

(16) 绘制空调和通风的风系统并标注风管规格(一):从一层“排风热回收型新风换气机组”开始,循序绘制新风、排风主风管、支风管,直至送、排风末端风口;在绘制风管的同时,每绘制一段风管就接着标注该段风管的规格及风管的底面标高,如“400 * 200”就表示该段矩形风管的宽度为 400 mm,高度为 200 mm(图 3-17)。

(17) 绘制空调和通风的风系统并标注风管规格(二):从二层“排风热回收型新风换气机组”开始,循序绘制新风、排风主风管、支风管,直至送、排风末端风口;在绘制风管的同时,每绘制一段风管就接着标注该段风管的规格及风管的底面标高(图 3-18)。

(18) 绘制空调冷媒管系统(一):从一层多联机空调系统的“室外主机”开始,循序绘制空调冷媒管系统的主干管、立管、水平干管和支管,以及各类阀件等,直至各台室内空调末端机组的冷媒管接口(图 3-19)。

(19) 绘制空调冷媒管系统(二):从二层多联机空调系统的立管开始,循序绘制水平干管和支管,以及各类阀件等,直至各台室内空调末端机组的冷媒管接口(图 3-20)。

(20) 风口标注和定位尺寸标注(一):循序标注一层各类风口的规格表,每个种类、每个规格只需要标注一个“风口规格表”即可,并注明同类型同规格的风口有几个;然后,循序绘制本楼层机组、风管和风口的定位尺寸,平面图基本“成图”(图 3-21)。

(21) 风口标注和定位尺寸标注(二):循序标注二层各类风口的规格表,每个种类、每个规格只需要标注一个“风口规格表”即可,并注明同类型同规格的风口有几个;然后,循序绘制本楼层机组、风管和风口的定位尺寸,平面图基本“成图”(图 3-22)。

(22) 绘制及标注多联机空调冷媒系统图：根据多联机空调系统的平面图，绘制从室外机连接至各层各台室内机的整个冷媒管系统图，本例为"平板法"的示意表达方式；后续，可根据暖通空调平面图、系统图(轴侧图)，绘制必要的剖面大样图和机房详图，编制"设计与施工总说明"和"主要设备及材料表"等(图3-23)。

3.3.2　北方某办公楼热水散热器供暖系统

(1) 收到建筑提资图纸(一)：这是一个多层办公楼建筑项目。先收到建筑专业提供的施工图阶段平面资料图，以"一层平面图""二层平面图"为例，作为暖通空调专业下一步设计的基础(图3-24)。

(2) 收到建筑提资图纸(二)：以建筑专业提供的施工图阶段平面资料图，如"三～五层平面图""六层(顶层)平面图"为例，作为暖通空调专业下一步设计的基础(图3-25)。

(3) 处理建筑提资图纸：在建筑平面资料图上，保留轴线及尺寸、轴号、结构立柱、墙线、门窗线、房间名称等基本信息，删除多余的信息或关闭相关的图层，处理后的建筑平面资料图一般也称之为"建筑底版图"，在其上绘制暖通空调专业的设计内容(图3-26)。

(4) 标注简要计算结果：在已处理好的建筑底版图上，将各个功能房间编号，一般从左上角开始按顺时针方向经由右上角、右下角、左下角一直编至左侧，采用软件计算每个房间的冬季供暖热负荷，并将各房间的最大计算负荷对应标注在该房间位置的表格内，作为热水散热器选型的依据；由于该计算结果表格仅在设计绘图的过程使用，所以应单独设置图层，以便在正式出图时可以关闭该图层(图3-27)。

(5) 布置散热器立管位置：在墙角、柱边或管道井布置立管，并将立管循序编号(图3-28)。

(6) 布置散热器位置：根据各房间供暖热负荷的计算结果，选型及布置散热器，一般将散热器尽量布置在外墙内的外窗下(图3-29)。

(7) 布置热力入口、供暖水总立管和连接回水干管：在一层楼梯下小室或专用小室布置热力入口及总热计量装置，在管道井布置保温的供暖水总立管；本例室内供暖水系统形式为"上供下回"式，在一层绘制地沟内的回水干管并连接各散热器立管(图3-30)。

(8) 连接供水干管：本例室内供暖水系统形式为"上供下回"式，在作为顶层的六层，绘制布置在顶板下的供水干管并连接各散热器立管(图3-31)。

(9) 计算和标注散热器规格：根据各层各房间供暖热负荷的计算结果和已确定的散热器选型，计算各房间每组散热器的"片数"，并标注在图纸上(图3-32)。

(10) 绘制地沟平面提资图：在一层平面图上，以虚线绘制地坪下的回水干管地沟，作为向建筑专业的提资图(图3-33)。

(11) 绘制室内供暖水系统轴侧图：以45°轴侧图的方式，绘制各回路的室内供暖水系统图，标注与各层供暖平面图对应一致的立管编号、每组散热器片数、水平干管坡度及坡向、阀门及阀件、固定支架及补偿器、干管及立管管径、竖向标高、热力入口编号及设计计算参数等(图3-34)。

3.3.3 北方某住宅楼低温热水地面辐射供暖系统

（1）收到建筑提资图纸：这是一个高层住宅楼建筑项目，各层为一梯三户，共3种房型。先收到建筑专业提供的施工图阶段平面资料图，以“标准层平面图”为例，作为暖通空调专业下一步设计的基础。本张平面图上，已表达有先前设计的楼梯间前室消防加压送风竖向风管和加压送风口（图3-35）。

（2）处理建筑提资图纸：在建筑平面资料图上，保留轴线及尺寸、轴号、结构立柱、墙线、门窗线、房间名称等基本信息，删除多余的信息或关闭相关的图层，处理后的建筑平面资料图一般也称之为“建筑底版图”，在其上绘制暖通空调专业的设计内容（图3-36）。

（3）绘制供暖水共用立管和分户干管：从“供暖水共用立管井”（在本例中位于建筑“交通核”内）的供暖供、回水共用立管开始，循序绘制本楼层的供暖供、回水分户干管直至各住户户内分（集）水器的供、回水接口（图3-37）。

（4）绘制户内地面辐射供暖水加热盘管：从各住户的户内分（集）水器的供、回水分配回路接口开始，根据本楼层各住户每个房间的冬季供暖热负荷的计算结果，循序绘制本楼层各住户每个房间的地面低温热水辐射供暖系统加热盘管（图3-38）。

（5）标注地面辐射供暖系统：从供暖共用立管接出的各分户干管开始，循序标注供、回水管的规格，例如“DN25”表示该段水管的公称直径为25 mm。然后，标注本楼层各住户每个房间低温热水地面辐射供暖加热盘管的管间距（mm）和总管长（m）（图3-39）。

（6）绘制地下室供暖平面图：表达从室外热力管网接来的热力入口及热计量小室的供暖供、回水总管和附件，标注热力入口设计计算参数，如供、回水温度；标注供、回水总管的规格，例如“DN80”表示该段水管的公称直径为80 mm；标注热补偿措施，本例采用自然热补偿，表达了设置“固定支架”的位置（图3-40）。

（7）绘制供暖水系统轴侧图和供暖大样图：本图上示例的是户内分（集）水器接法、地面建筑结构的构造和加热管做法的剖面大样图（图3-41）。

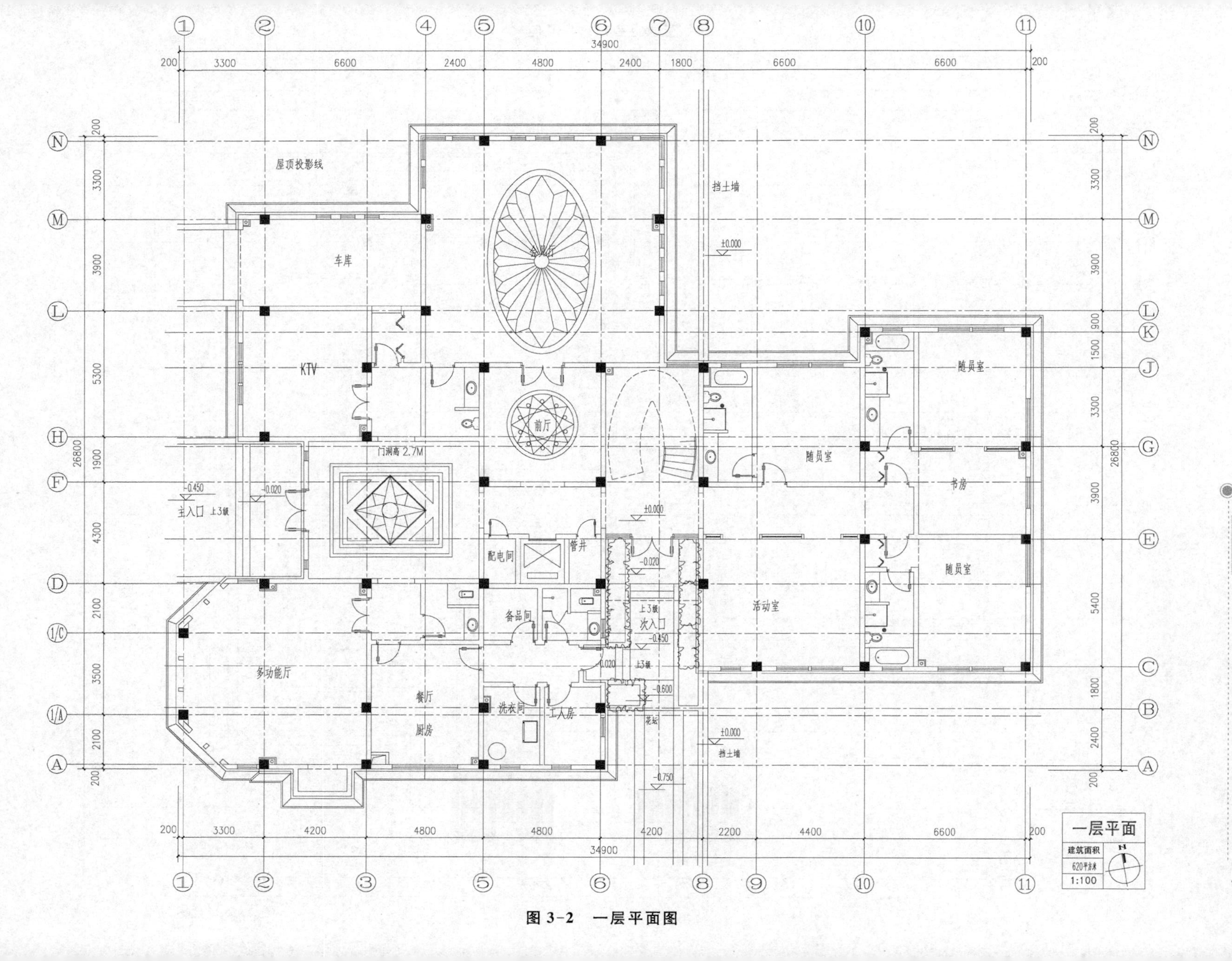

一层平面
建筑面积
620平方米
1:100
屋顶投影线
挡土墙
车库
KTV
前厅
门洞高 2.7M
主入口 上3级
随员室
书房
活动室
次入口
配电间
管井
备品间
多功能厅
餐厅
厨房
洗衣间
工人房
花坛
34900
26800

图 3-2　一层平面图

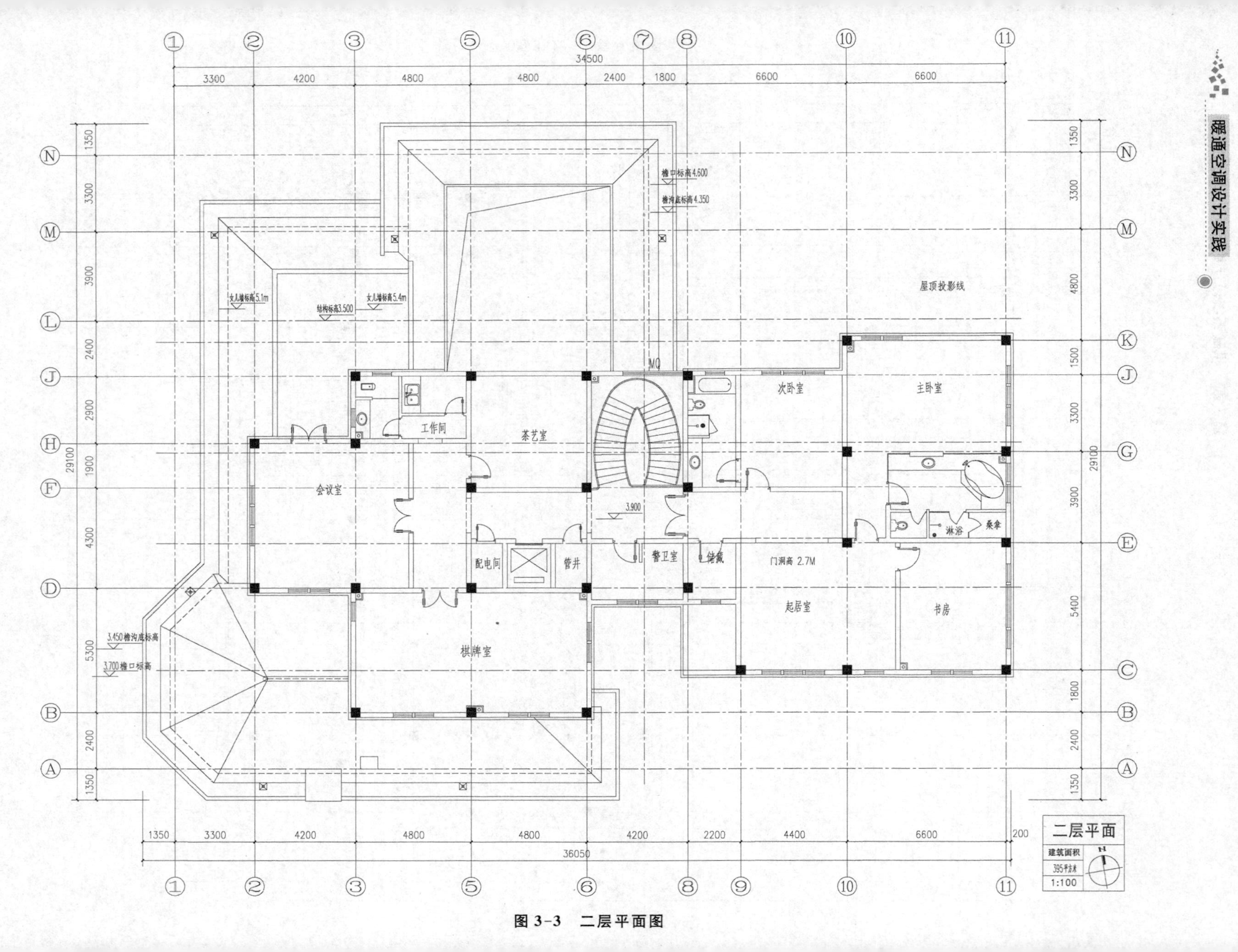

二层平面
建筑面积
395平方米
1:100
主卧室
书房
次卧室
起居室
淋浴
桑拿
屋顶投影线
门洞高 2.7M
警卫室
储藏
管井
配电间
茶艺室
棋牌室
工作间
会议室
檐口标高 4.600
檐沟底标高 4.350
女儿墙标高 5.1m
女儿墙标高 5.4m
结构标高 3.500
3.450 檐沟底标高
3.700 檐口标高
3.900
34500
36050
29100

图 3-3　二层平面图

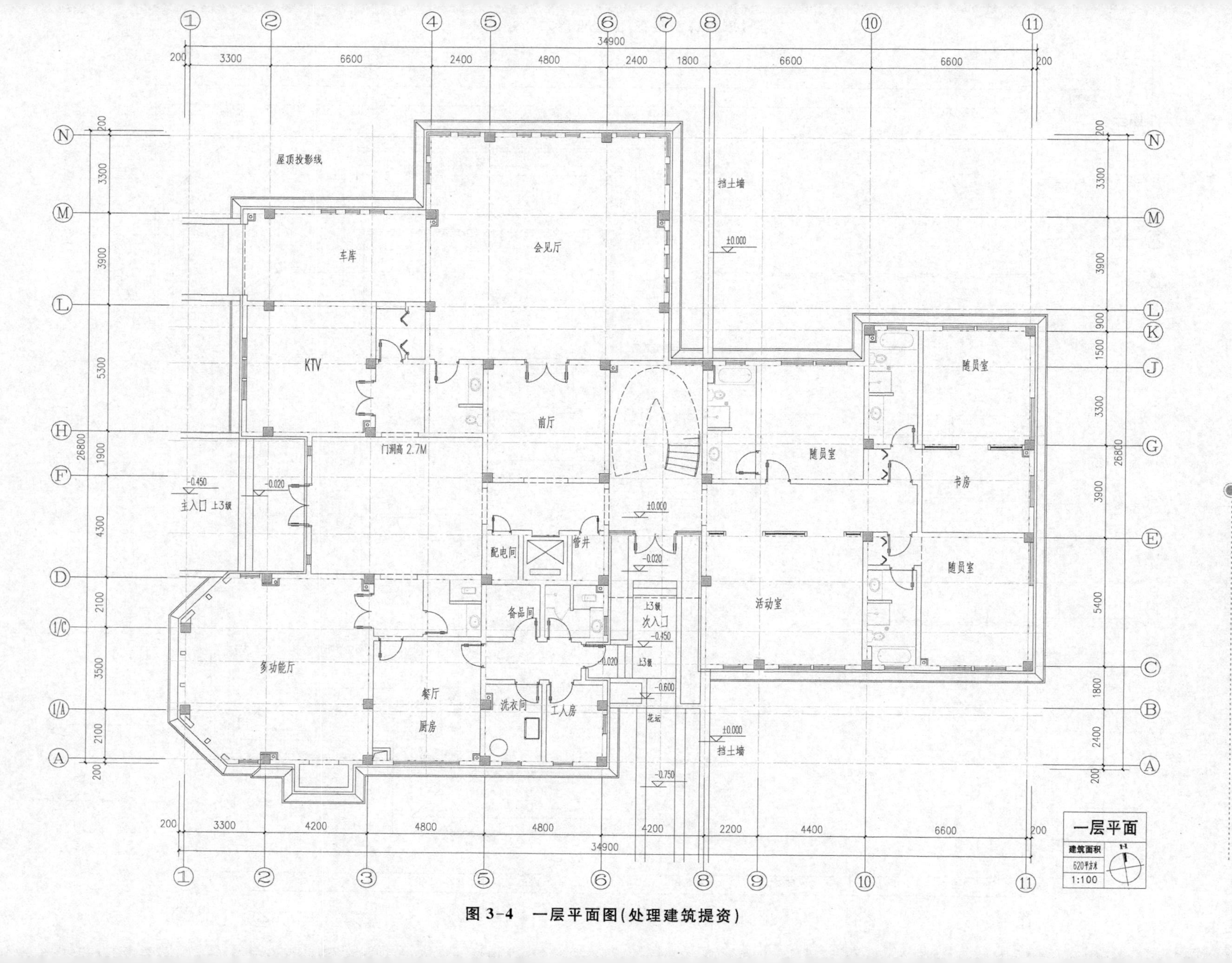

图 3-4　一层平面图（处理建筑提资）

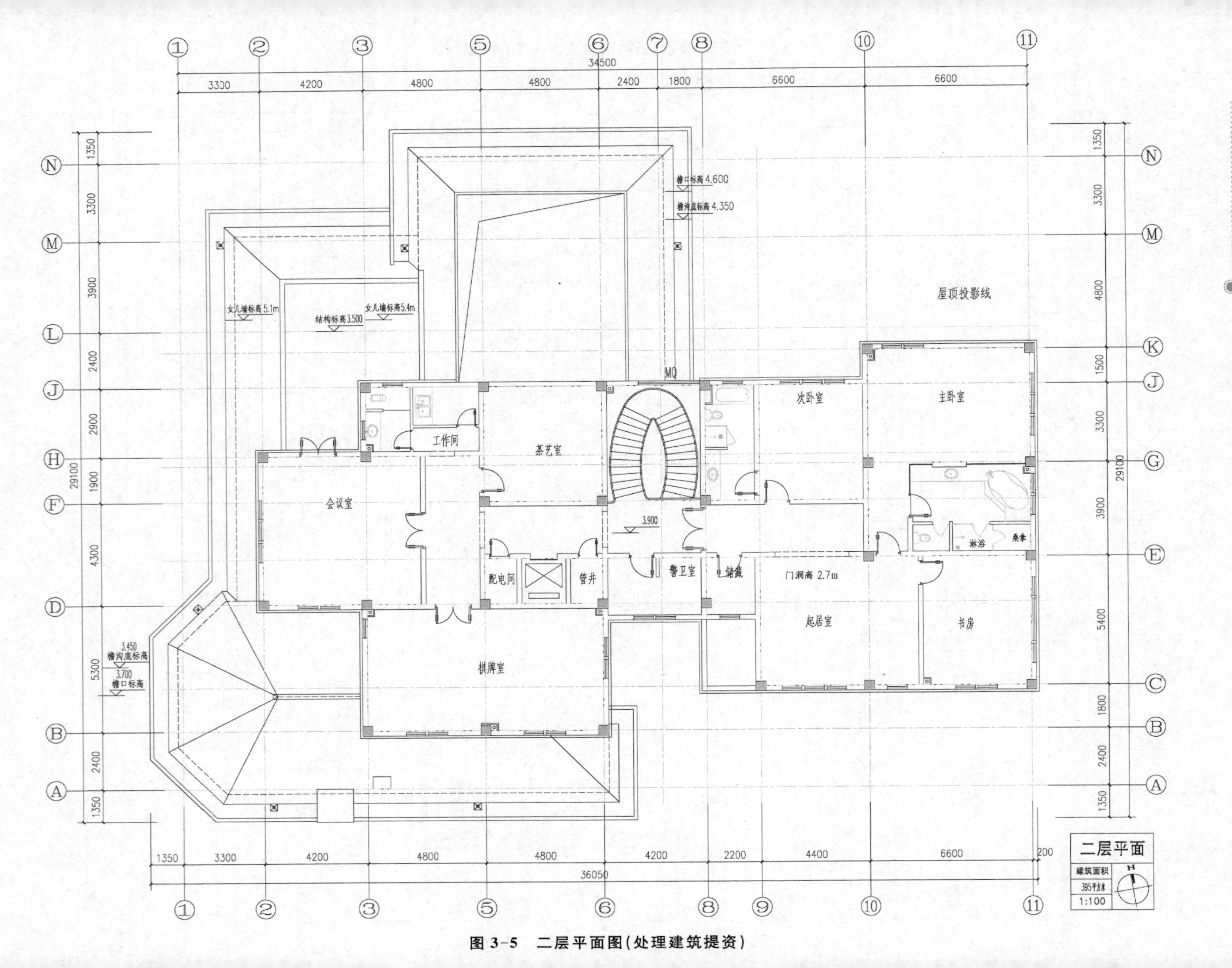

图 3-5　二层平面图(处理建筑提资)

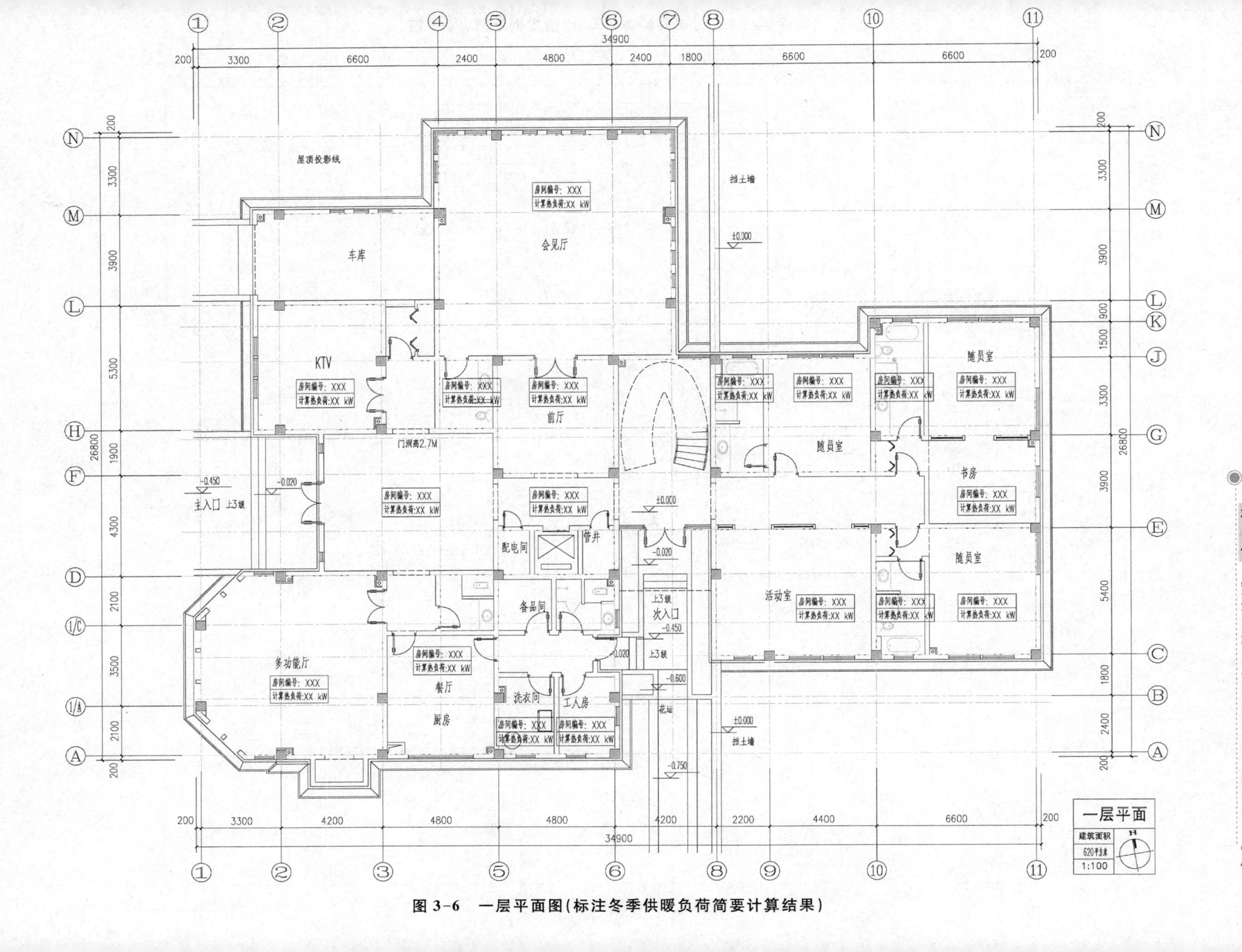

图3-6 一层平面图(标注冬季供暖负荷简要计算结果)

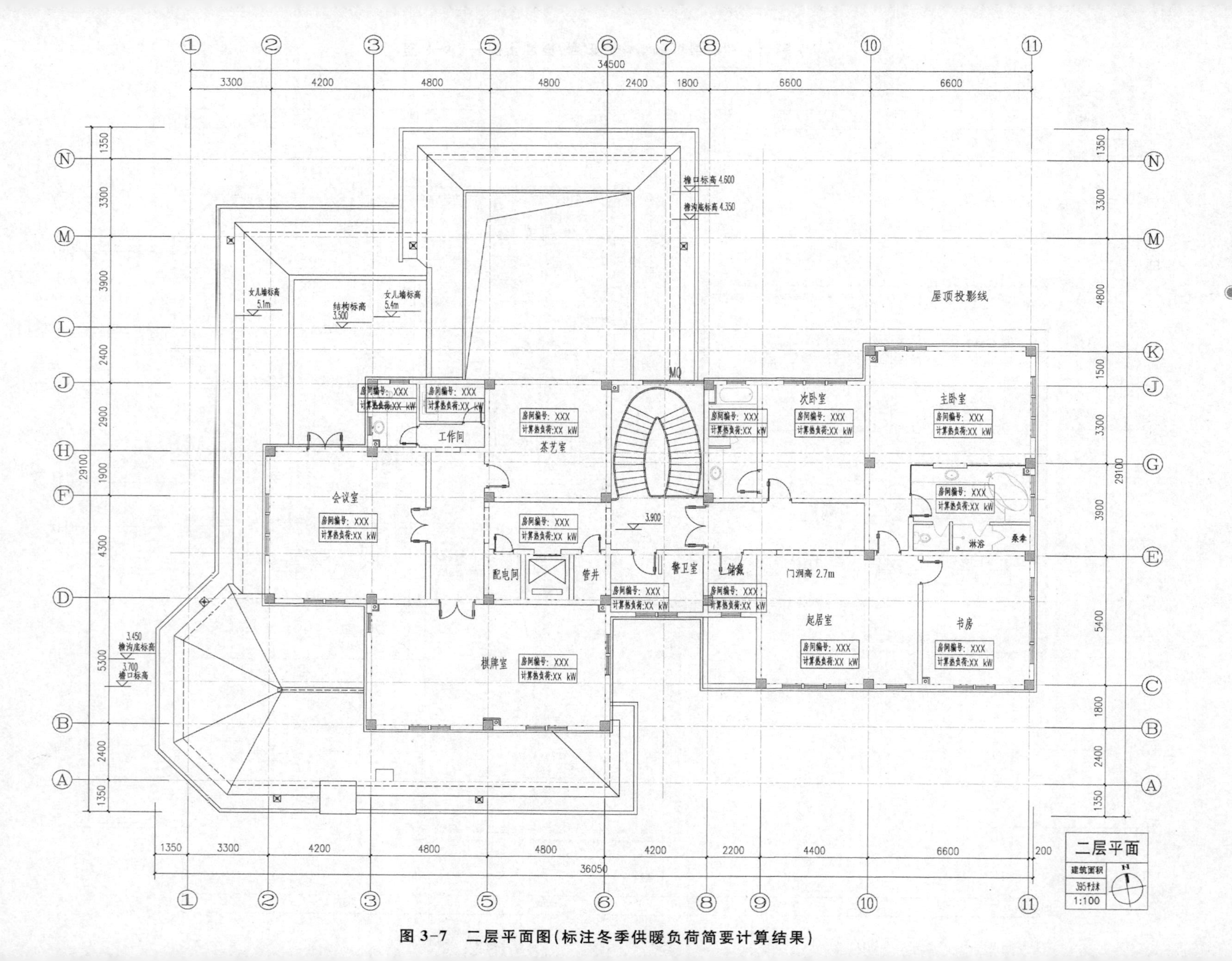

图 3-7 二层平面图(标注冬季供暖负荷简要计算结果)

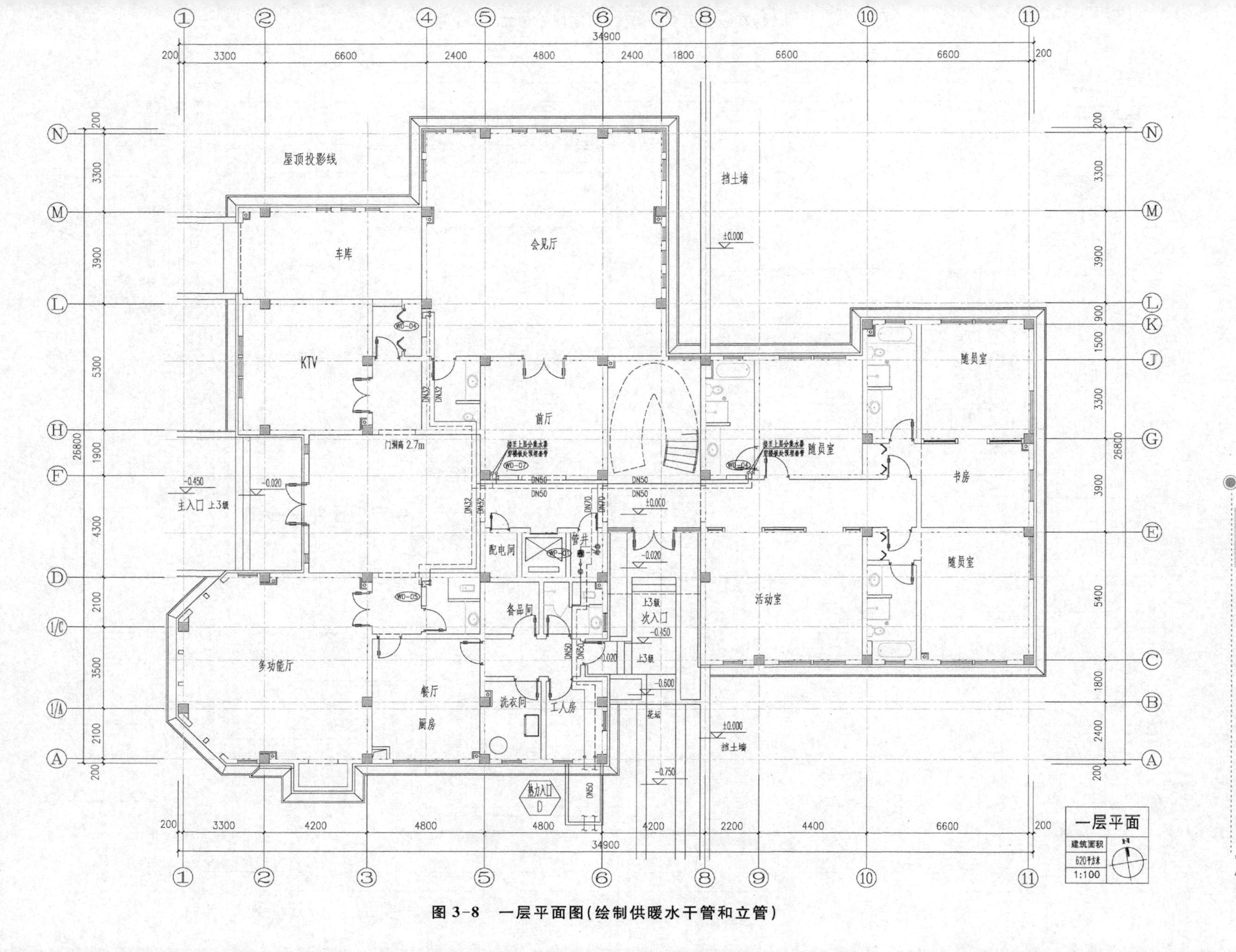

图 3-8　一层平面图（绘制供暖水干管和立管）

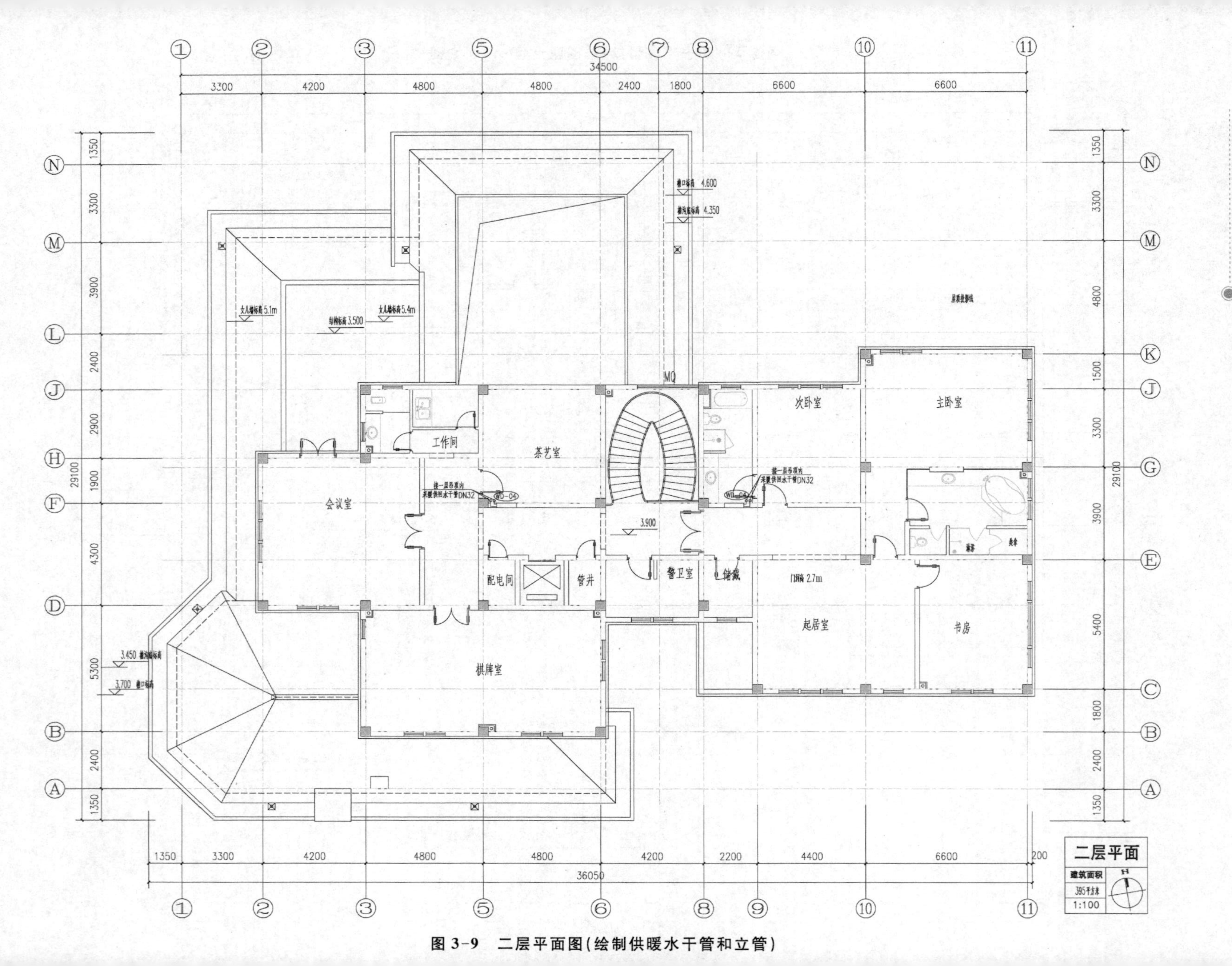

图 3-9 二层平面图(绘制供暖水干管和立管)

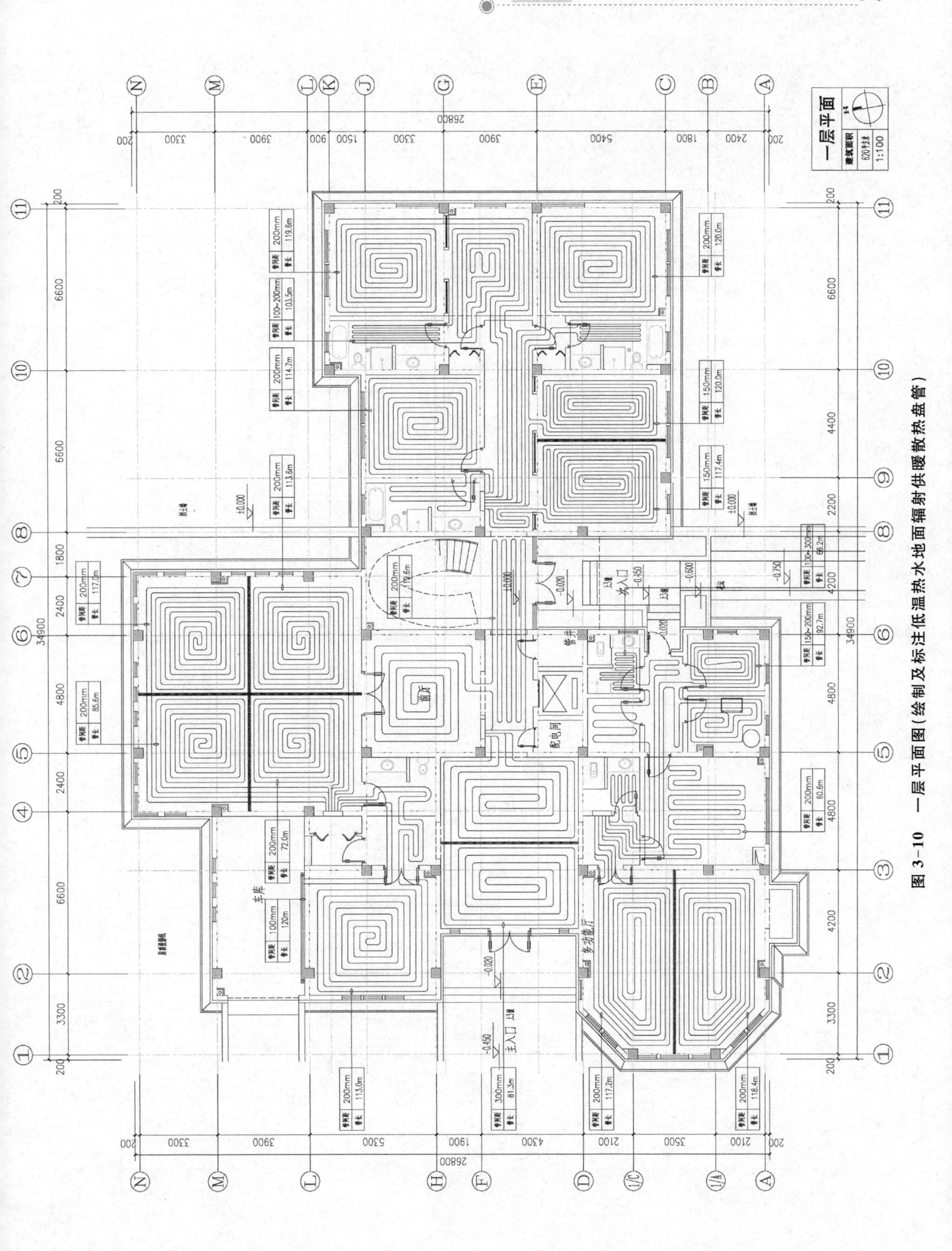

图 3-10 一层平面图(绘制及标注低温辐射供暖散热盘管)

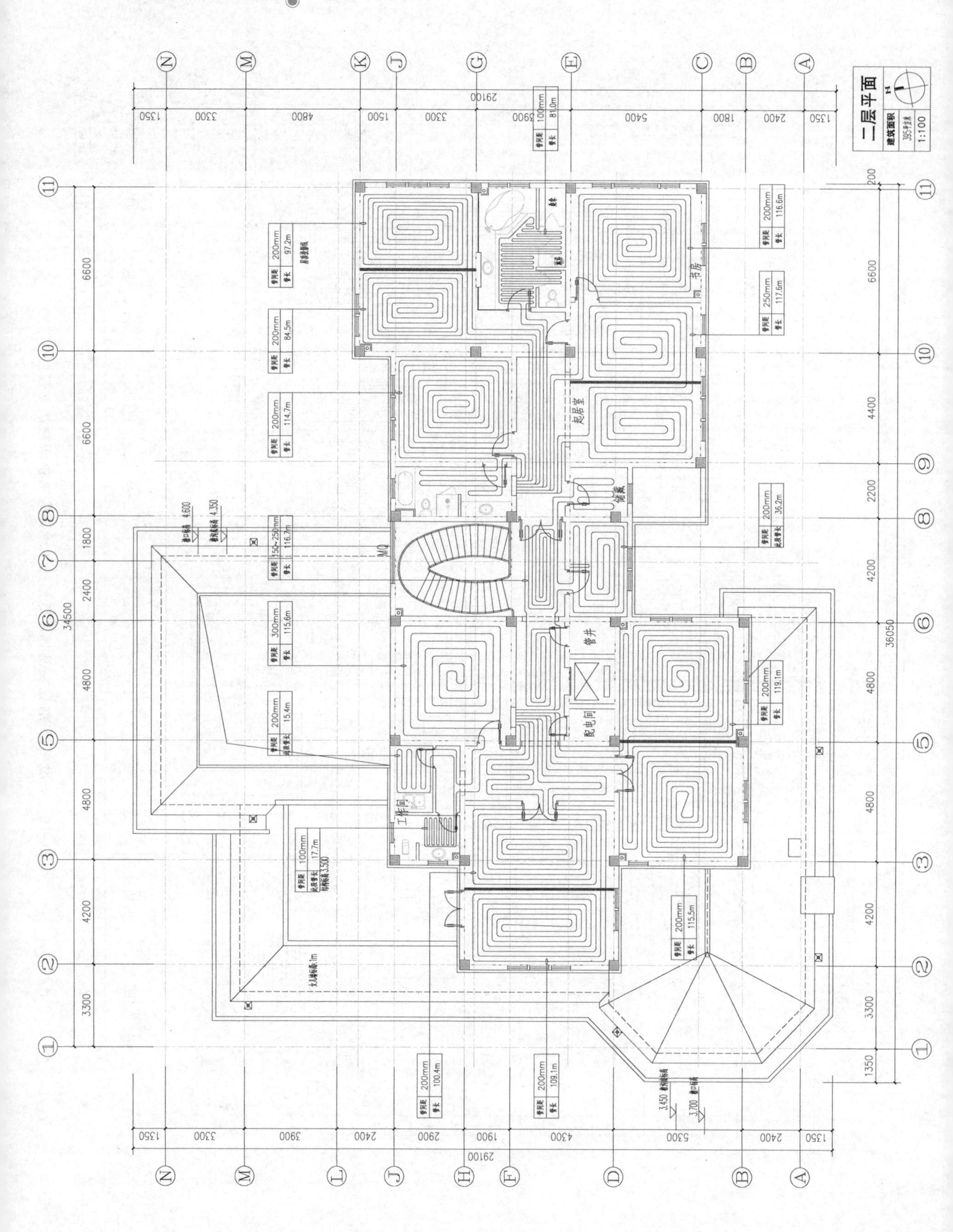
二层平面
建筑面积
1:100
起居室
书房
管井
配电间
29100
36050
34500

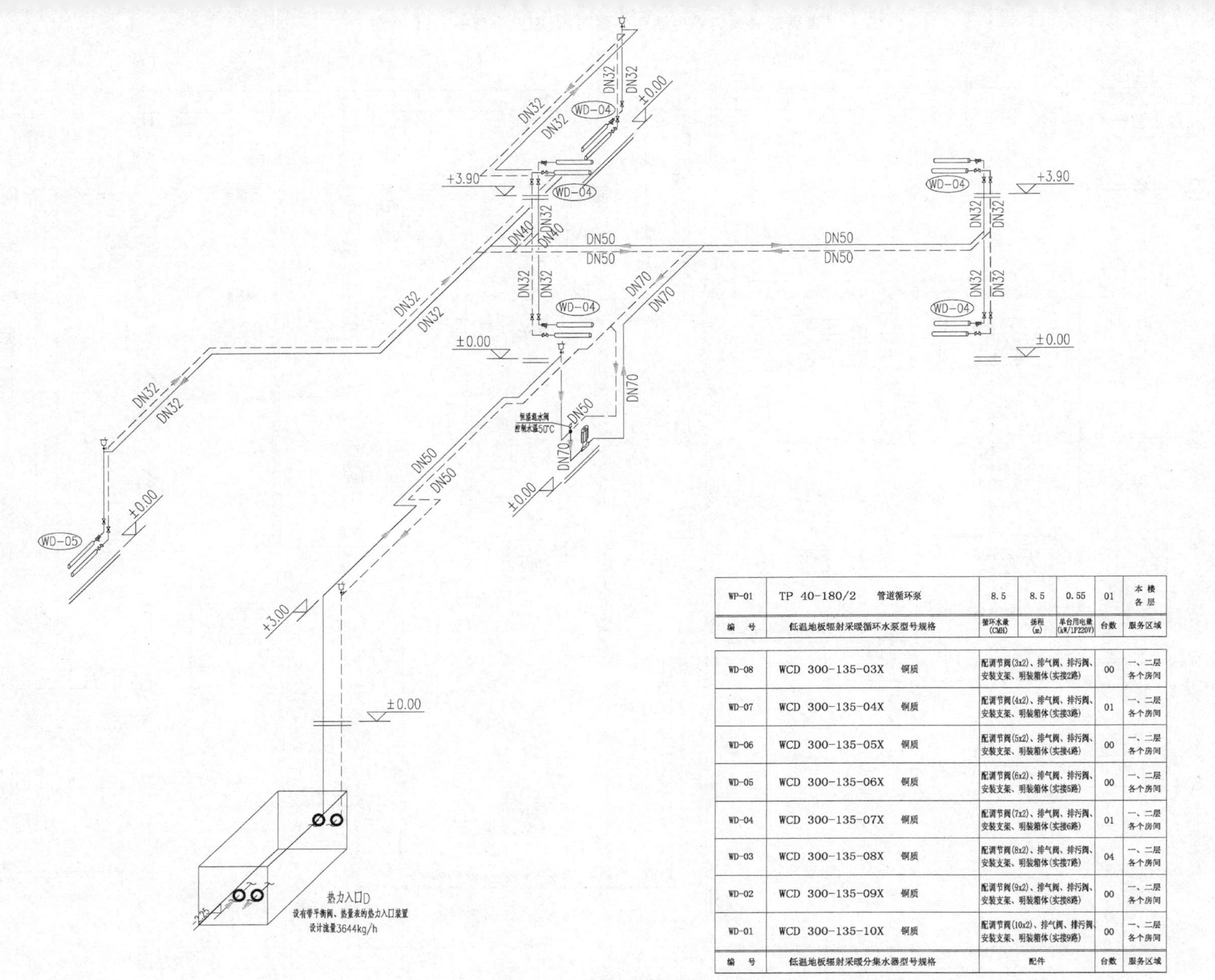

编　号	低温地板辐射采暖循环水泵型号规格	循环水量(CMH)	扬程(m)	单台用电量(kW/1P220V)	台数	服务区域
WP-01	TP 40-180/2　管道循环泵	8.5	8.5	0.55	01	本楼各层

编　号	低温地板辐射采暖分集水器型号规格	配件	台数	服务区域
WD-08	WCD 300-135-03X　铜质	配调节阀(3x2)、排气阀、排污阀、安装支架、明装箱体(实接2路)	00	一、二层各个房间
WD-07	WCD 300-135-04X　铜质	配调节阀(4x2)、排气阀、排污阀、安装支架、明装箱体(实接3路)	01	一、二层各个房间
WD-06	WCD 300-135-05X　铜质	配调节阀(5x2)、排气阀、排污阀、安装支架、明装箱体(实接4路)	00	一、二层各个房间
WD-05	WCD 300-135-06X　铜质	配调节阀(6x2)、排气阀、排污阀、安装支架、明装箱体(实接5路)	00	一、二层各个房间
WD-04	WCD 300-135-07X　铜质	配调节阀(7x2)、排气阀、排污阀、安装支架、明装箱体(实接6路)	01	一、二层各个房间
WD-03	WCD 300-135-08X　铜质	配调节阀(8x2)、排气阀、排污阀、安装支架、明装箱体(实接7路)	04	一、二层各个房间
WD-02	WCD 300-135-09X　铜质	配调节阀(9x2)、排气阀、排污阀、安装支架、明装箱体(实接8路)	00	一、二层各个房间
WD-01	WCD 300-135-10X　铜质	配调节阀(10x2)、排气阀、排污阀、安装支架、明装箱体(实接9路)	00	一、二层各个房间

图 3-12　地面辐射供暖系统的轴测图

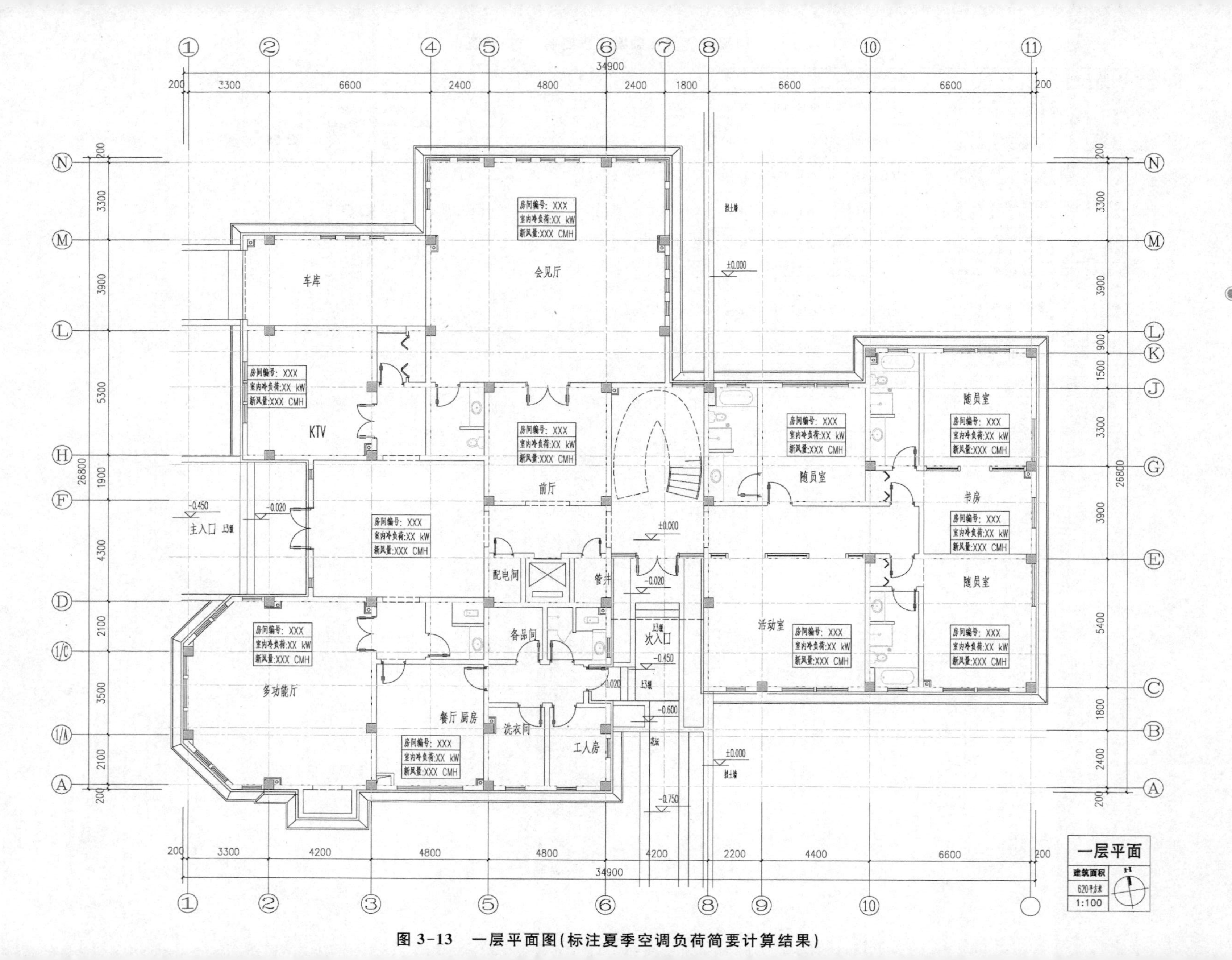

图 3-13　一层平面图(标注夏季空调负荷简要计算结果)

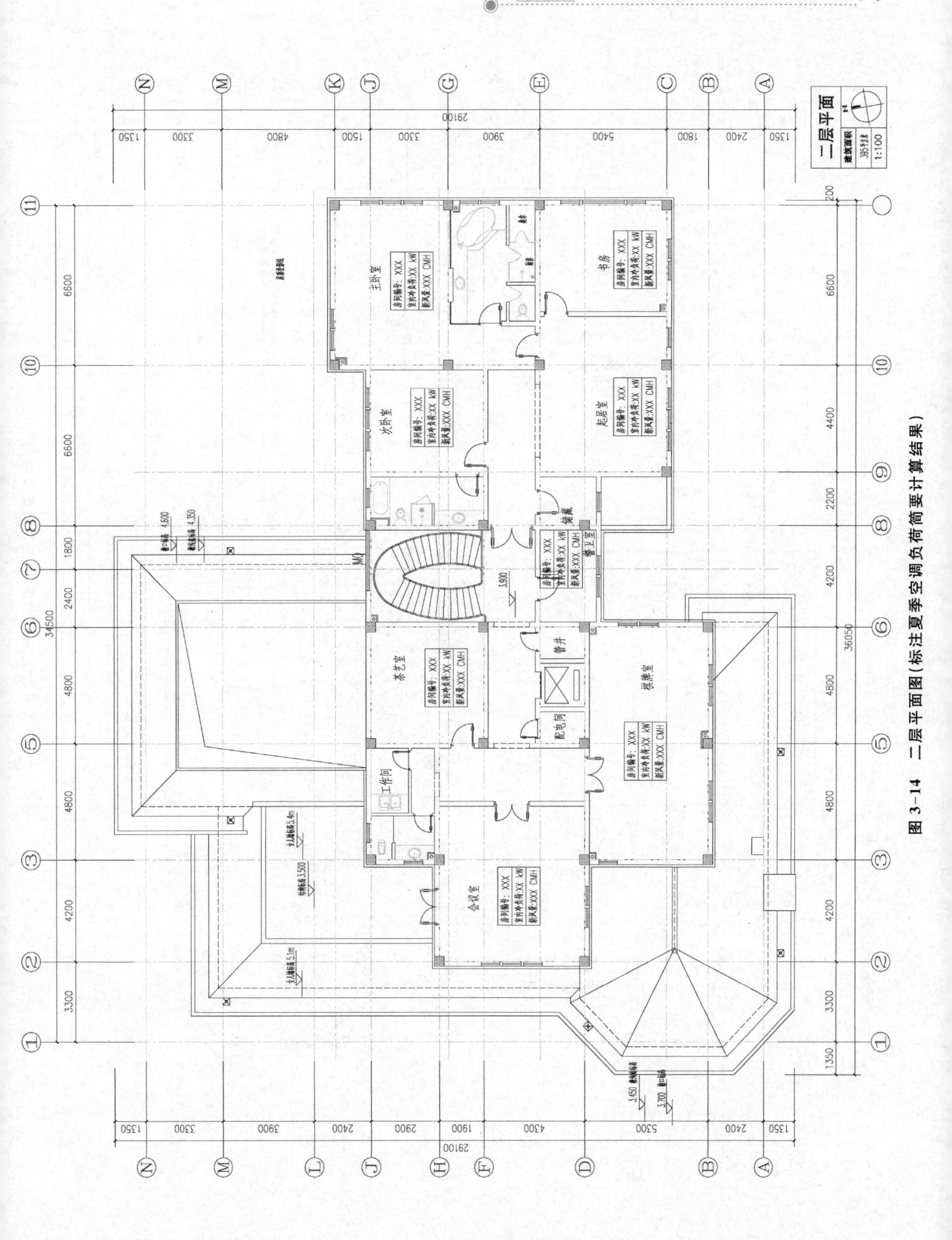

图 3-14　二层平面图(标注夏季空调负荷简要计算结果)

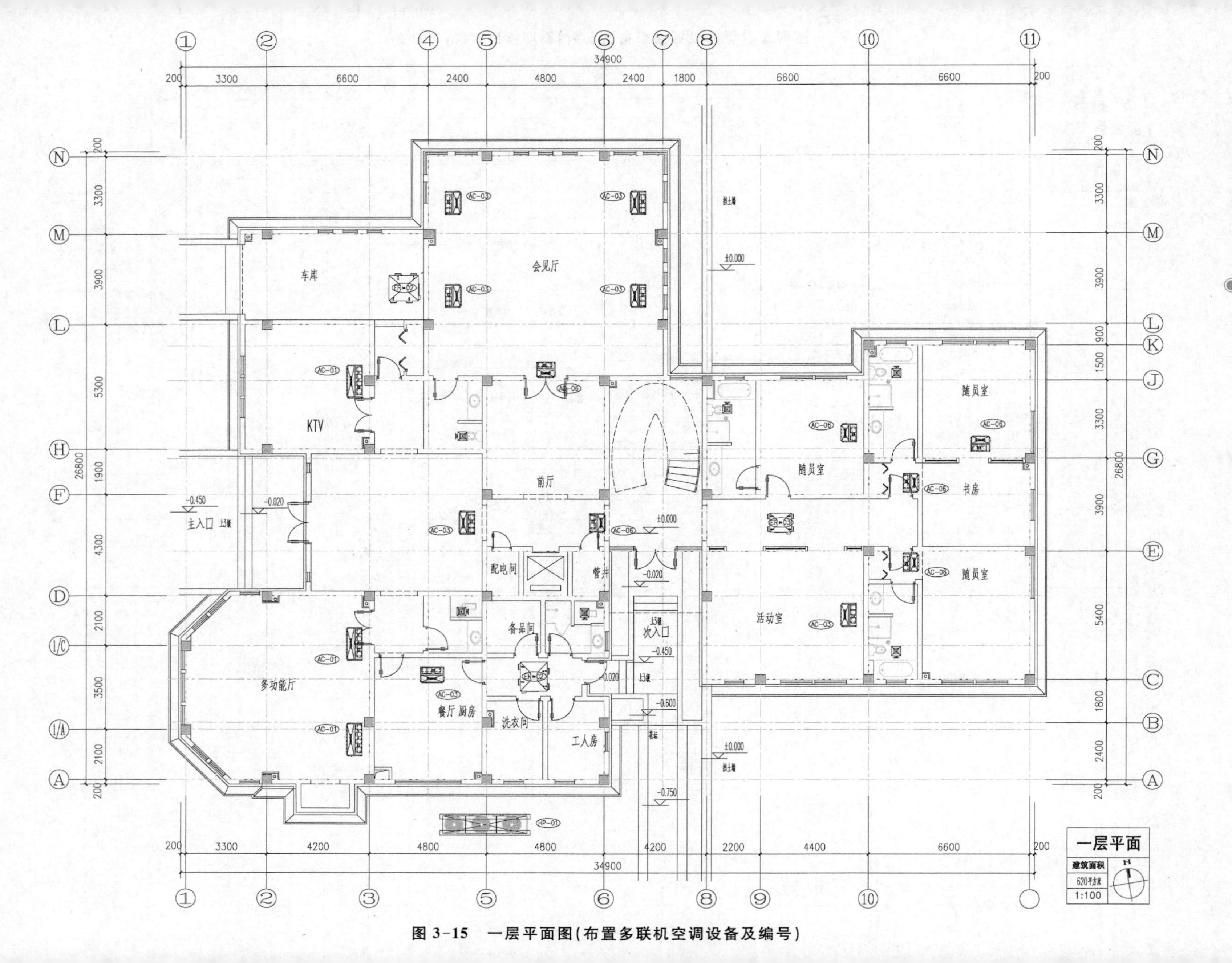

图 3-15　一层平面图（布置多联机空调设备及编号）

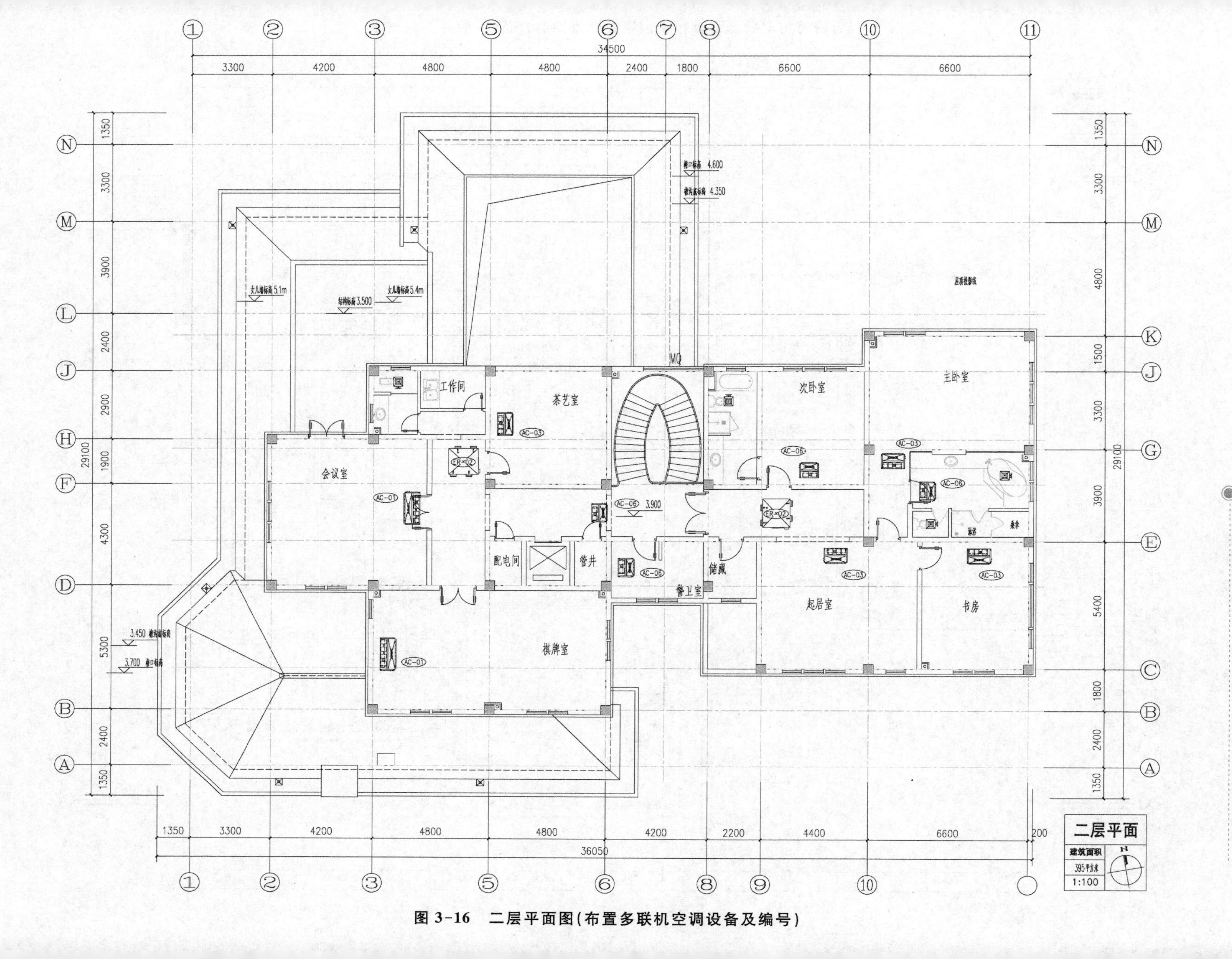

图 3-16　二层平面图（布置多联机空调设备及编号）

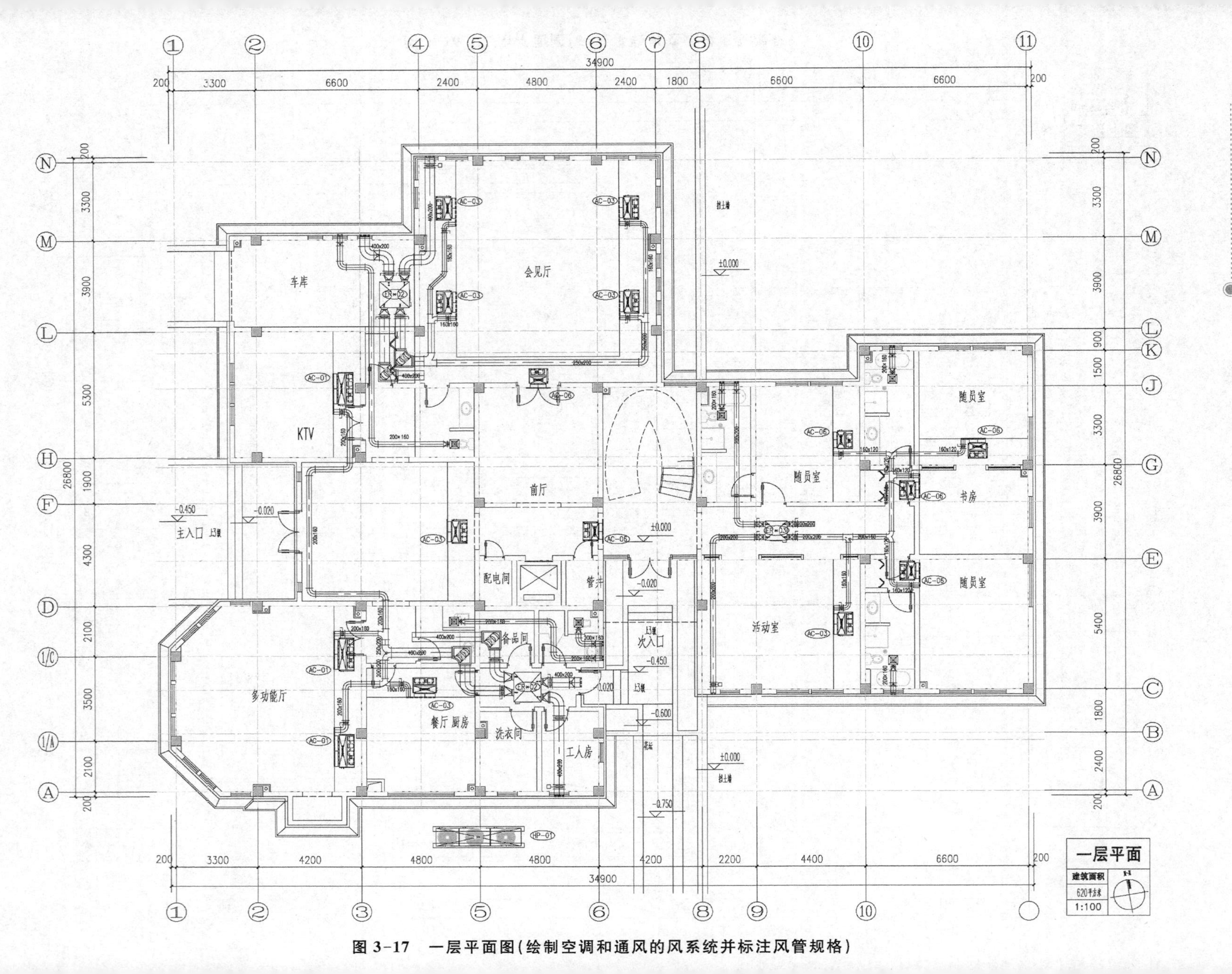

图 3-17　一层平面图（绘制空调和通风的风系统并标注风管规格）

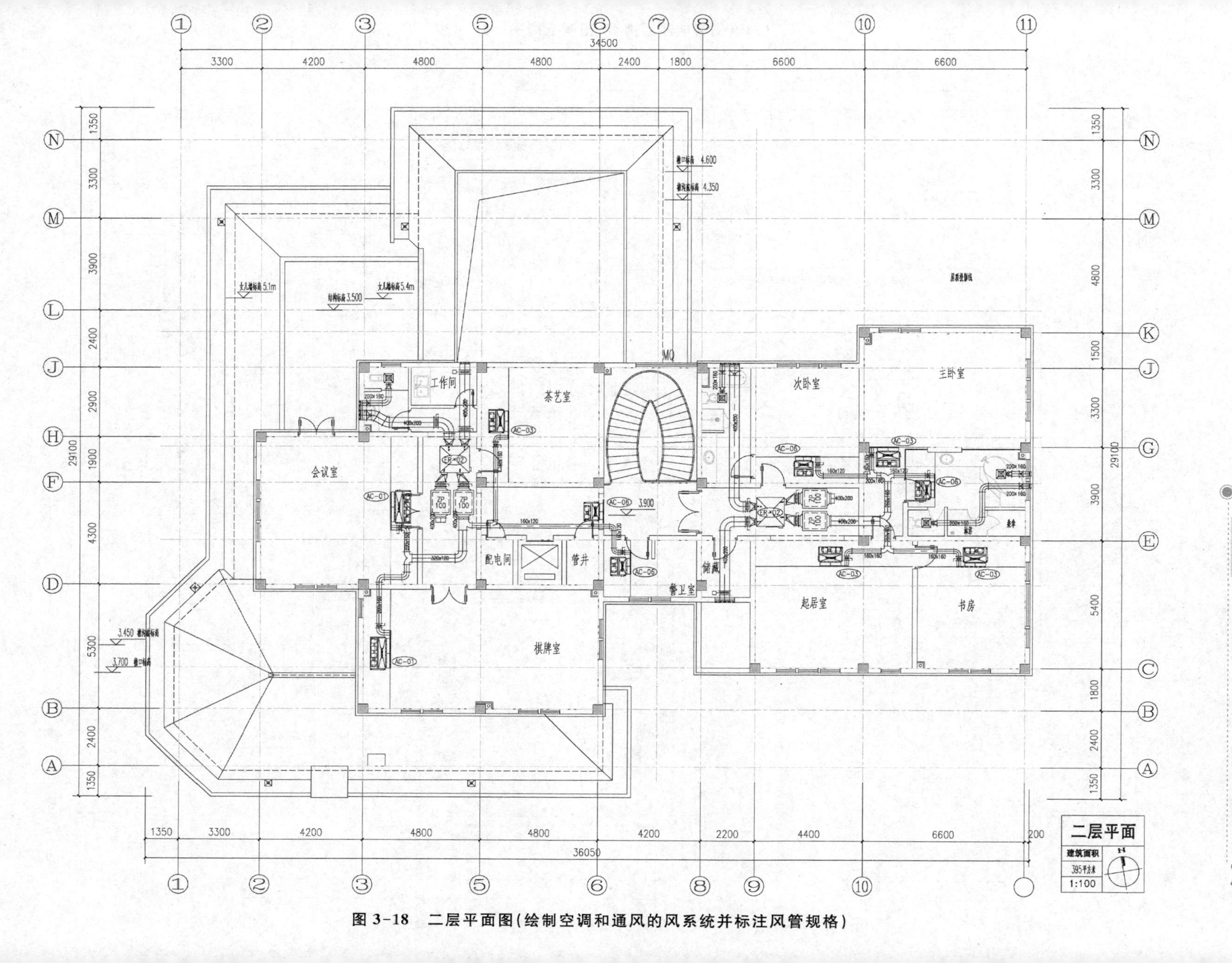

图 3-18　二层平面图（绘制空调和通风的风系统并标注风管规格）

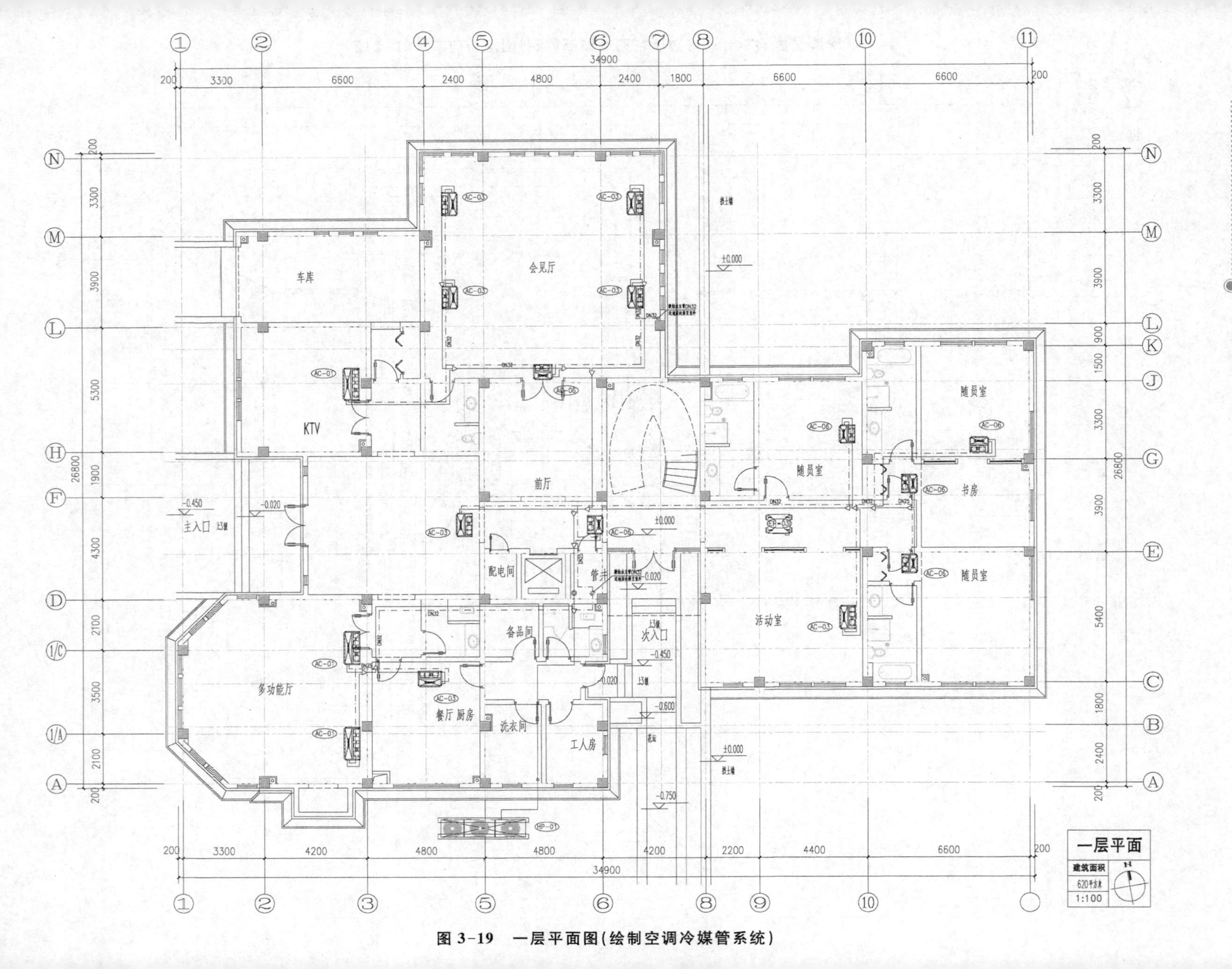

图 3-19　一层平面图(绘制空调冷媒管系统)

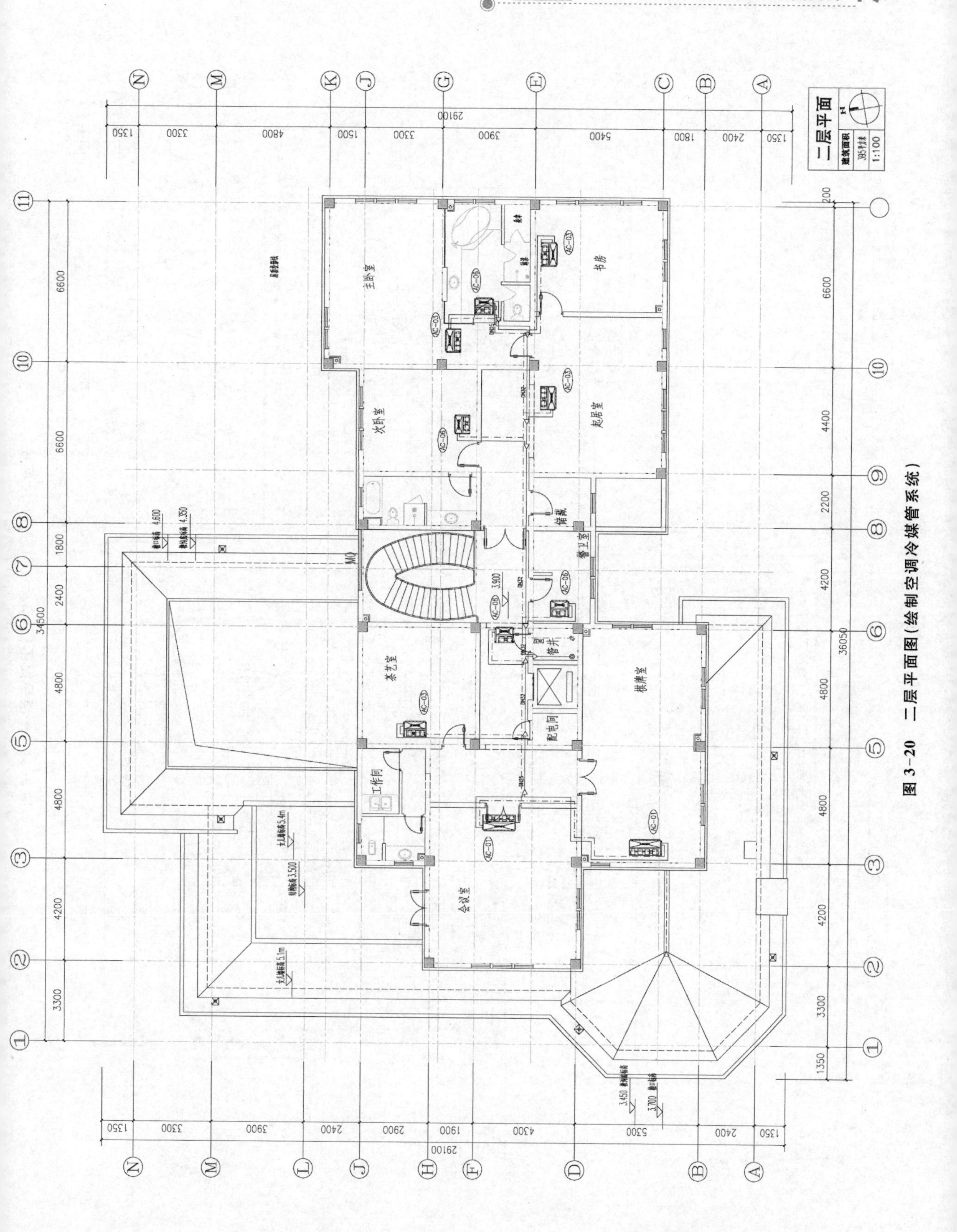

图 3-20 二层平面图(绘制空调冷媒管系统)

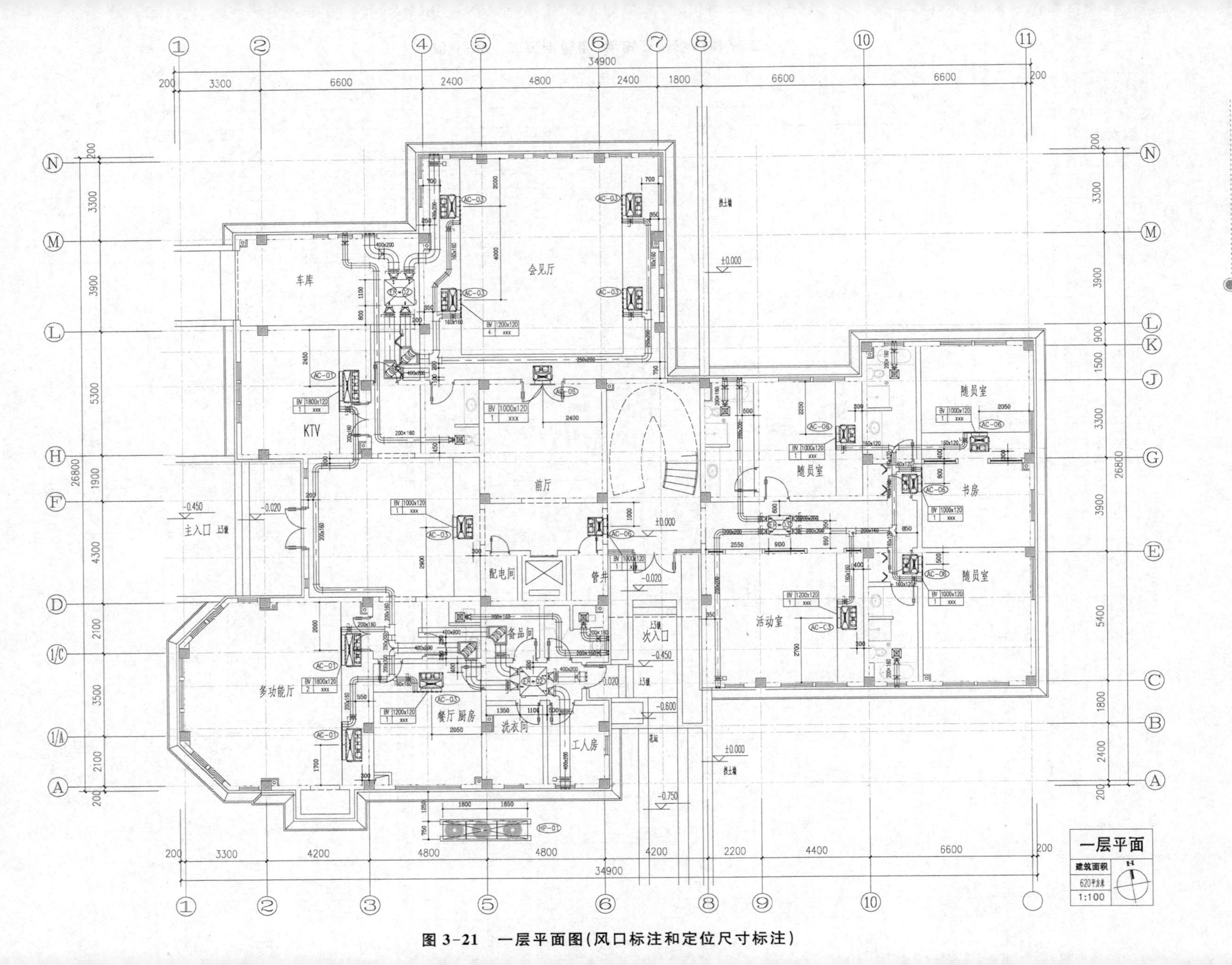

图 3-21 一层平面图(风口标注和定位尺寸标注)

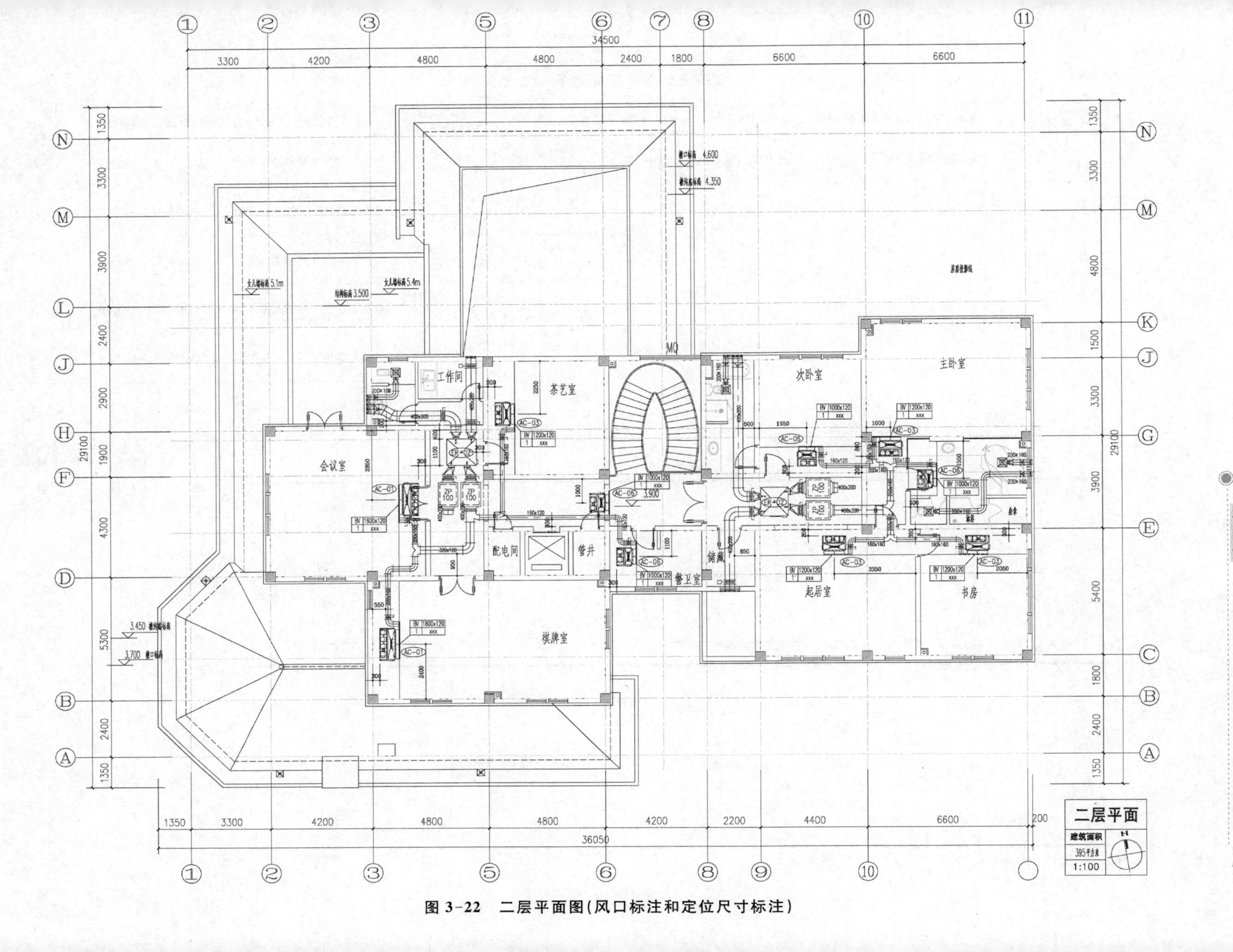

图 3-22　二层平面图(风口标注和定位尺寸标注)

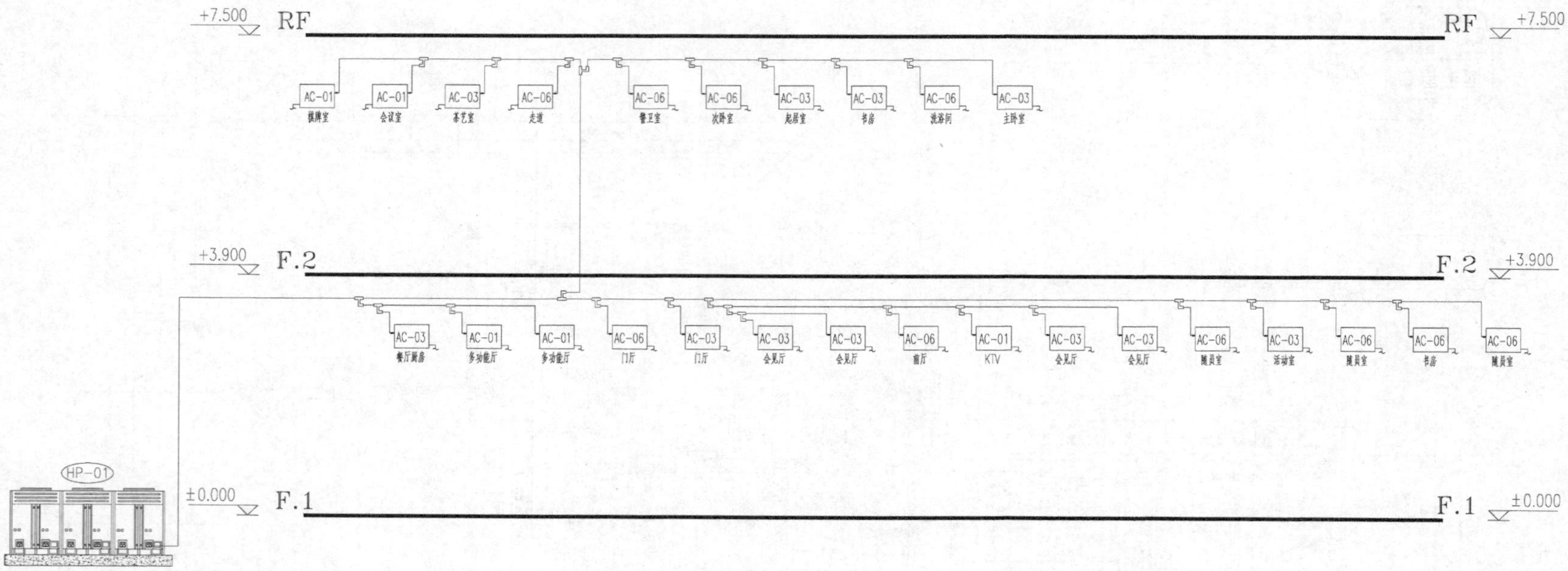

编　号	风冷热泵式VRVII商用变频多联空调室内机型号规格		制冷(热)量(kW)	单台用电量(W/1P220V)	台数	服务区域
AC-06	FXDP-32-MPVC	卧式天花板嵌入暗装风管型	3.20 (3.60)	78 (62)	10	一、二层各个房间
AC-05	FXDP-36-MPVC	卧式天花板嵌入暗装风管型	3.60 (4.00)	78 (62)	00	一、二层各个房间
AC-04	FXDP-40-MPVC	卧式天花板嵌入暗装风管型	4.00 (4.50)	81 (65)	00	一、二层各个房间
AC-03	FXDP-50-MPVC	卧式天花板嵌入暗装风管型	5.00 (5.60)	180 (152)	11	一、二层各个房间
AC-02	FXDP-63-MPVC	卧式天花板嵌入暗装风管型	6.30 (7.10)	196 (168)	00	一、二层各个房间
AC-01	FXDP-71-MPVC	卧式天花板嵌入暗装风管型	7.10 (8.00)	196 (168)	05	一、二层各个房间

编　号	风冷热泵式VRVII商用变频多联空调室外机型号规格		制冷(热)量(kW)	单台用电量(kW/3P380V)	台数	服务区域
HP-01	RHXYQ-40-PY1	坐装冷暖组合式顶吹型（R410A）	113.0 (126.5)	34.0 (31.9)	01	本楼各层

图 3-23　多联机空调冷媒系统图

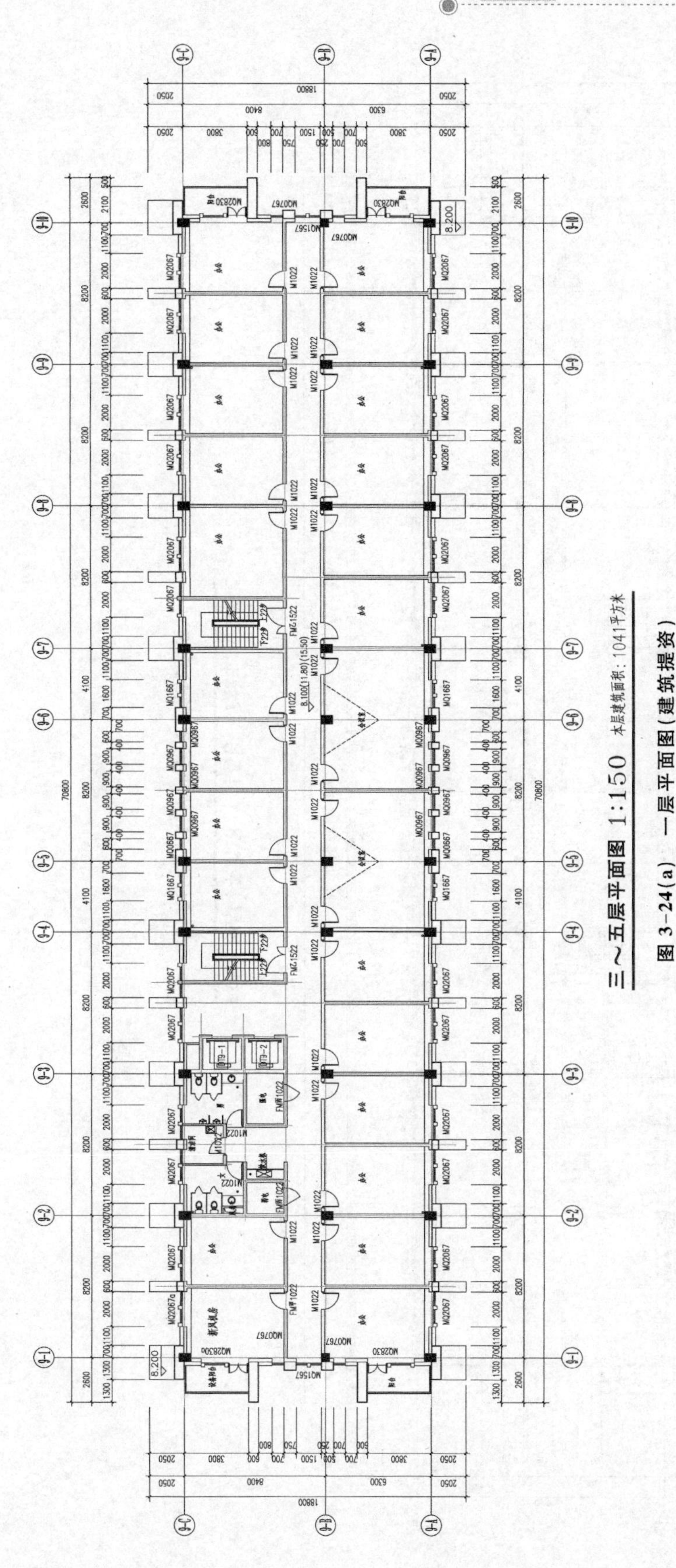

三～五层平面图 1:150 本层建筑面积：1041平方米

图 3-24(a) 一层平面图(建筑提资)

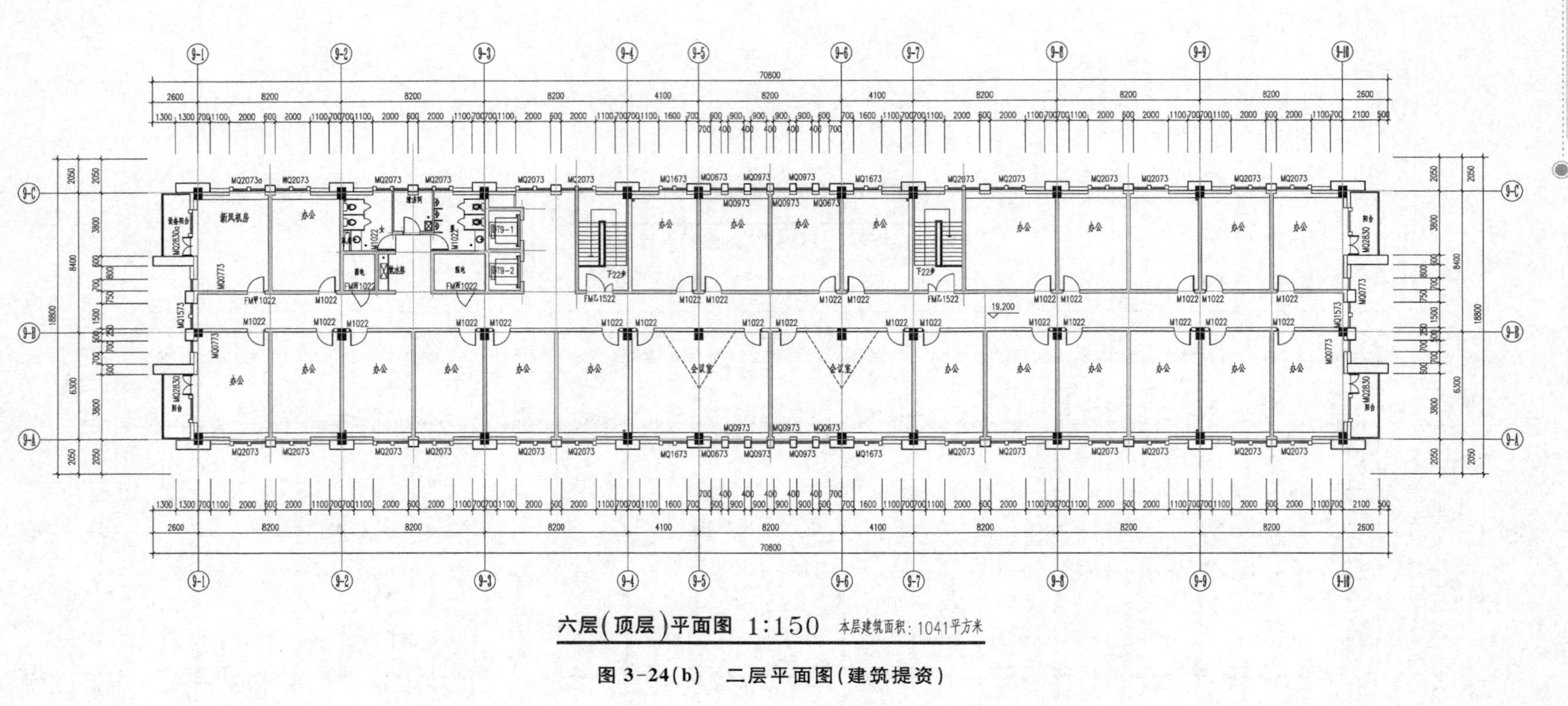

六层（顶层）平面图 1:150　本层建筑面积：1041平方米

图 3-24(b)　二层平面图（建筑提资）

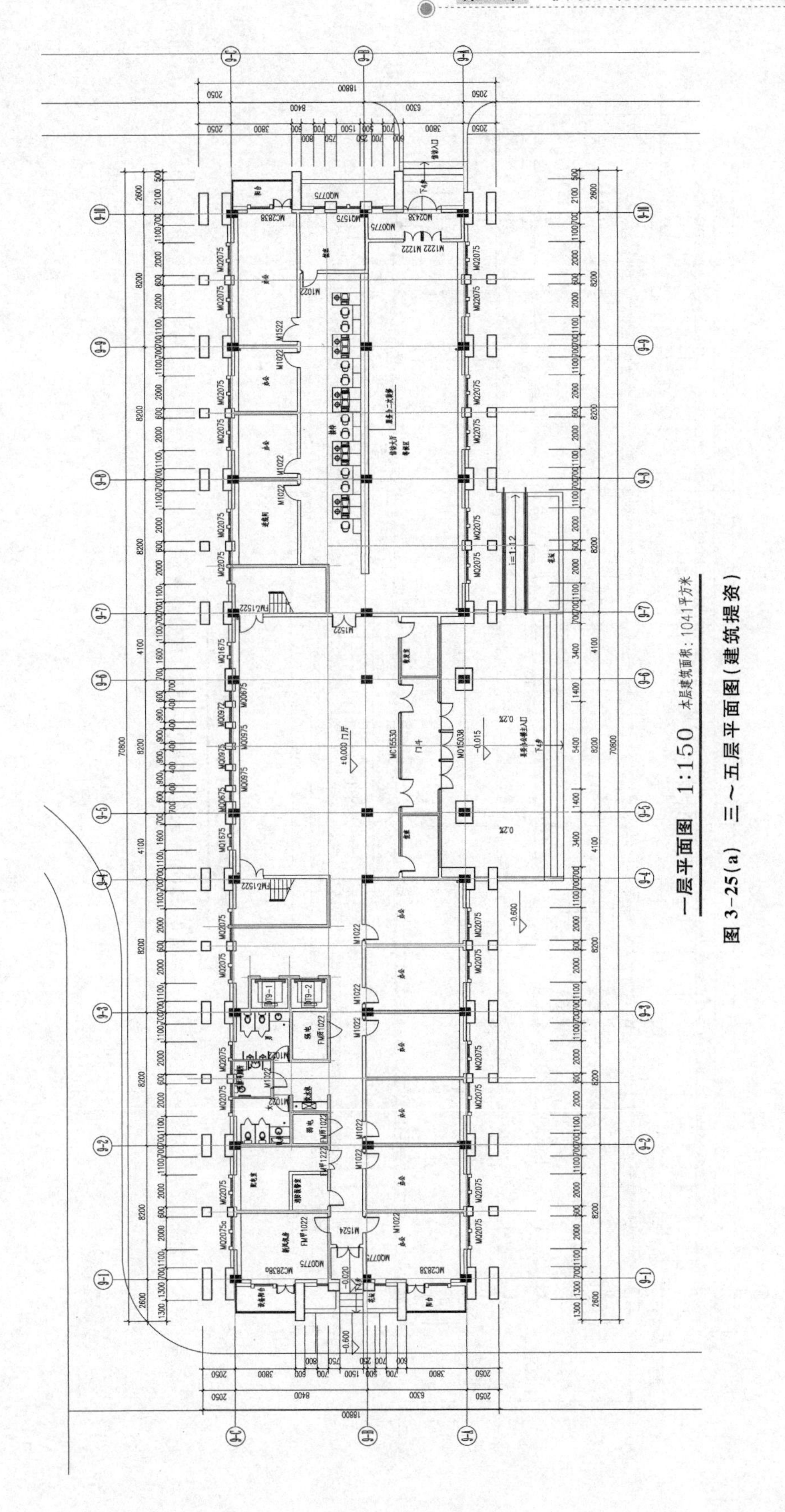

图 3-25(a)　三～五层平面图(建筑提资)

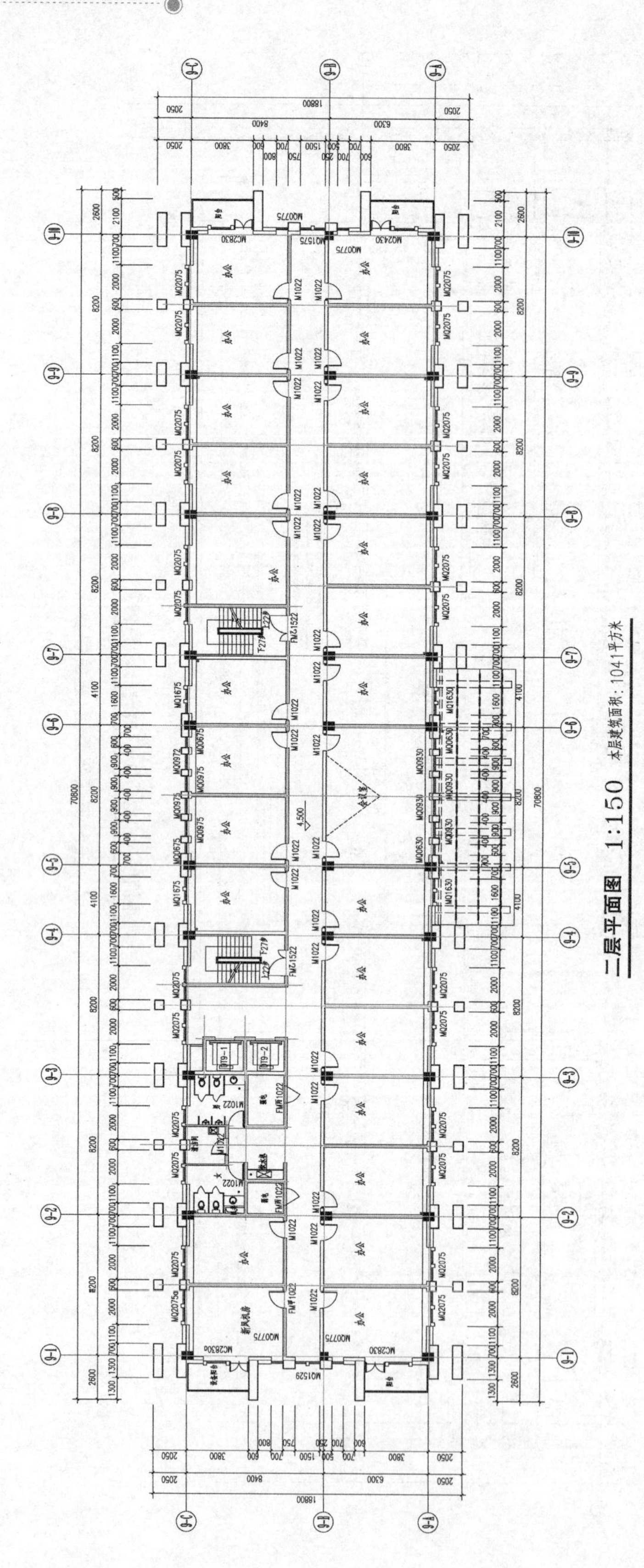

图 3-25(b) 六层(顶层)平面图(建筑提资)

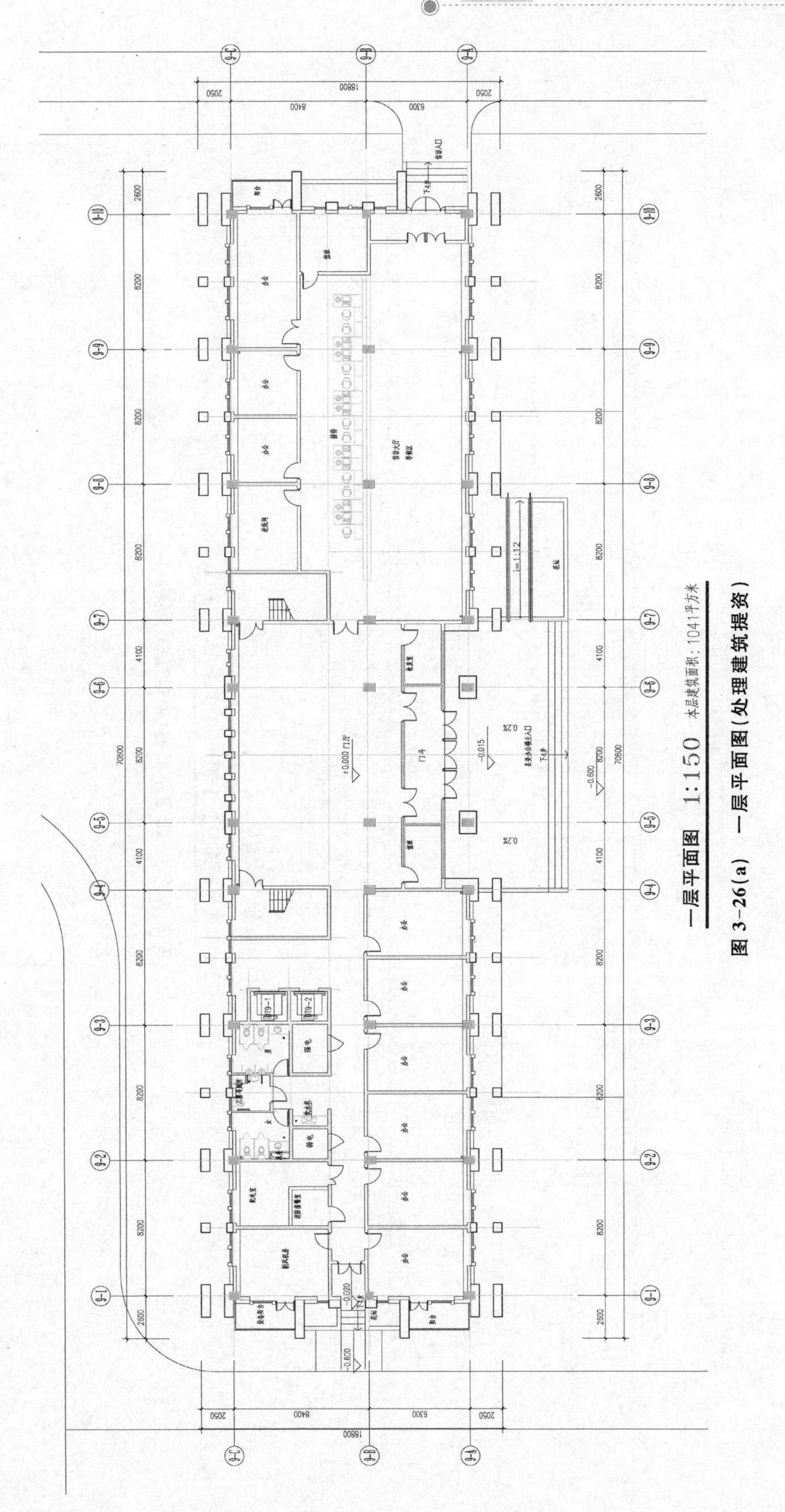

一层平面图　1:150　本层建筑面积：1041平方米

图 3-26(a)　一层平面图（处理建筑提资）

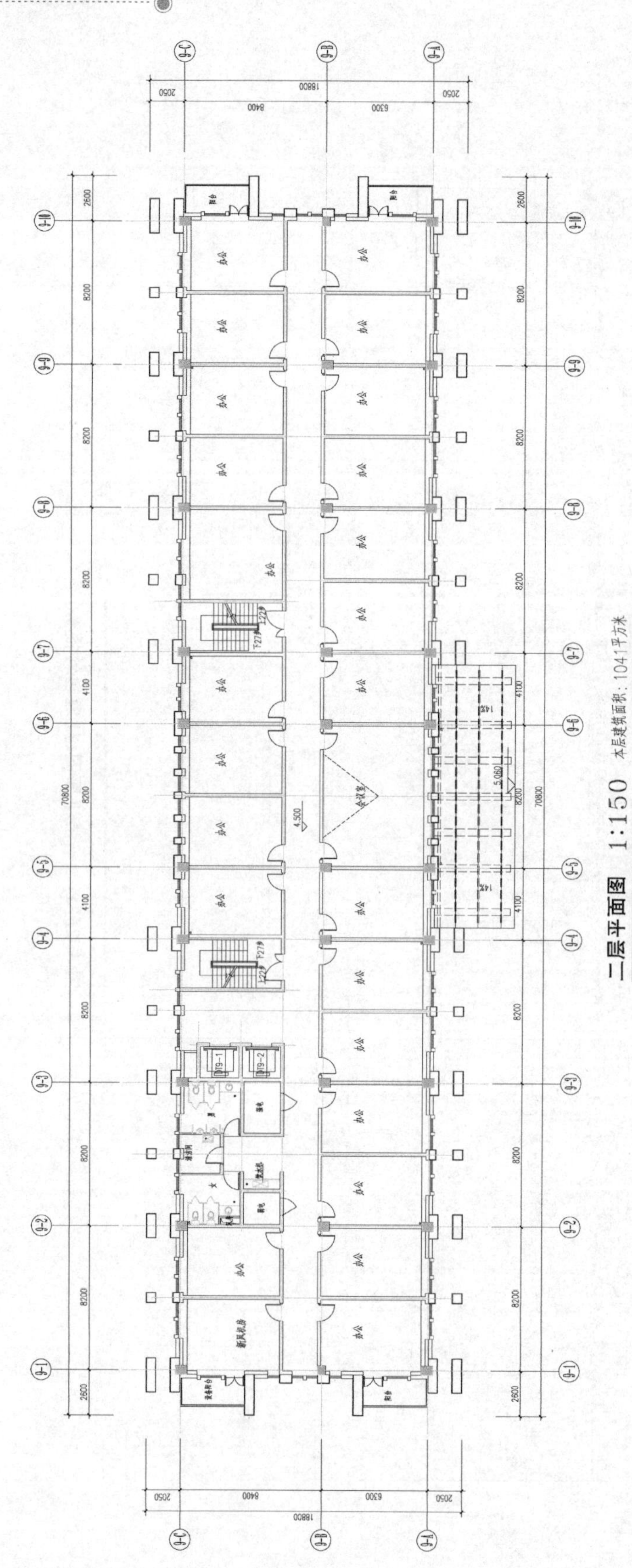

图 3-26(b) 二层平面图(处理建筑提资)

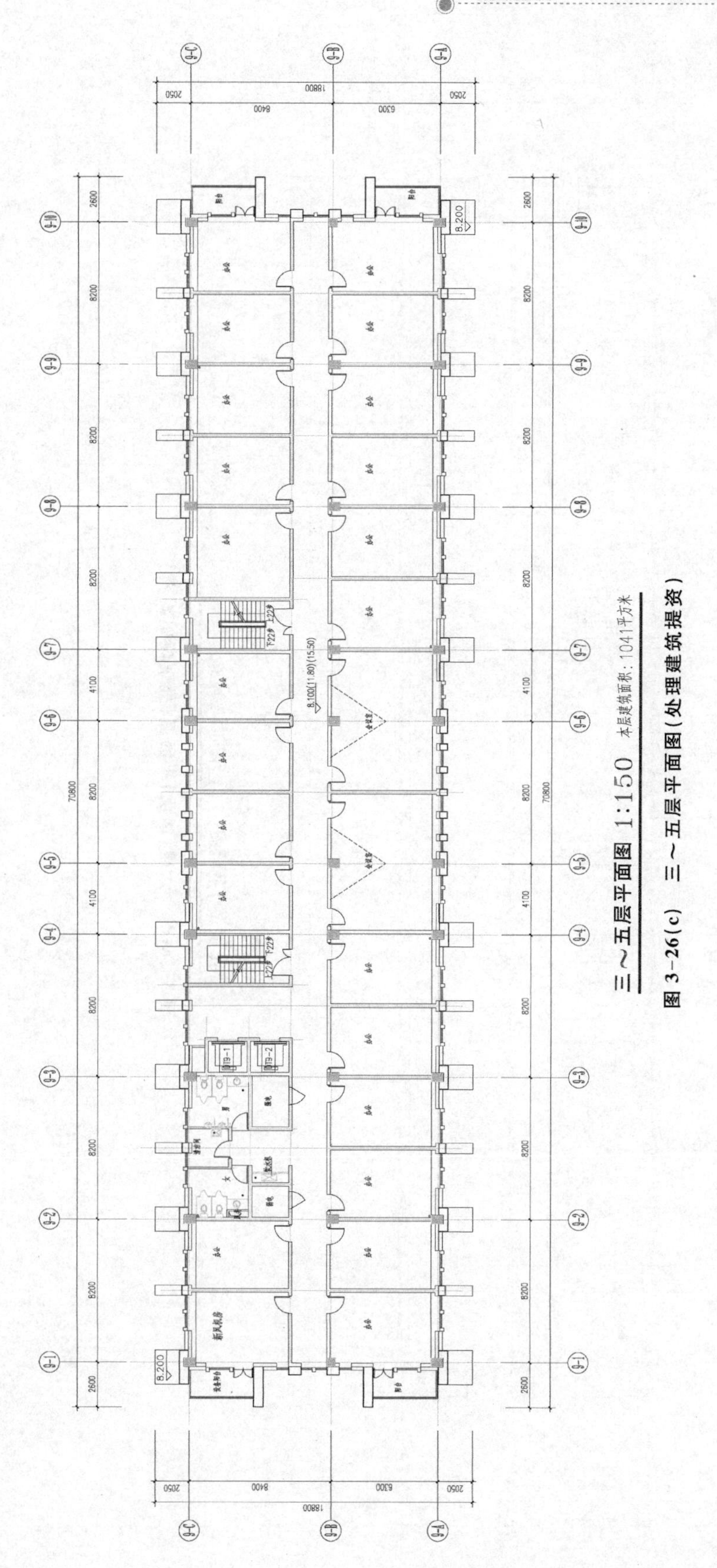

图 3-26(c)　三～五层平面图(处理建筑提资)

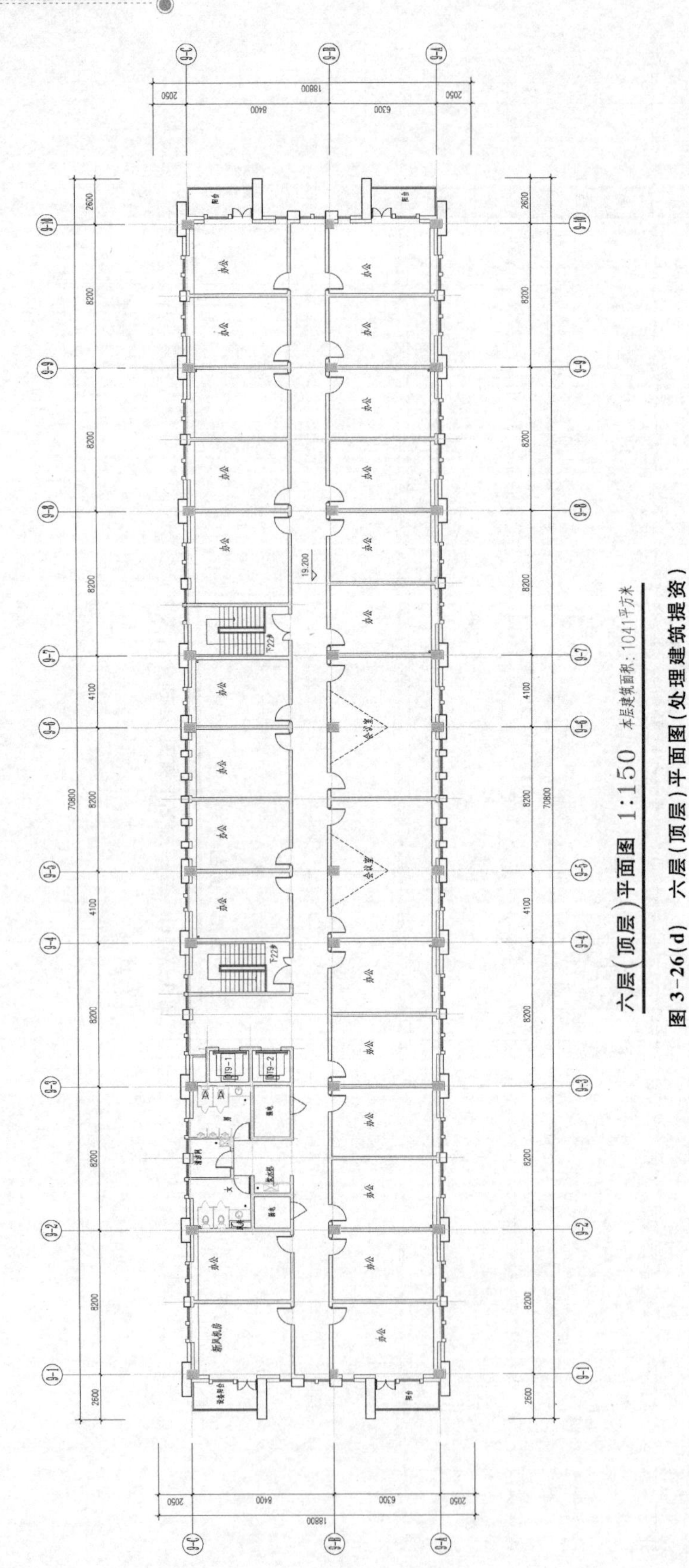

图 3-26(d)　六层(顶层)平面图(处理建筑提资)

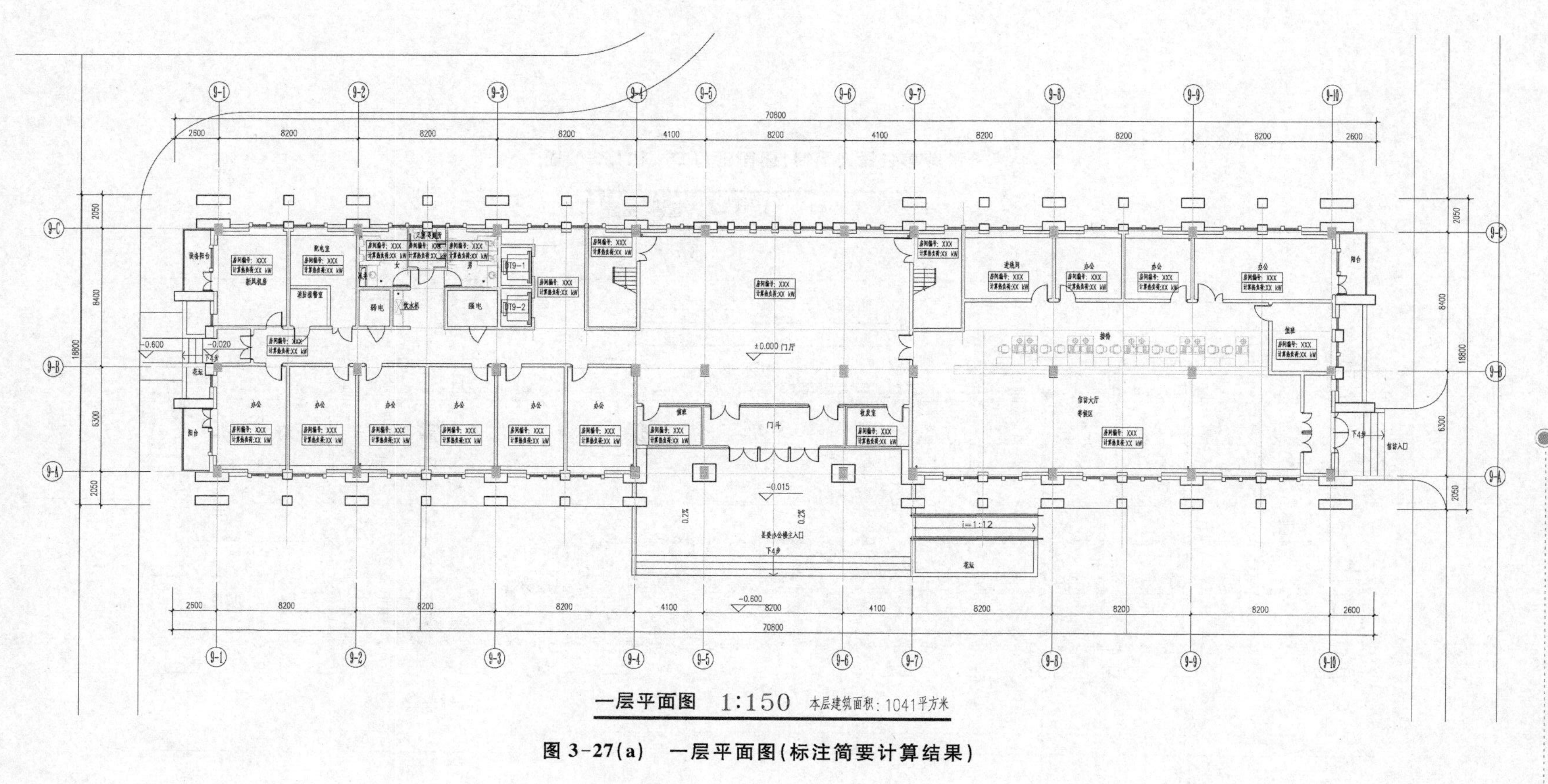

图 3-27(a)　一层平面图(标注简要计算结果)

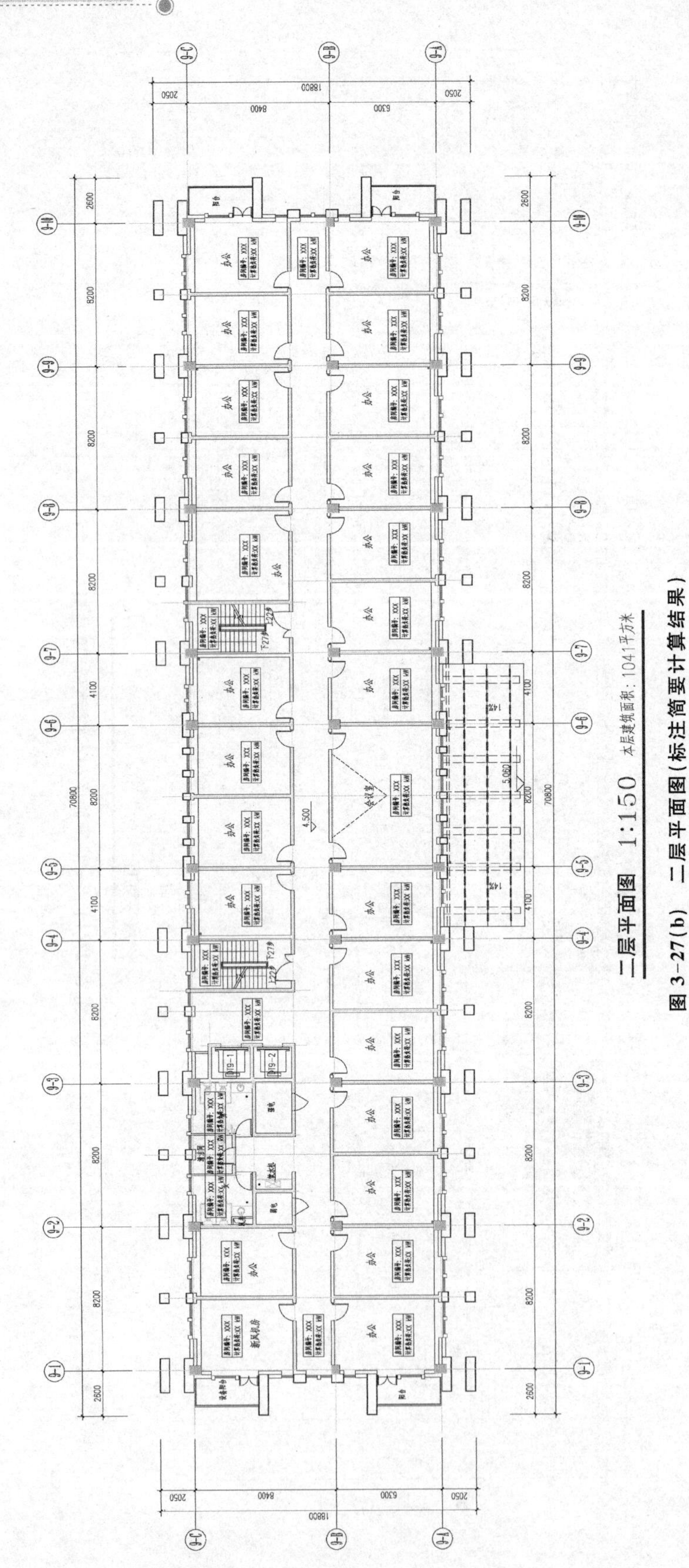

图 3-27(b) 二层平面图(标注简要计算结果)

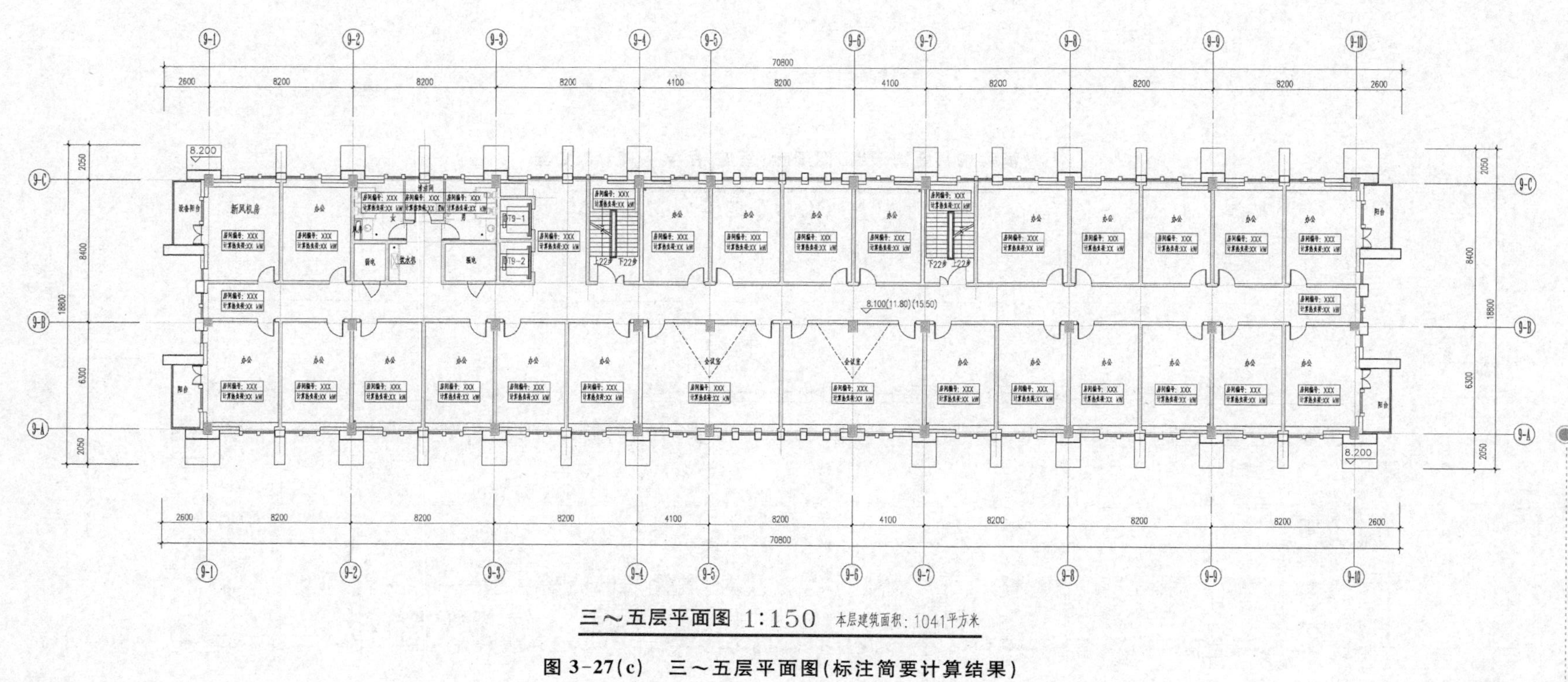

图 3-27(c)　三～五层平面图(标注简要计算结果)

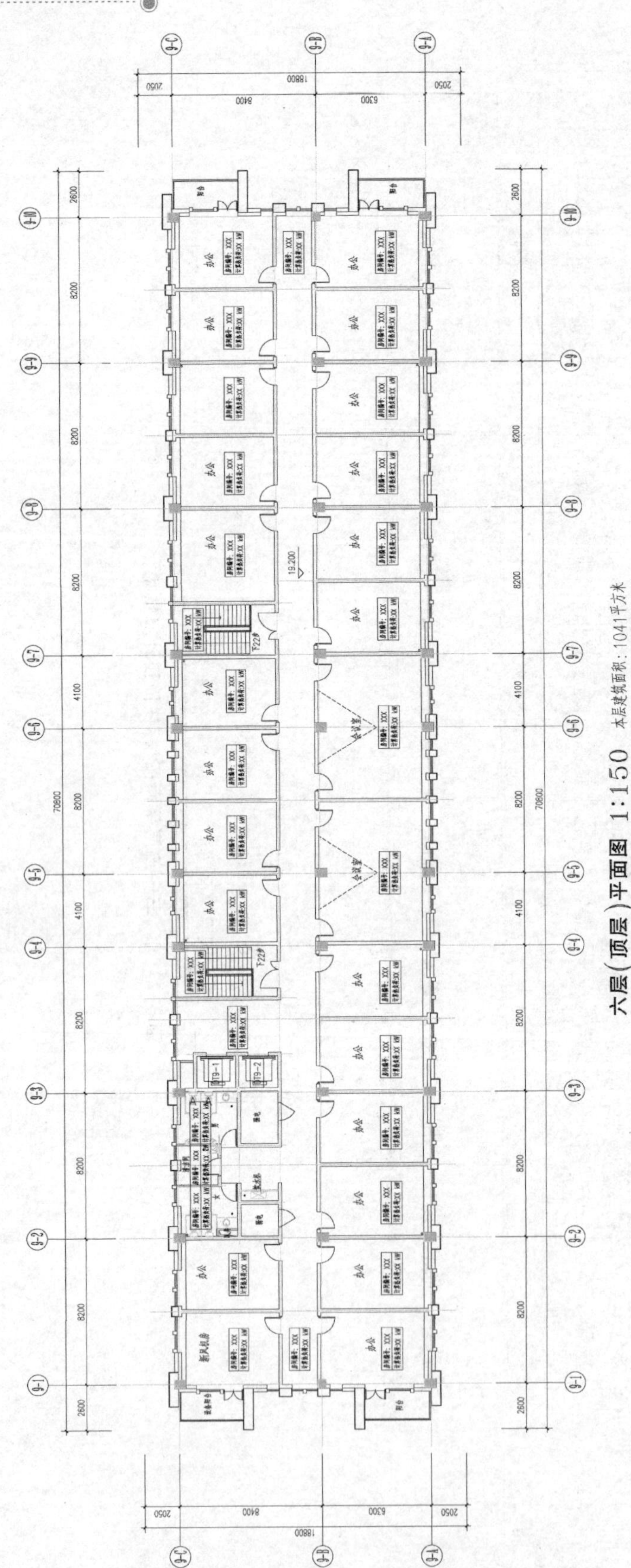

图 3-27(d) 六层（顶层）平面图（标注简要计算结果）

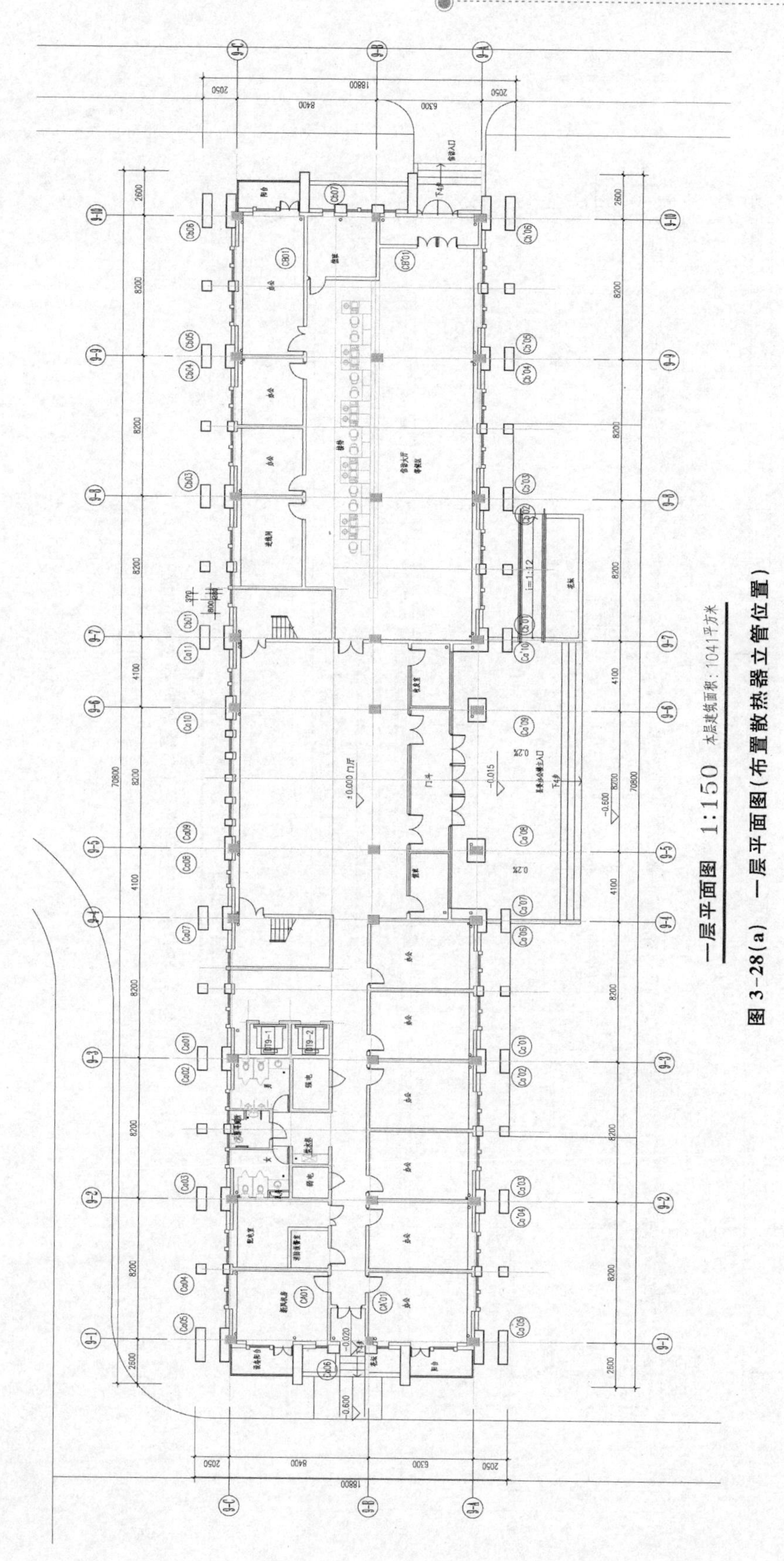

图 3-28(a) 一层平面图(布置散热器立管位置)

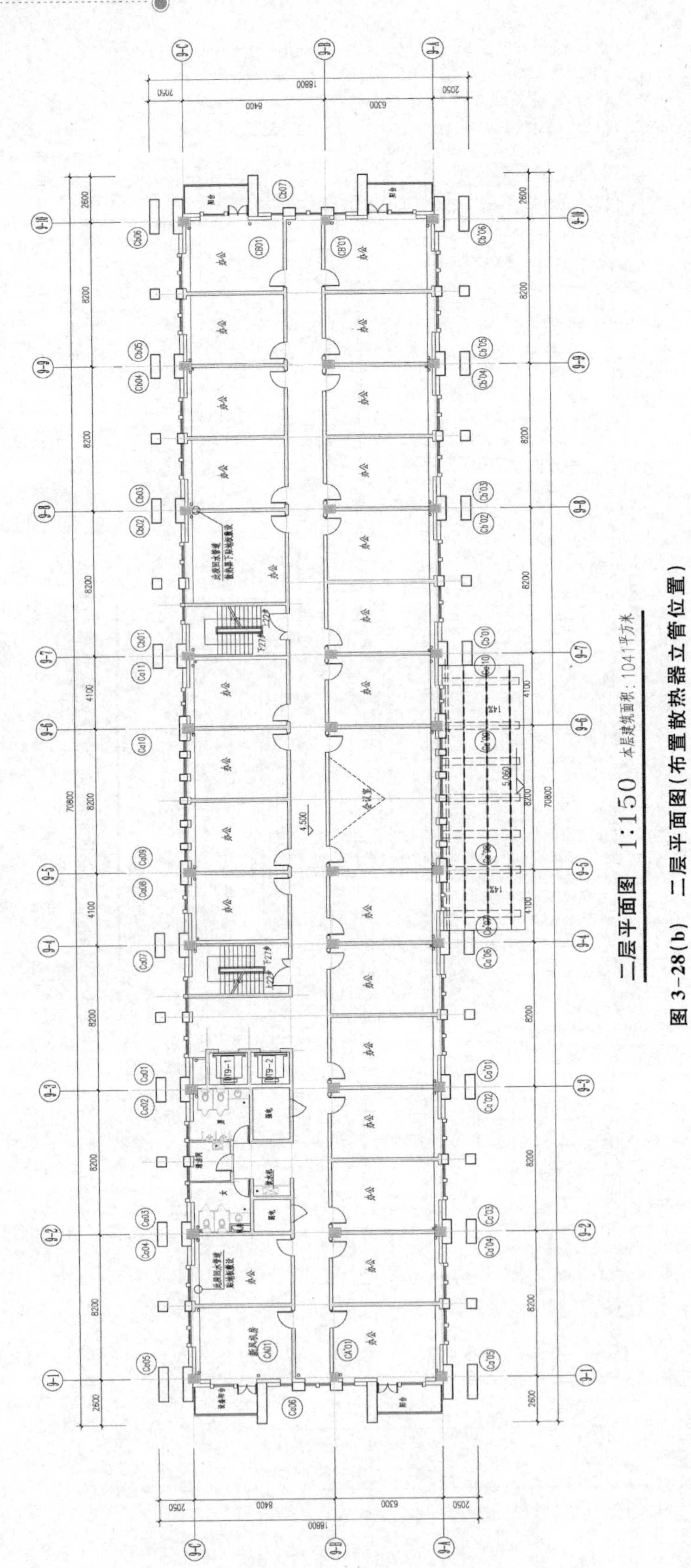

图 3-28(b) 二层平面图（布置散热器立管位置）

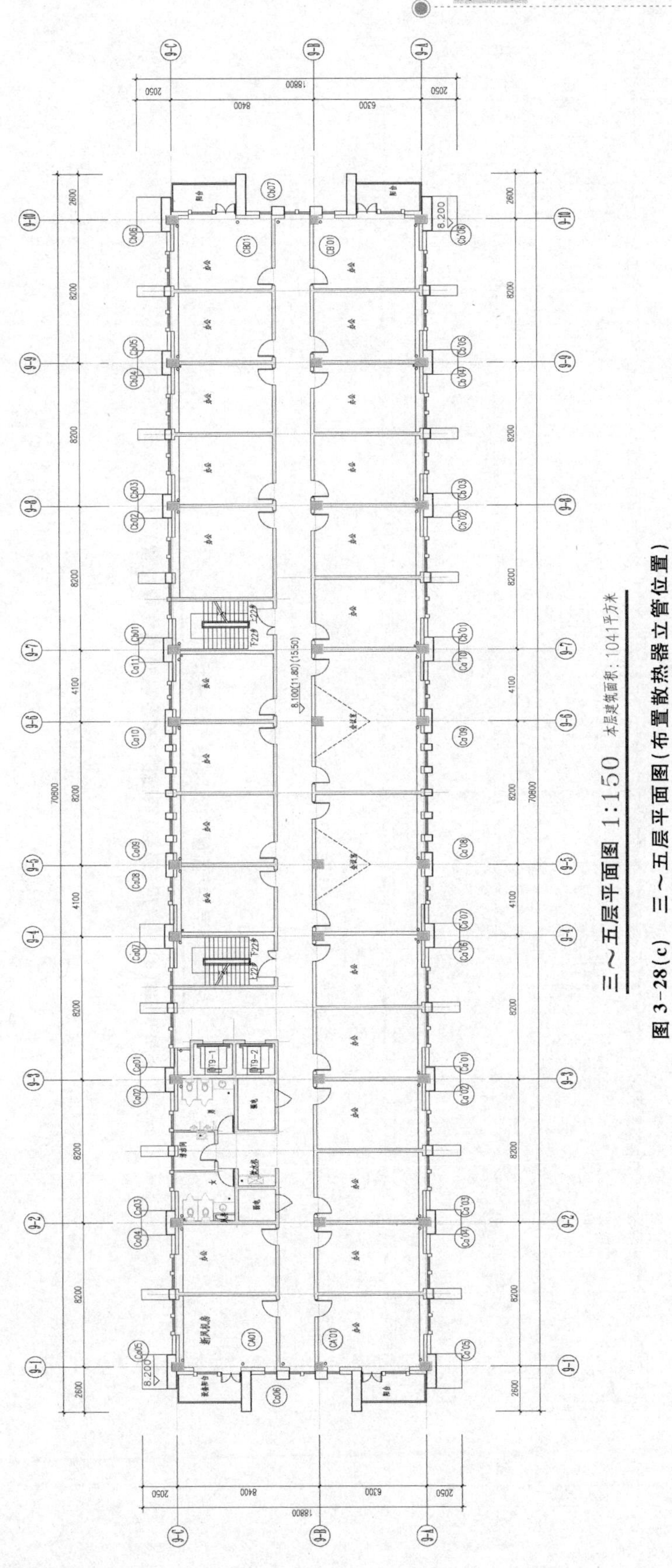

图 3-28(c)　三～五层平面图(布置散热器立管位置)

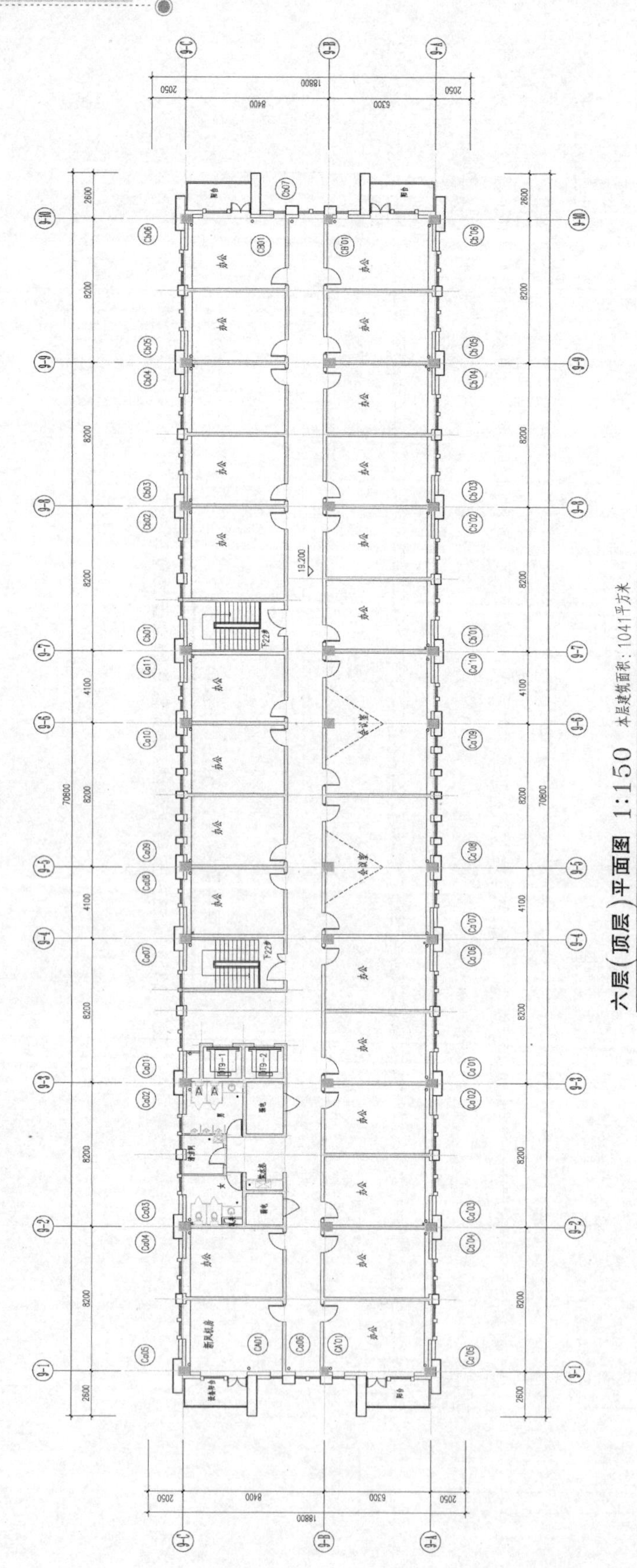

图 3-28(d) 六层(顶层)平面图(布置散热器立管位置)

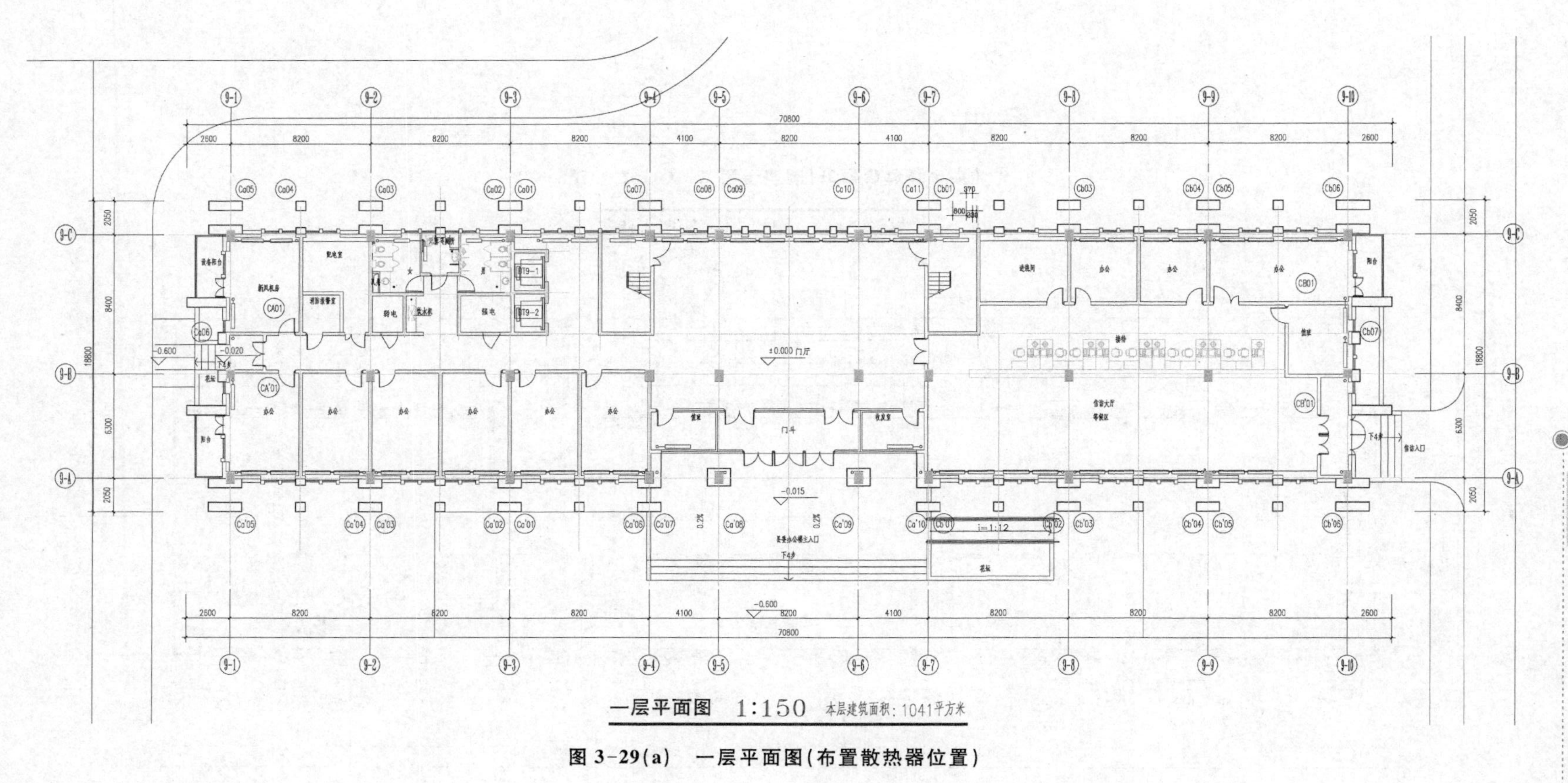

图 3-29(a)　一层平面图(布置散热器位置)

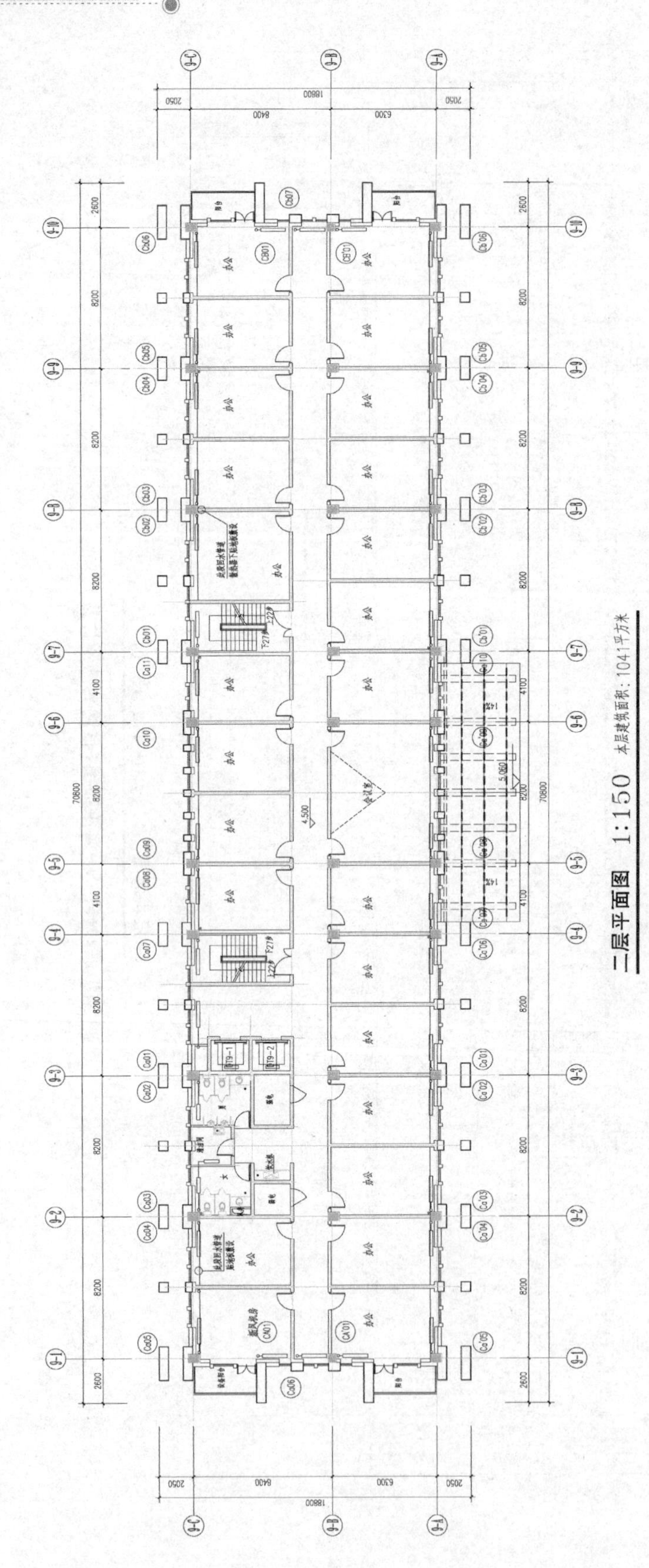

图 3-29(b) 二层平面图(布置散热器位置)

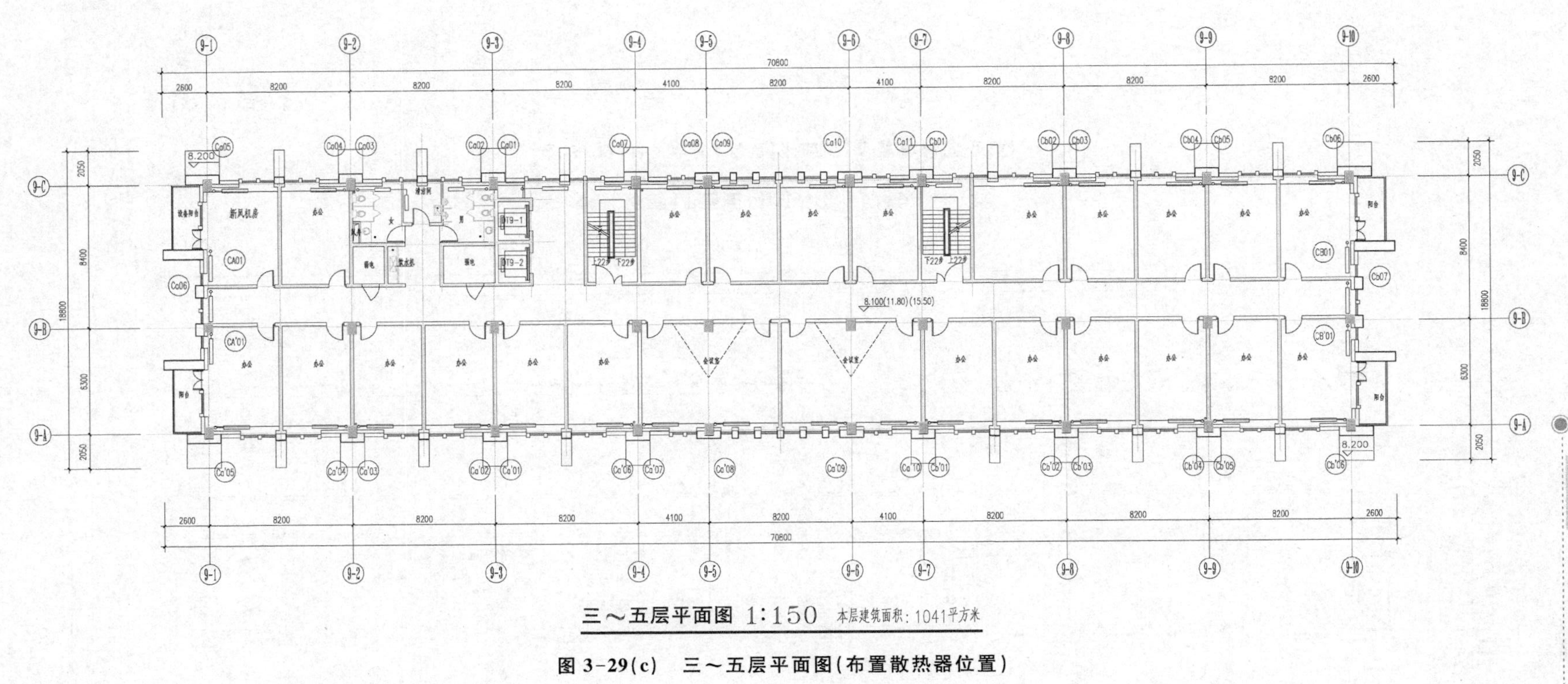

三～五层平面图 1:150　本层建筑面积：1041平方米

图 3-29(c)　三～五层平面图(布置散热器位置)

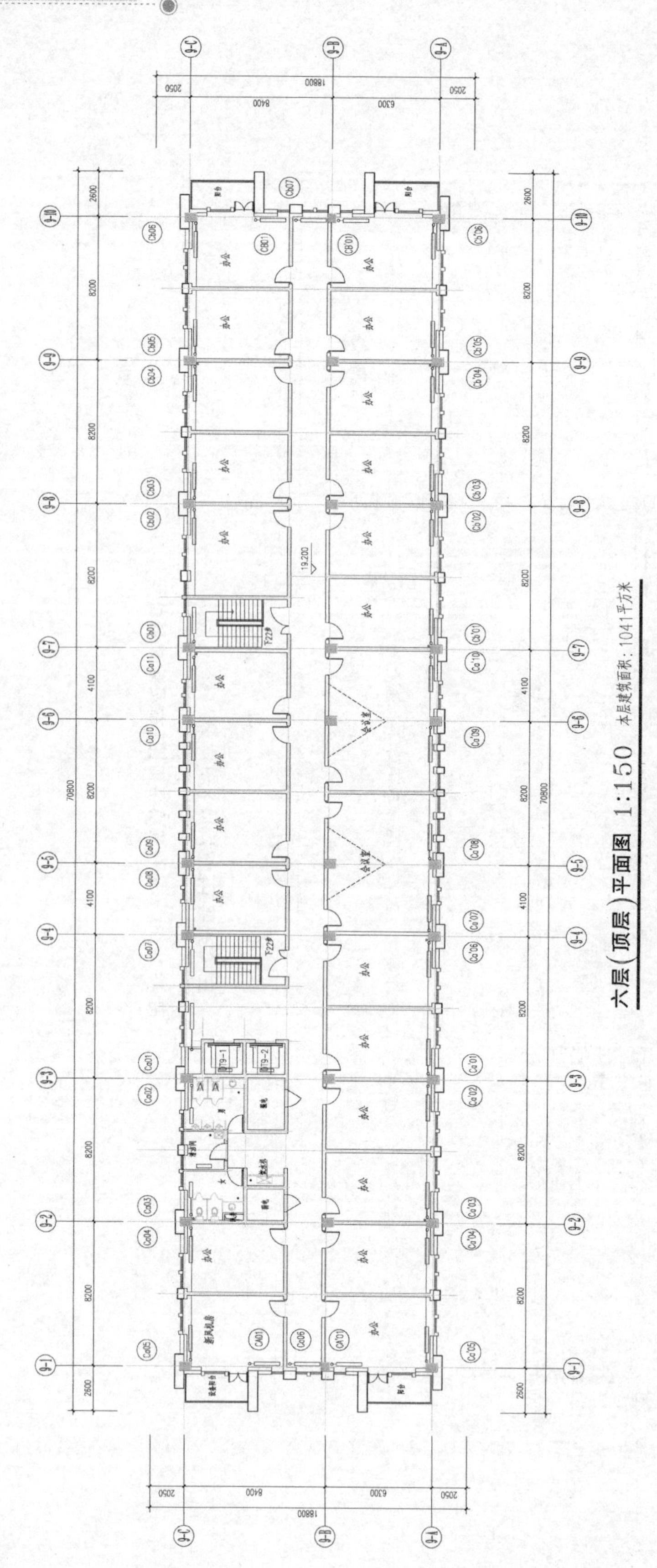

六层（顶层）平面图　1:150　本层建筑面积：1041平方米

图 3-29(d)　六层(顶层)平面图(布置散热器位置)

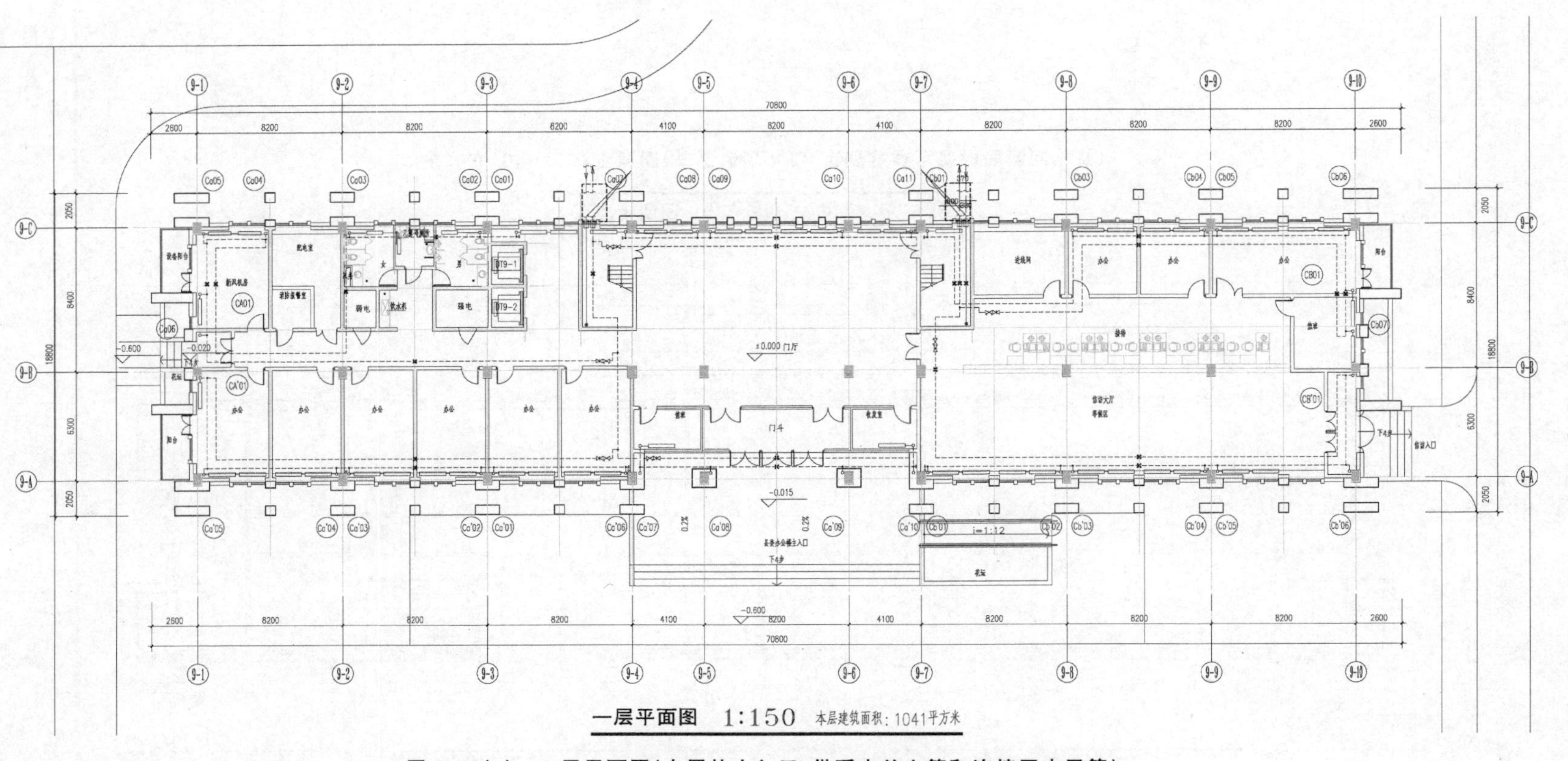

图 3-30(a)　一层平面图(布置热力入口、供暖水总立管和连接回水干管)

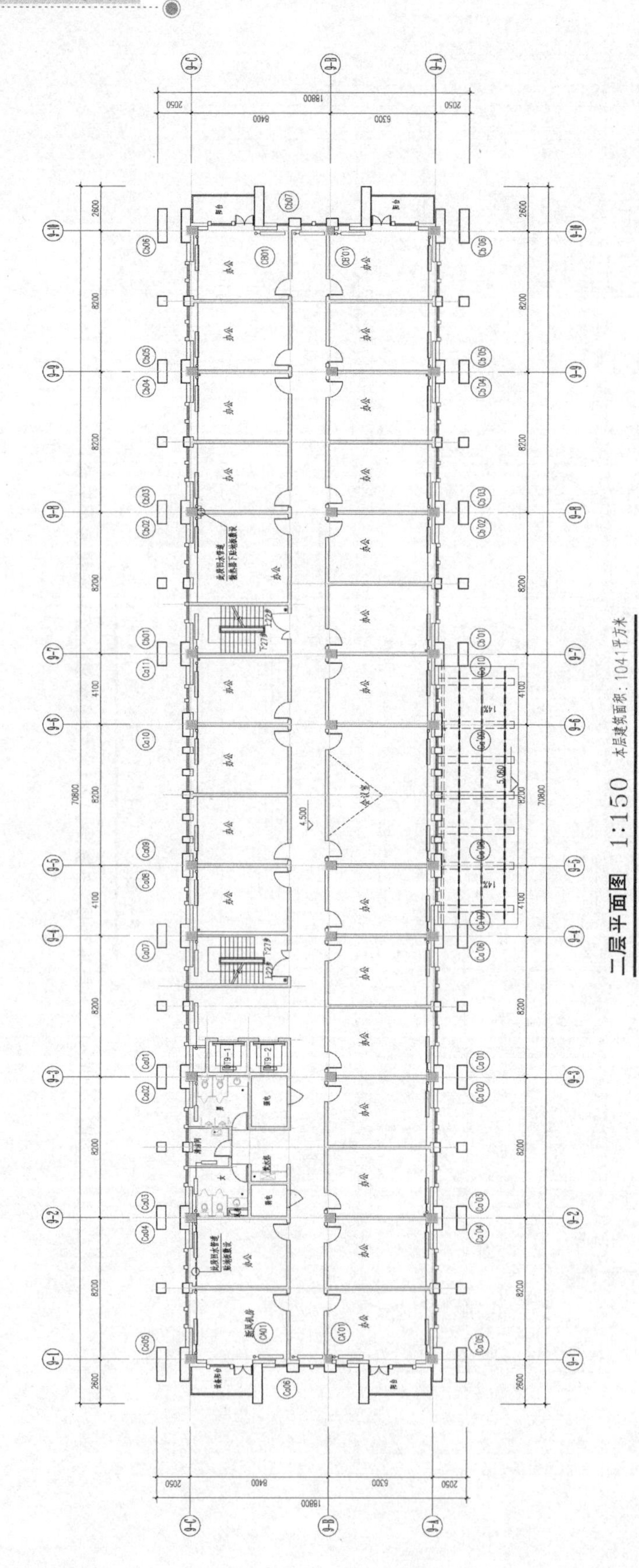

图 3-30(b) 二层平面图(布置热力入口、供暖水总立管和连接回水管)

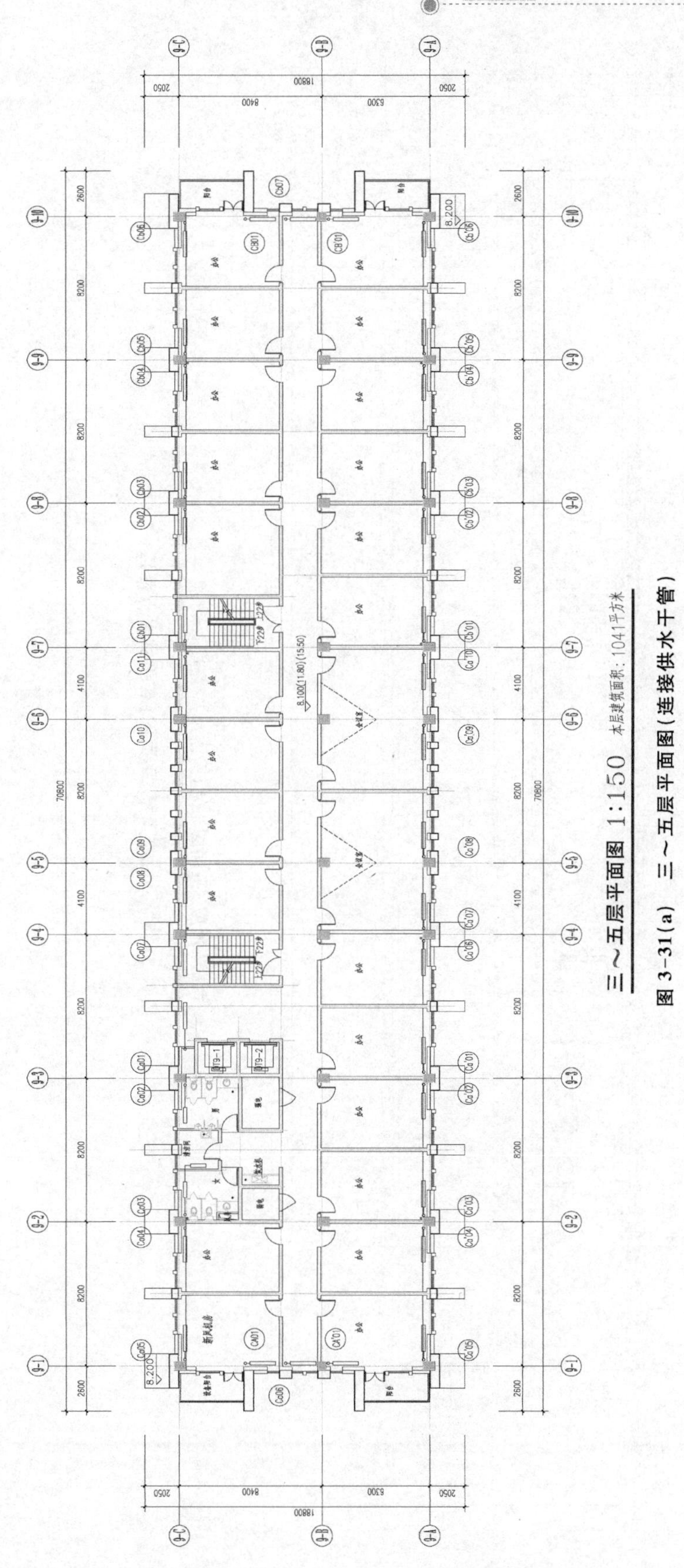

图 3-31(a)　三～五层平面图(连接供水干管)

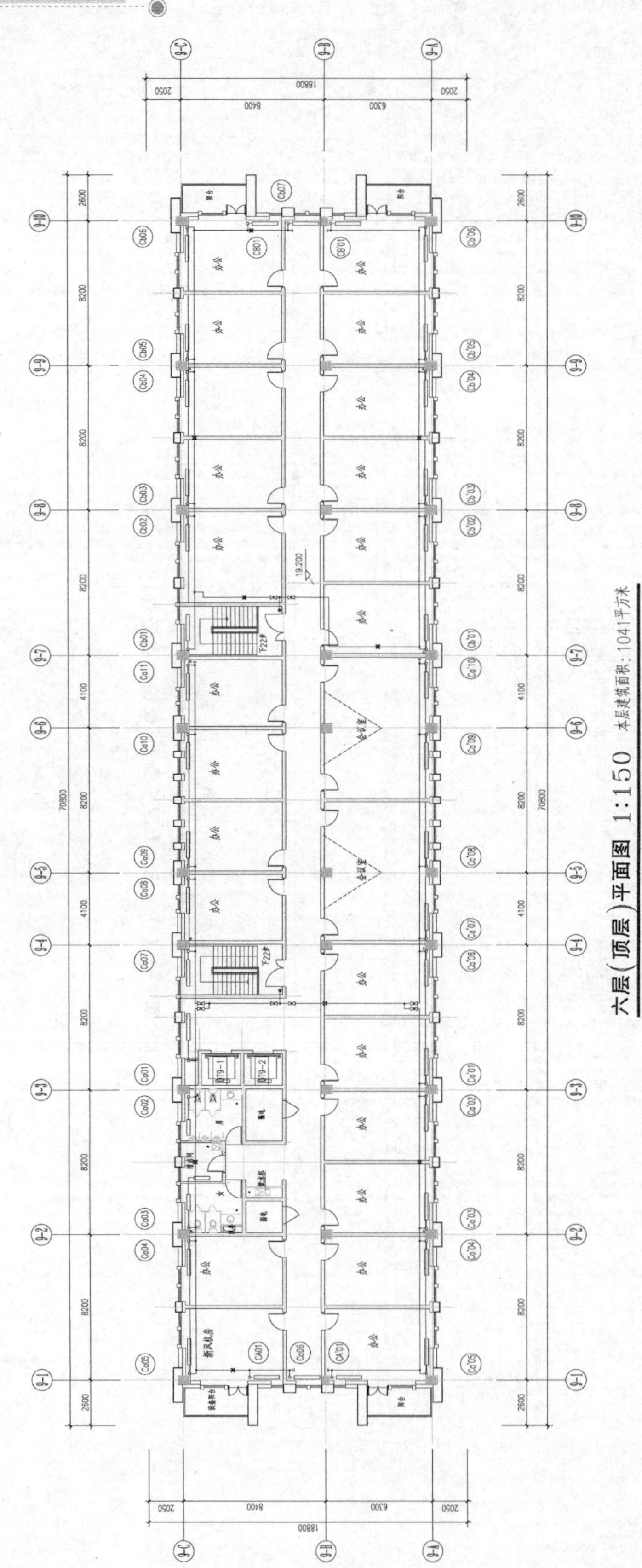

图 3-31(b)　六层(顶层)平面图(连接供水干管)

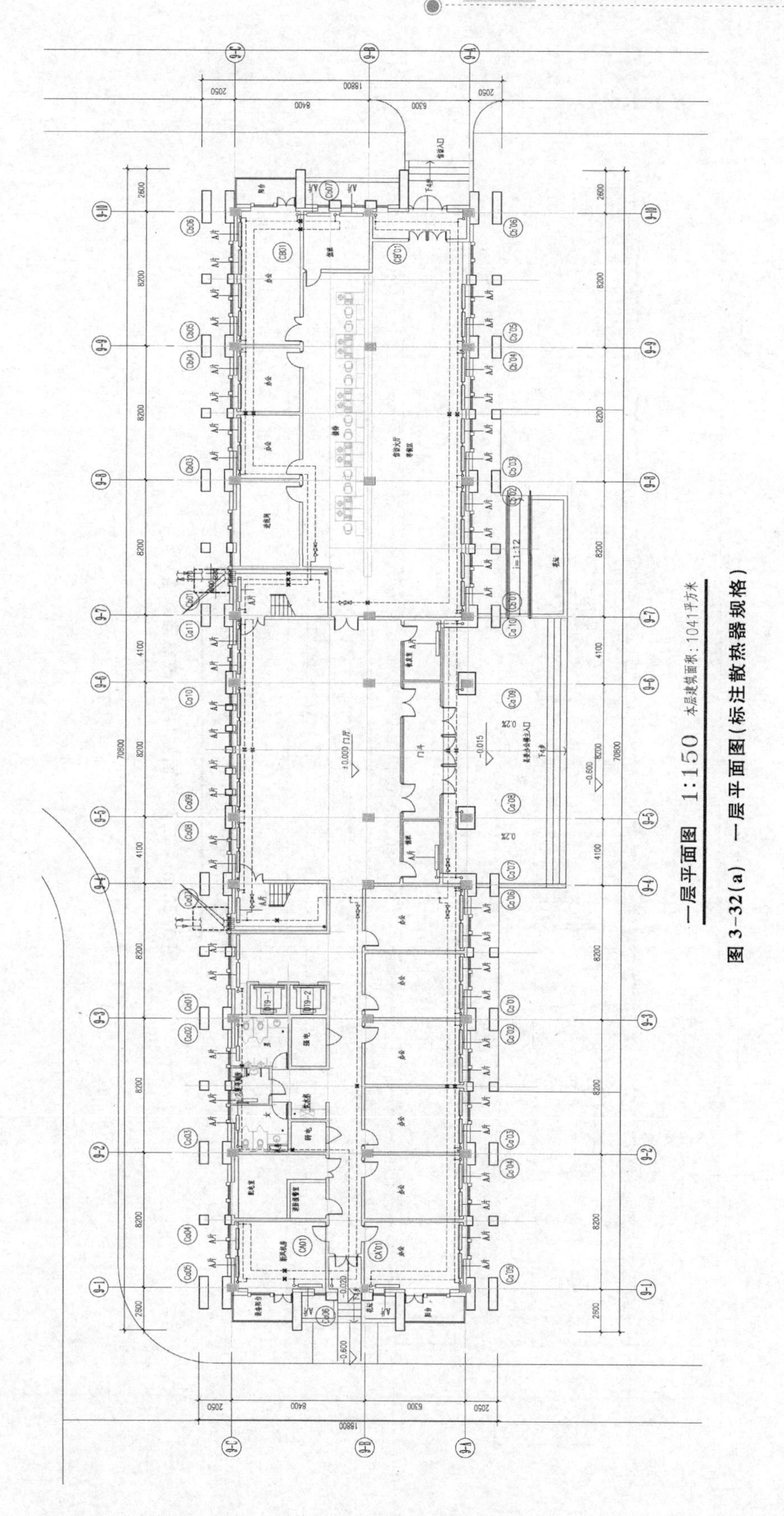

一层平面图 1:150 本层建筑面积：1041平方米

图 3-32(a) 一层平面图(标注散热器规格)

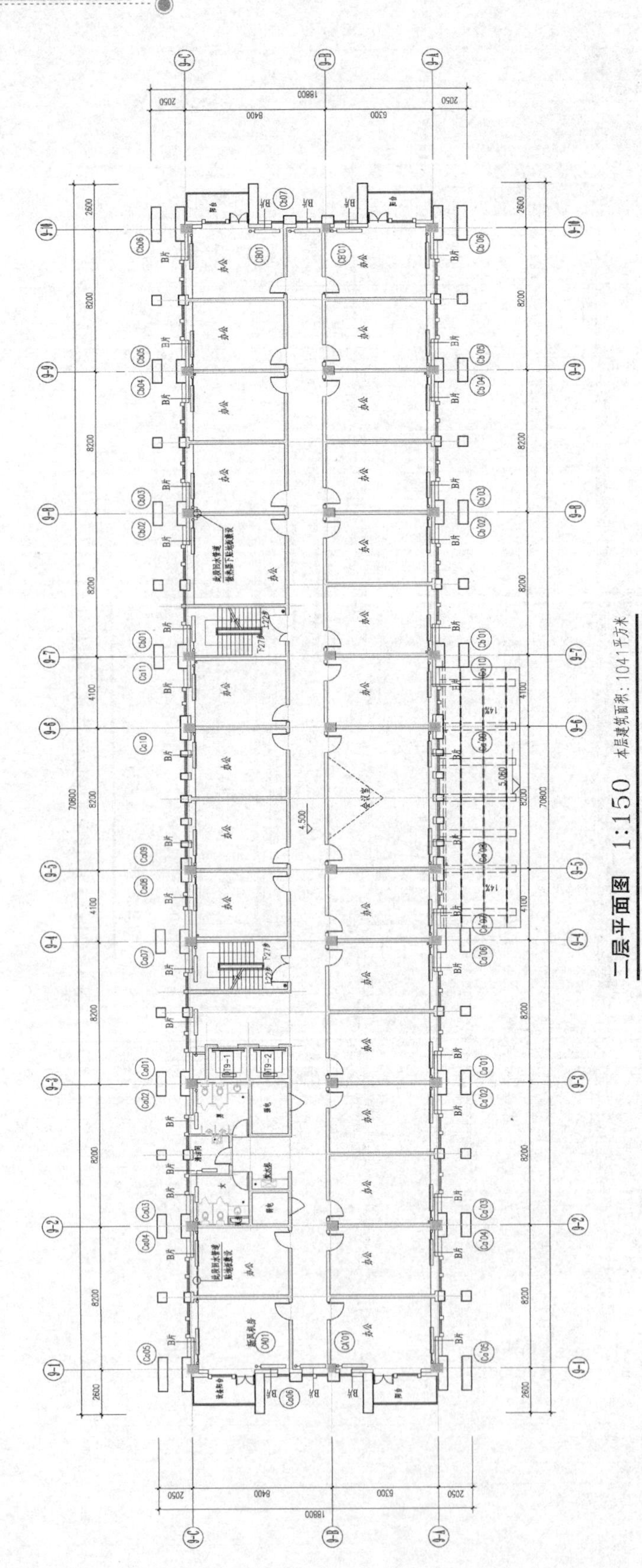

图 3-32(b) 二层平面图(标注散热器规格)

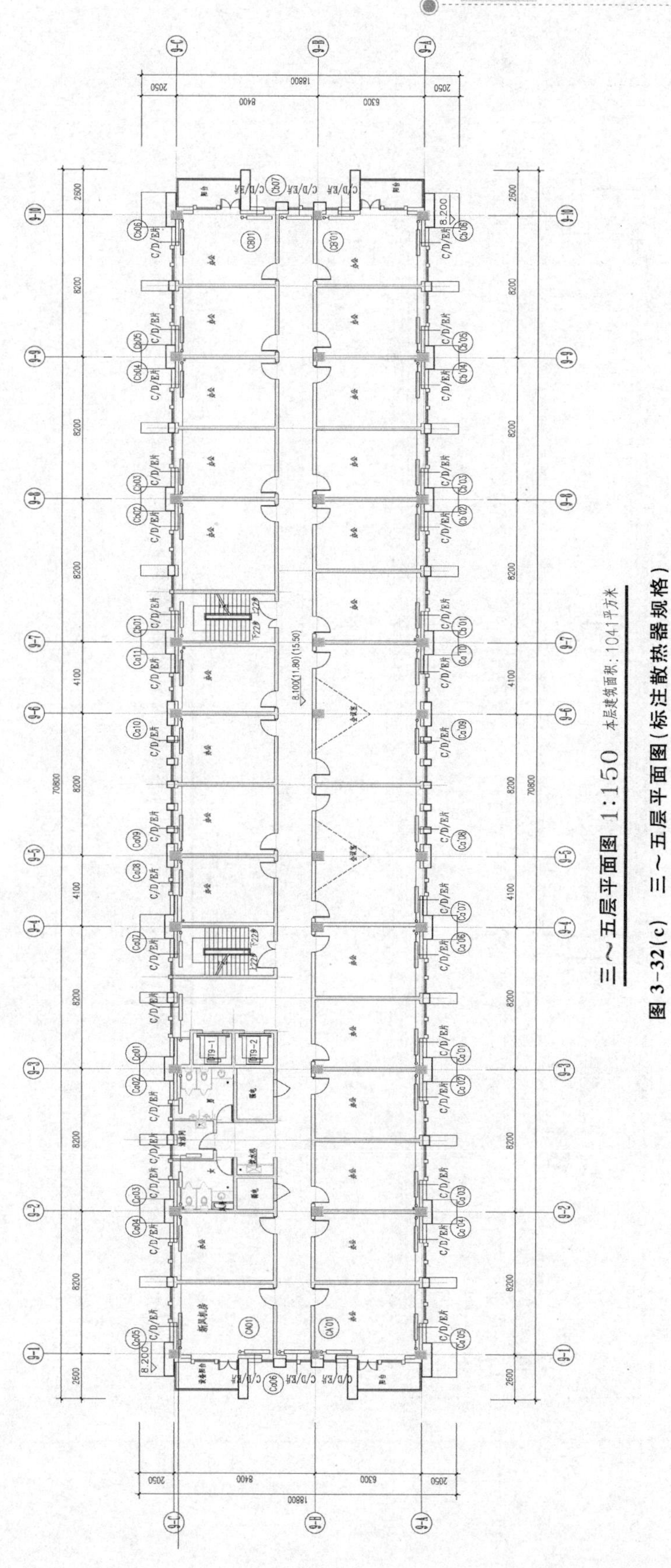

图 3-32(c) 三～五层平面图（标注散热器规格）

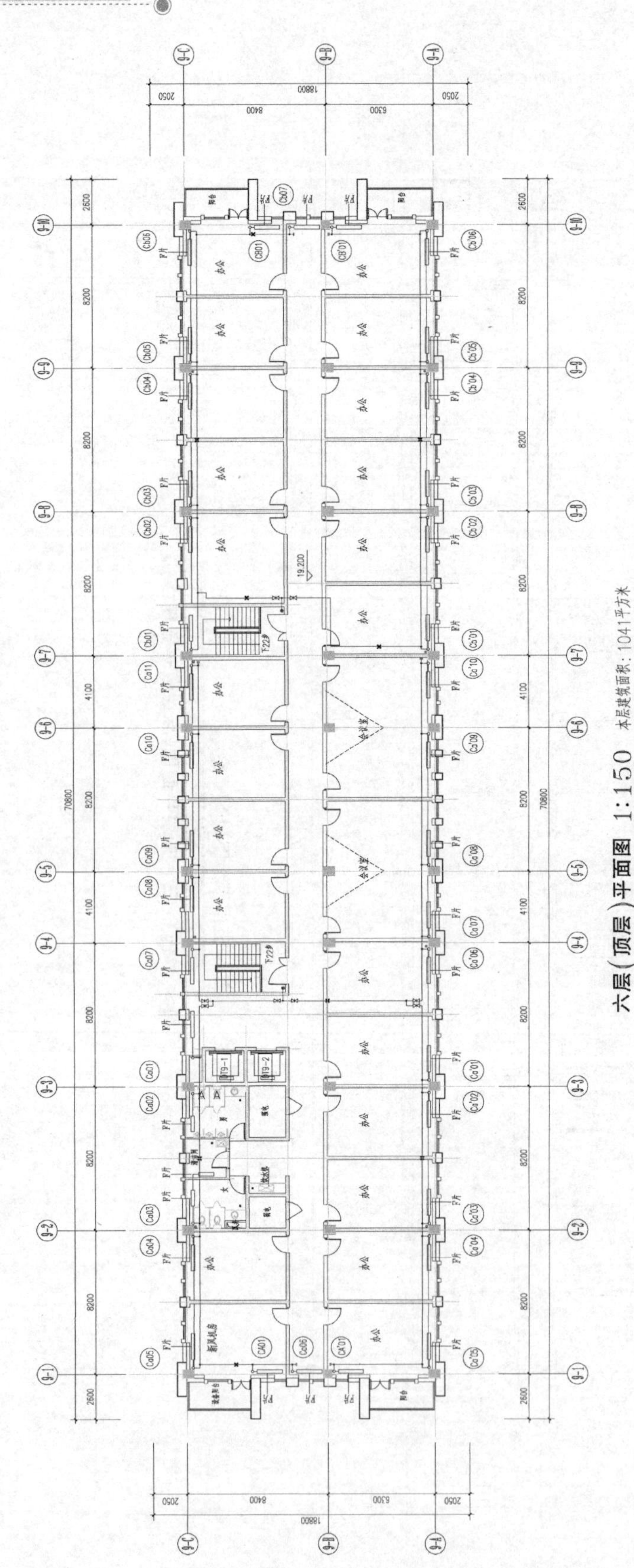

图 3-32(d) 六层(顶层)平面图(标注散热器规格)

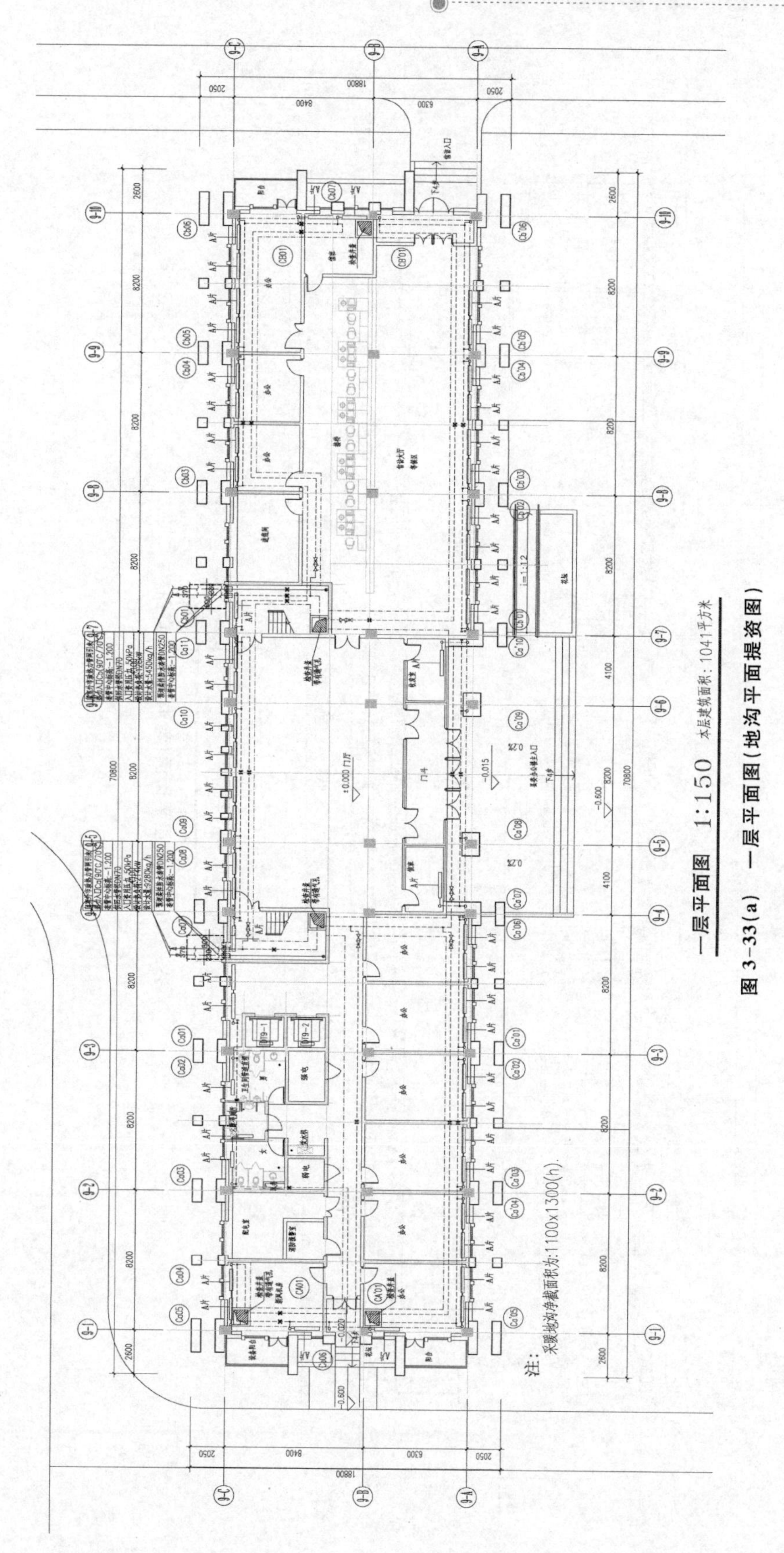

图3-33(a)　一层平面图(地沟平面提资图)

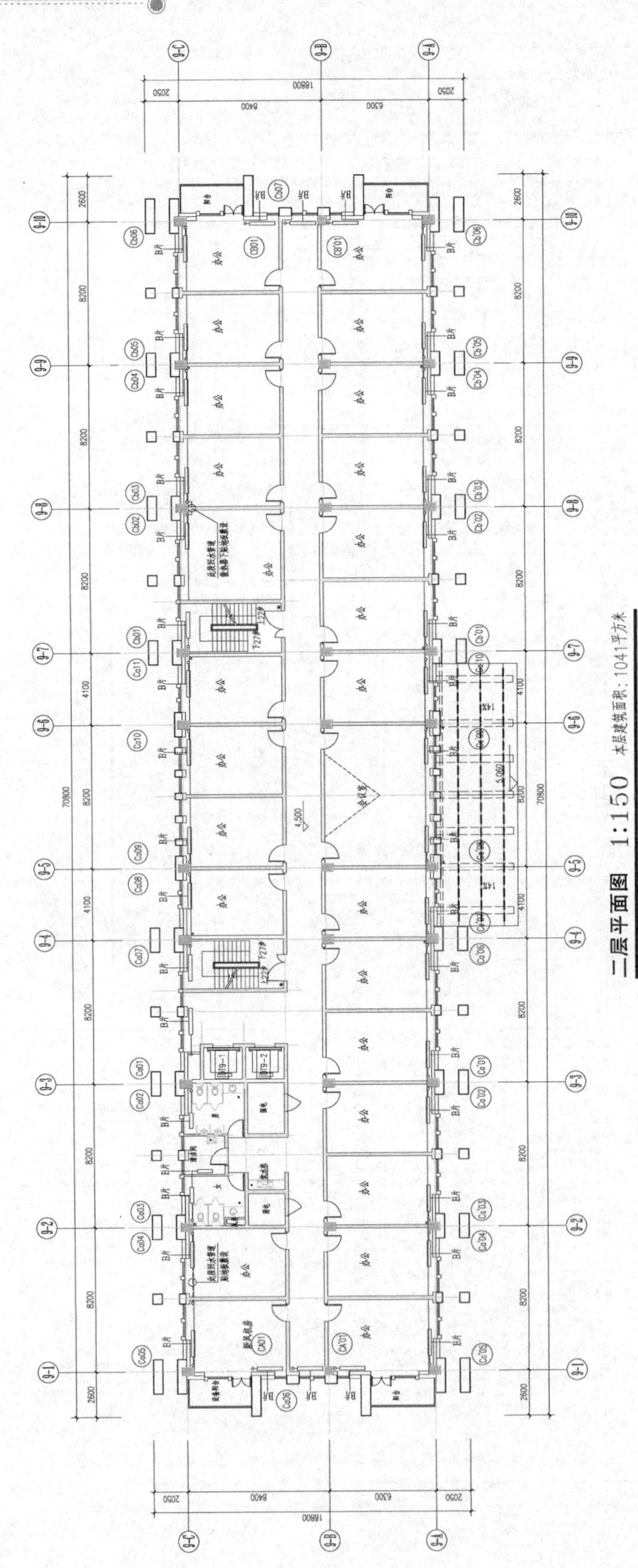

二层平面图 1:150 本层建筑面积: 1041平方米

图 3-33(b) 二层平面图(地沟平面提资图)

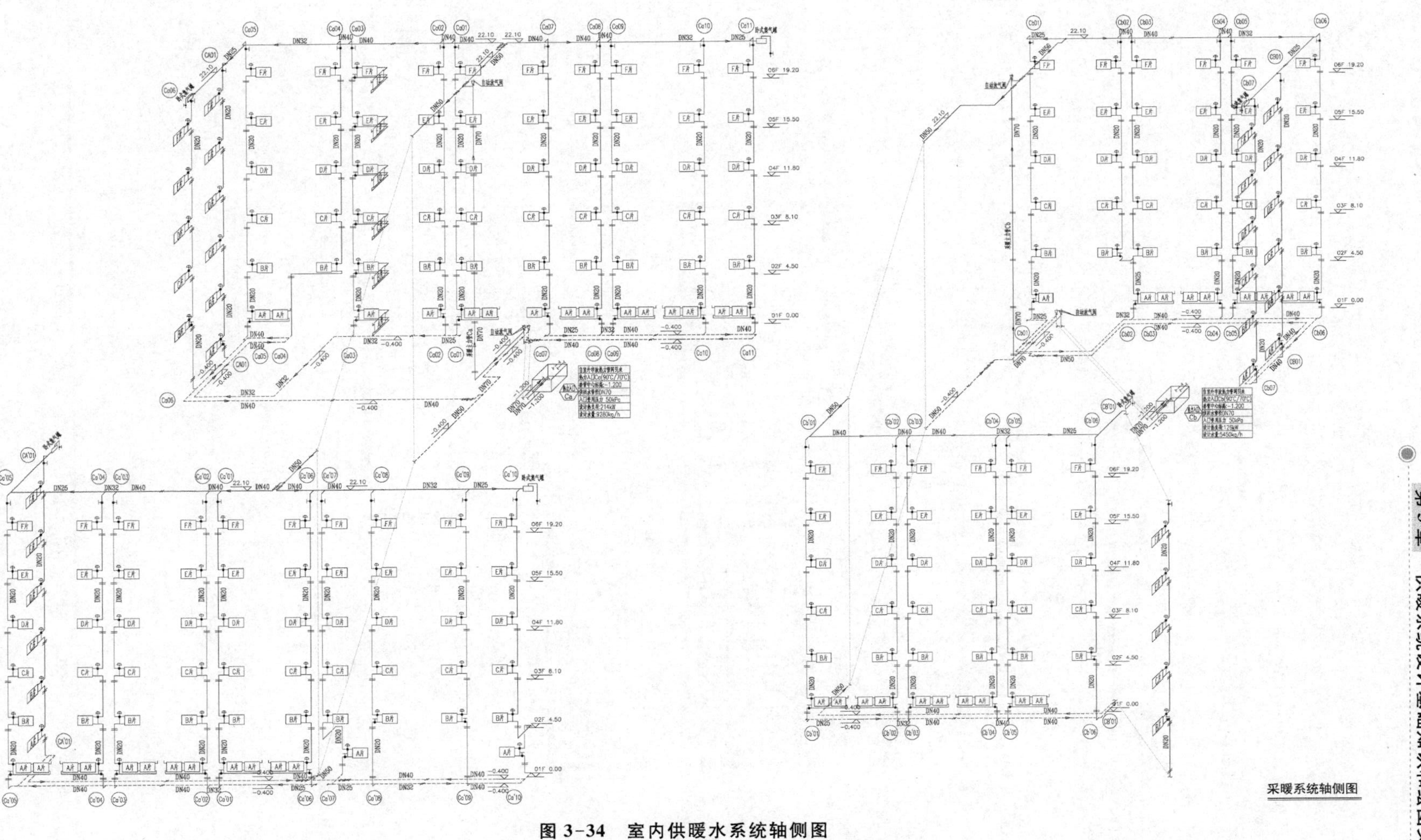

图 3-34　室内供暖水系统轴侧图

图 3-35　建筑提资图

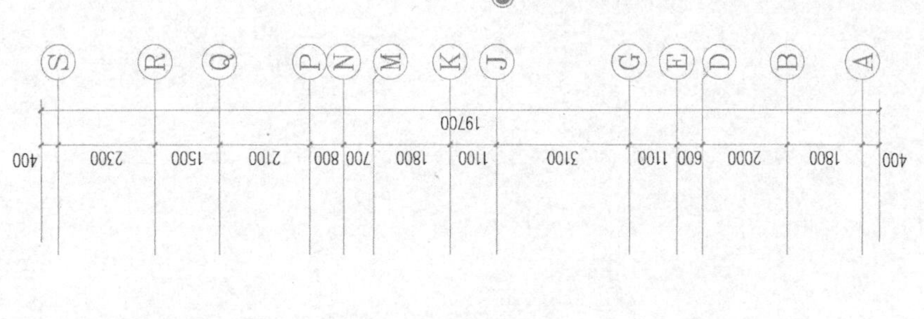

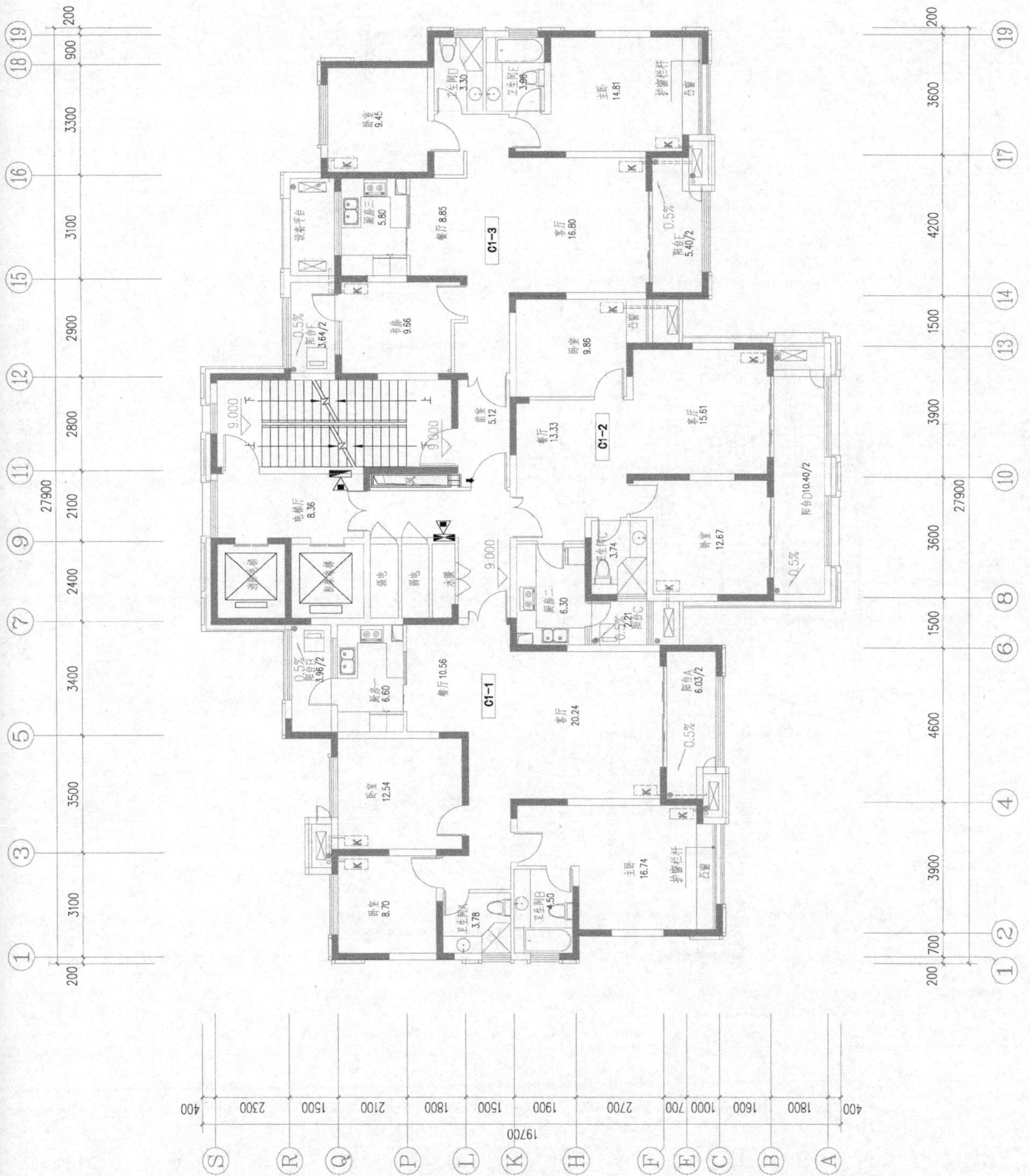

图 3-36　处理建筑提资图

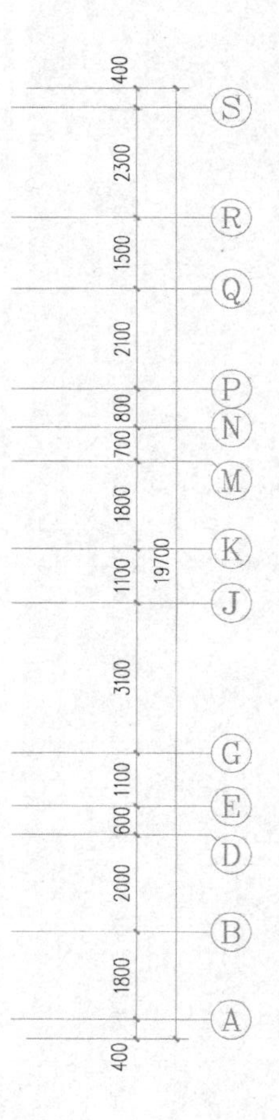

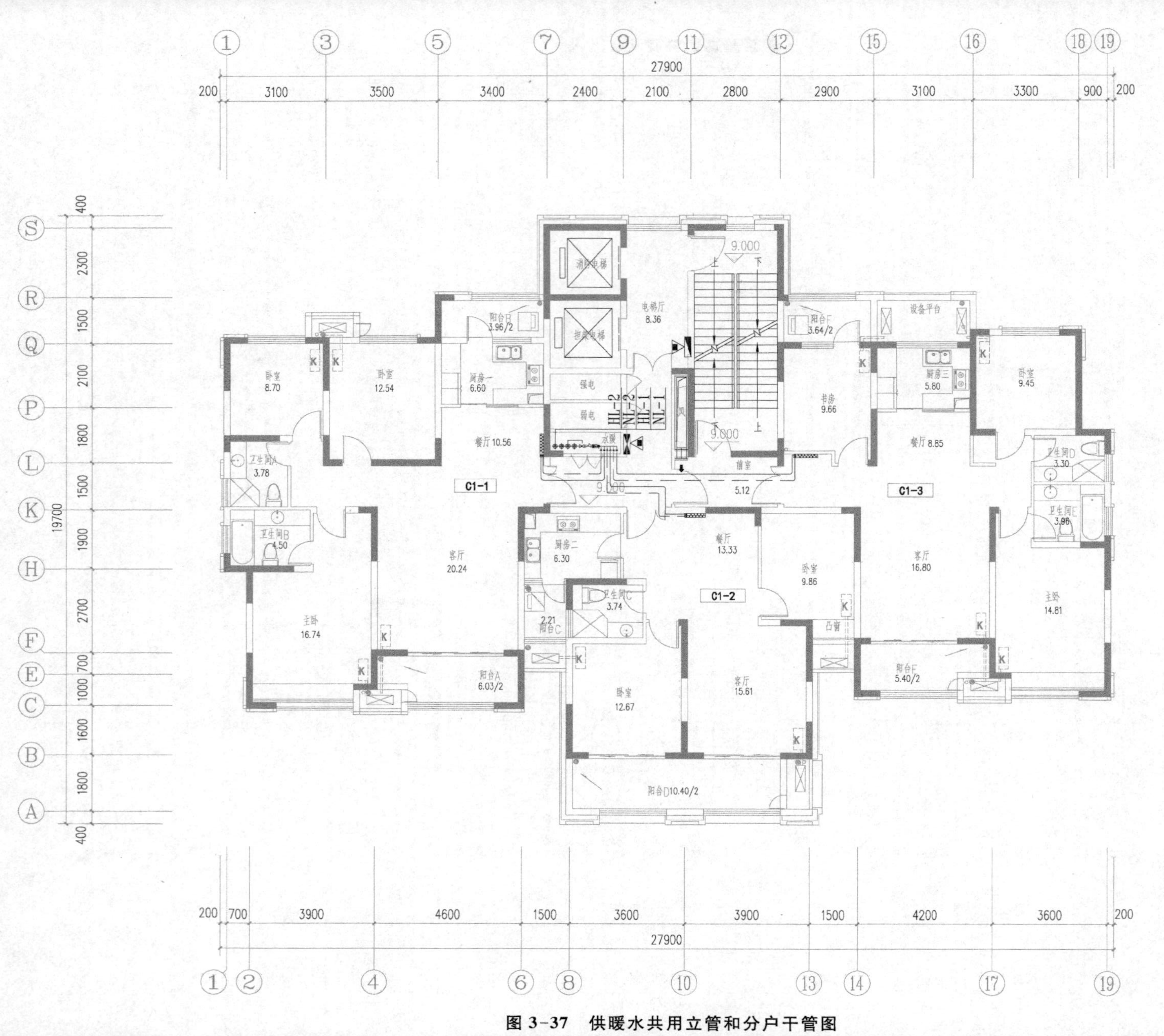

图 3-37　供暖水共用立管和分户干管图

图 3-38　户内地面辐射供暖水加热盘管图

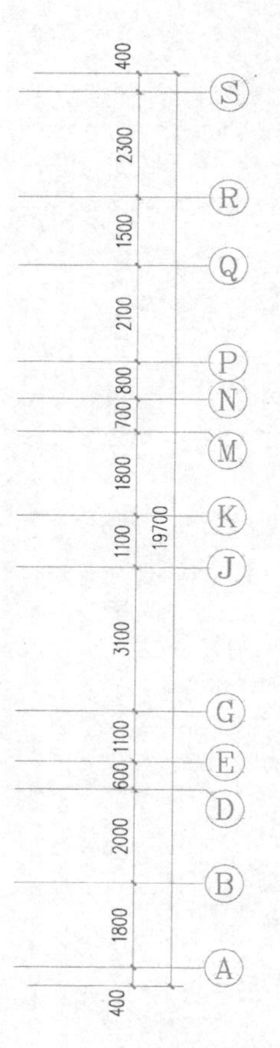

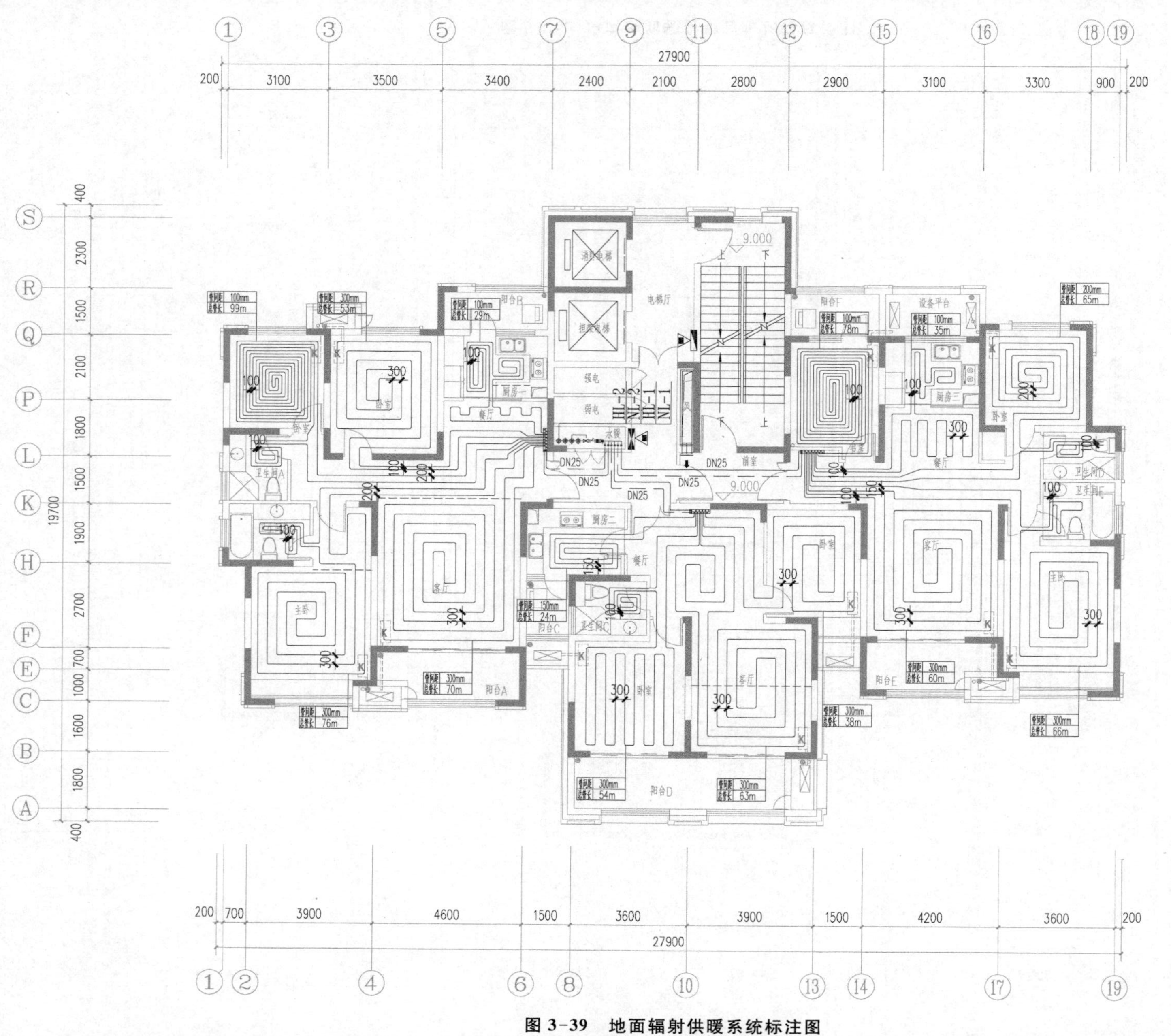

图 3-39　地面辐射供暖系统标注图

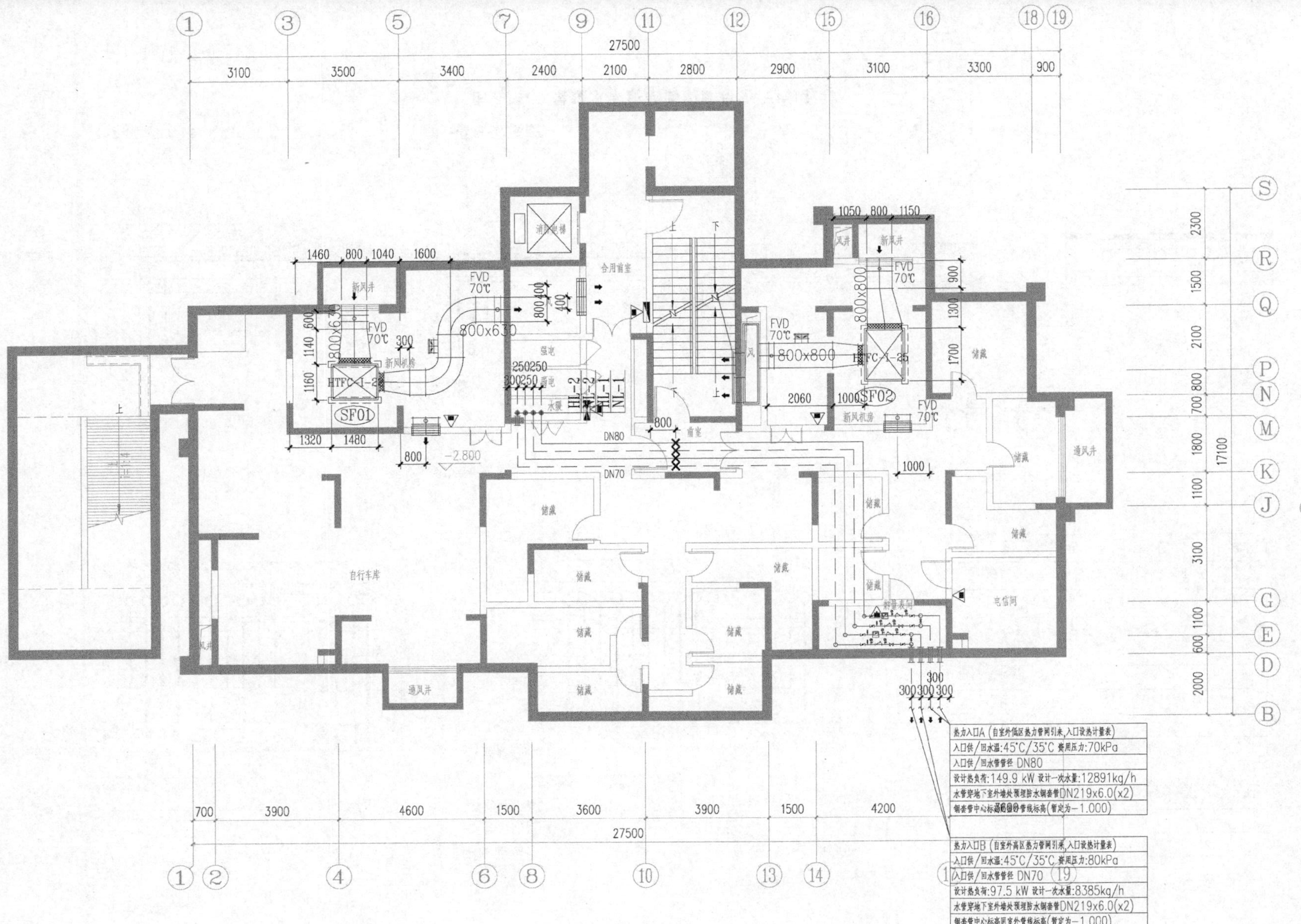

图 3-40 地下室供暖平面图

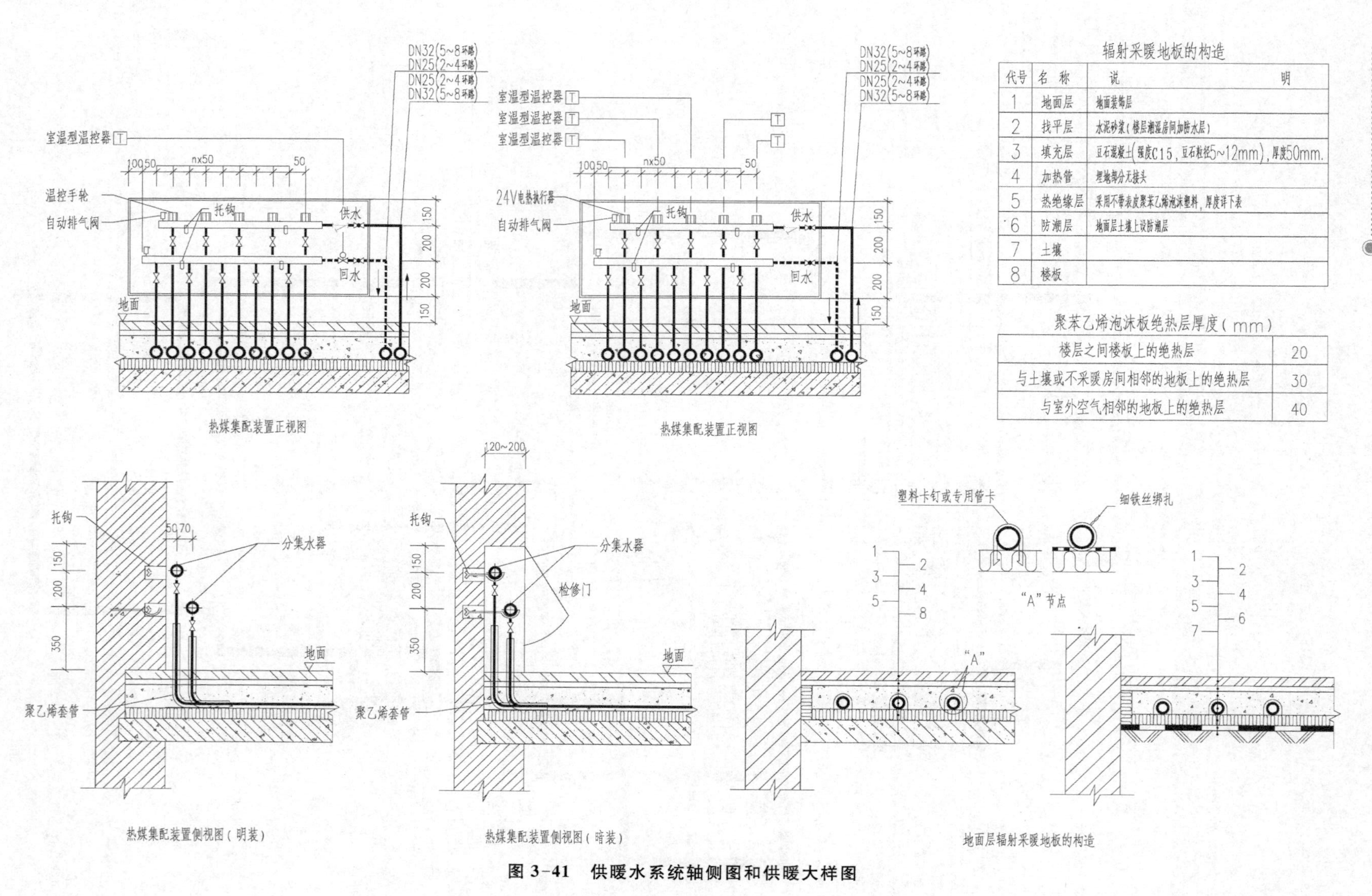

辐射采暖地板的构造

代号	名 称	说 明
1	地面层	地面装饰层
2	找平层	水泥砂浆（楼层潮湿房间加防水层）
3	填充层	豆石混凝土（强度C15，豆石粒径5~12mm），厚度50mm.
4	加热管	埋地部分无接头
5	热绝缘层	采用不带表皮聚苯乙烯泡沫塑料，厚度详下表
6	防潮层	地面层土壤上设防潮层
7	土壤	
8	楼板	

聚苯乙烯泡沫板绝热层厚度（mm）

楼层之间楼板上的绝热层	20
与土壤或不采暖房间相邻的地板上的绝热层	30
与室外空气相邻的地板上的绝热层	40

图 3-41　供暖水系统轴侧图和供暖大样图

3.4　教学方法

具体教学设计见表 3-4。

表 3-4　教学设计

教学方法	主要采用计算机软件、多媒体与课程紧密结合的教学方法
教师安排	具有丰富工程设计实践经验和丰富教学经验，能够运用多种教学方法和教学媒体的专职教师 1 名
教学地点	计算机教室和多媒体教室
评价与考核方式	学生自评；教师评价；结果考核

3.5　训练小结

学生开始学习暖通空调系统设计的前提，是需要掌握扎实的专业基础知识。本课程具有很强的实践性，但设计实践的基础应以良好的专业技术水平作为强大的支撑，需要学生具备对暖通空调专业各类系统的计算、分析、比较和选择的能力。因此，复习及巩固专业基础知识，在本课程中仍然是十分必要的。

在此基础上，必须加强实践性教学环节，强调培养学生的实际操作能力，在熟悉计算机绘图软件及常用命令、工具的前提下，保证认真地完成一定数量的上机作业和习题，并将学习制图标准的有关规定、初步的专业知识、训练绘图技能，与培养空间想象能力、读图能力和绘图技巧紧密结合。

第4章

通风系统设计基础知识和绘图实例

- 4.1 训练目标
- 4.2 知识模块
- 4.3 任务实例
- 4.4 教学方法
- 4.5 训练小结

本章导读

知识目标

★ 熟悉通风系统分类和组成

★ 掌握通风系统设计方法

★ 掌握通风系统绘图方法

能力目标

★ 能根据项目特征正确选择通风系统

★ 能独立完成整套通风系统设计绘制工作

4.1　训练目标

与通风系统设计相关的专业课程通常有：供热工程、锅炉房工艺与设备、制冷技术、空气调节、工业通风、流体输配管网、燃气输配、建筑设备自动化等。学生在完成这些专业课程的学习后，应该已掌握了从事通风系统设计的基本专业知识。

在本章中，结合学生已学习的专业课程，对通风系统设计所涉及的专业基础知识，进行简要的回顾及概述，作为本书其后篇章的铺垫。通过学习通风施工图设计绘制实例，熟悉并遵守国家相关设计标准和制图标准的基本规定，学会正确使用计算机绘图软件、工具和仪器，掌握计算机绘图的基本方法与技巧。

在熟悉通风系统的基本专业知识和基本设计技能的基础上，学生可以进行初步的设计制图操作训练。在逐步深入了解和熟悉通风系统设计制图的基本方法、图样画法、尺寸标注等规定的基础上，由浅入深地进行设计绘图技能的操作训练，注意作图的规范性、准确性和完整性，并最终完成设计文件的编制。设计图纸是指导通风系统安装及施工安装必不可少的依据性文件资料，通过本章的学习，让学生形成认真负责的工作态度和严谨细致的设计风格。在工程设计的实践与训练中，学生如遇到技术问题或困难，可查找或复习已学习过的相关专业课程，巩固专业基础知识，才能不断提高自身的专业技术水平，做好通风系统的设计工作。

4.2　知识模块

4.2.1　机械通风系统

机械通风系统是用换气的方法，把室外的新鲜空气经过适当的处理后送到室内，将室内的废气排除，保持室内空气新鲜和洁净度的工程。

（1）机械通风系统的分类

① 按通风动力分：自然通风、机械通风；

② 按通风作用范围分：全面通风、局部通风、混合通风；

③ 按通风特征分：进气式通风、排气式通风。

（2）机械送风系统的组成

① 送风管道：设置调节阀、防火阀、检查孔、送风口等；

② 回风管道：设置防火阀、回风口等；

③ 管道配件及管件：弯头、三通、四通、异径管、法兰盘、导流片、静压箱等；

④ 管道配件:测定孔、管道支托架;

⑤ 通风设备:空气处理器、过滤器、加热器、送风机。

(3) 机械排风系统的组成

① 排风管道:设置蝶阀、排风口、排气罩、风帽等;

② 管道配件及管件:弯头、三通、四通、异径管、法兰盘、导流片、静压箱等;

③ 管道配件:测定孔、管道支托架;

④ 排风设备:排风机、净化设备等。

(4) 机械通风系统的类型与构成(图 4-1)

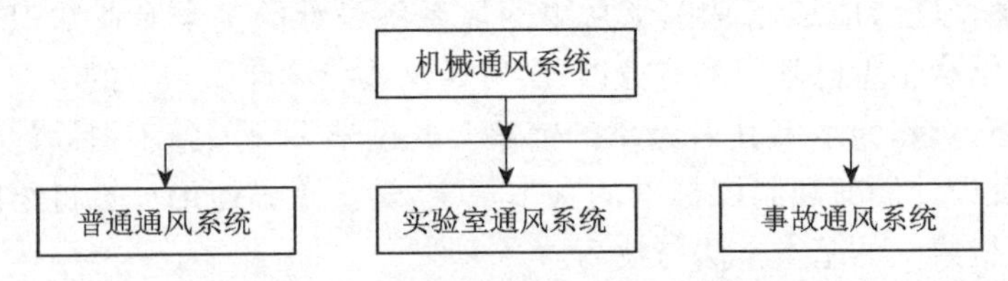

图 4-1 机械通风系统的类型与构成

4.2.2 防排烟系统

1. 火灾时处置烟气的目标

(1) 及时排除有毒有害的烟气,提供室内人员清晰的疏散高度和时间;

(2) 排烟排热,有利于消防人员进入火场开展对火灾事故的内攻处置;

(3) 在火灾熄灭后,对残余的烟气进行排除,恢复正常的环境。

2. 火灾时处置烟气的手段

(1) 防烟方式:采用机械加压送风或自然通风的方式,防止烟气进入等疏散空间。防烟系统分为机械加压送风系统或自然通风系统;典型的设置部位是疏散楼梯间、前室、合用前室、超高层的避难层(间)等。

(2) 排烟方式:采用机械排烟或自然排烟的方式,将房间、走道等空间的烟气排至建筑物外,排烟系统分为机械排烟系统或自然排烟系统;消防排烟的主要目的是控制烟层保证人员疏散,所以需要构建储烟仓——在防烟分区的顶部形成用于火灾时蓄积热烟气的局部空间,并维持清晰高度——使烟层底部至室内地平面的高度大于人员疏散所需的高度;典型的设置部位是超过一定长度的走道、超过一定面积的房间、汽车库、中庭、舞台等。

3. 设置防排烟设施的规定

(1) 建筑的下列场所或部位应设置防烟设施:

① 防烟楼梯间及其前室;

② 消防电梯间前室或合用前室;

③ 避难走道的前室、避难层(间)。

(2) 建筑高度不大于 50 m 的公共建筑、厂房、仓库和建筑高度不大于 100 m 的住宅建筑,当其防烟楼梯间的前室或合用前室符合下列条件之一时,楼梯间可不设置防烟系统:

① 前室或合用前室采用敞开的阳台、凹廊；

② 前室或合用前室具有不同朝向的可开启外窗，且可开启外窗的面积满足自然排烟口的面积要求。

(3) 厂房或仓库的下列场所或部位应设置排烟设施：

① 人员或可燃物较多的丙类生产场所、丙类厂房内建筑面积大于 300 m^2 且经常有人停留或可燃物较多的地上房间；

② 建筑面积大于 5 000 m^2 的丁类生产车间；

③ 占地面积大于 1 000 m^2 的丙类仓库；

④ 高度大于 32 m 的高层厂房(仓库)内长度大于 20 m 的疏散走道，其他厂房(仓库)内长度大于 40 m 的疏散走道。

(4) 民用建筑的下列场所或部位应设置排烟设施：

① 设置在一、二、三层且房间建筑面积大于 100 m^2 的歌舞、娱乐、放映、游艺场所，设置在四层及以上楼层、地下或半地下的歌舞、娱乐、放映、游艺场所；

② 中庭；

③ 公共建筑内建筑面积大于 100 m^2 且经常有人停留的地上房间；

④ 公共建筑内建筑面积大于 300 m^2 且可燃物较多的地上房间；

⑤ 建筑内长度大于 20 m 的疏散走道。

(5) 地下或半地下建筑(室)、地上建筑内的无窗房间，当总建筑面积大于 200 m^2 或一个房间建筑面积大于 50 m^2，且经常有人停留或可燃物较多时，应设置排烟设施。

4. 供暖系统应采取的防火措施

(1) 在散发可燃粉尘、纤维的厂房内，散热器表面平均温度不应超过 82.5℃。输煤廊的散热器表面平均温度不应超过 130℃。

(2) 甲、乙类厂房(仓库)内严禁采用明火和电热散热器供暖。

(3) 下列厂房应采用不循环使用的热风供暖：

① 生产过程中散发的可燃气体、蒸气、粉尘或纤维与供暖管道、散热器表面接触能引起燃烧的厂房；

② 生产过程中散发的粉尘受到水、水蒸气的作用能引起自燃、爆炸或产生爆炸性气体的厂房。

(4) 供暖管道不应穿过存在与供暖管道接触能引起燃烧或爆炸的气体、蒸气或粉尘的房间，确需穿过时，应采用不燃材料隔热。

(5) 供暖管道与可燃物之间应保持一定距离，并应符合下列规定：

① 当供暖管道的表面温度大于 100℃时，不应小于 100 mm 或采用不燃材料隔热；

② 当供暖管道的表面温度不大于 100℃时，不应小于 50 mm 或采用不燃材料隔热。

(6) 建筑内供暖管道和设备的绝热材料应符合下列规定：

① 对于甲、乙类厂房(仓库)，应采用不燃材料；

② 对于其他建筑，宜采用不燃材料，不得采用可燃材料。

5. 通风、空调系统应采取的防火措施

(1) 甲、乙类厂房内的空气不应循环使用；丙类厂房内含有燃烧或爆炸危险粉尘、纤维的空气，在循环使用前应经净化处理，并应使空气中的含尘浓度低于其爆炸下限的25%。

(2) 为甲、乙类厂房服务的送风设备与排风设备应分别布置在不同通风机房内，且排风设备不应和其他房间的送、排风设备布置在同一通风机房内；民用建筑内空气中含有容易起火或爆炸危险物质的房间，应设置自然通风或独立的机械通风设施，且其空气不应循环使用。

(3) 当空气中含有比空气轻的可燃气体时，水平排风管全长应顺气流方向向上坡度敷设；可燃气体管道和甲、乙、丙类液体管道不应穿过通风机房和通风管道，且不应紧贴通风管道的外壁敷设。

(4) 通风和空气调节系统，横向宜按防火分区设置，竖向不宜超过5层；当管道设置防止回流设施或防火阀时，管道布置可不受此限制；竖向风管应设置在管井内。

(5) 厂房内有爆炸危险场所的排风管道，严禁穿过防火墙和有爆炸危险的房间隔墙。

(6) 甲、乙、丙类厂房内的送、排风管道宜分层设置。当水平或竖向送风管在进入生产车间处设置防火阀时，各层的水平或竖向送风管可合用一个送风系统。

(7) 空气中含有易燃、易爆危险物质的房间，其送、排风系统应采用防爆型的通风设备；当送风机布置在单独分隔的通风机房内且送风干管上设置防止回流设施时，可采用普通型的通风设备。

(8) 含有燃烧和爆炸危险粉尘的空气，在进入排风机前应采用不产生火花的除尘器进行处理；对于遇水可能形成爆炸的粉尘，严禁采用湿式除尘器。

(9) 处理有爆炸危险粉尘的除尘器、排风机的设置应与其他普通型的风机、除尘器分开设置，并宜按单一粉尘分组布置；净化有爆炸危险粉尘的干式除尘器和过滤器宜布置在厂房外的独立建筑内，建筑外墙与所属厂房的防火间距不应小于10 m；具备连续清灰功能，或具有定期清灰功能且风量不大于15 000 m^3/h、集尘斗的储尘量小于60 kg的干式除尘器和过滤器，可布置在厂房内的单独房间内，但应采用耐火极限不低于3.00 h的防火隔墙和1.50 h的楼板与其他部位分隔。

(10) 净化或输送有爆炸危险粉尘和碎屑的除尘器、过滤器或管道，均应设置泄压装置。

(11) 净化有爆炸危险粉尘的干式除尘器和过滤器应布置在系统的负压段上。

(12) 排除有燃烧或爆炸危险气体、蒸气和粉尘的排风系统，应符合下列规定：

① 排风系统应设置导除静电的接地装置；

② 排风设备不应布置在地下或半地下建筑(室)内；

③ 排风管应采用金属管道，并应直接通向室外安全地点，不应暗设。

(13) 排除和输送温度超过80℃的空气或其他气体以及易燃碎屑的管道，与可燃或难燃物体之间的间隙不应小于150 mm，或采用厚度不小于50 mm的不燃材料隔热；当管道上下布置时，表面温度较高者应布置在上面。

(14) 通风、空气调节系统的风管在下列部位应设置公称动作温度为70℃的防火阀：

① 穿越防火分区处；

② 穿越通风、空气调节机房的房间隔墙和楼板处；

③ 穿越重要或火灾危险性大的场所的房间隔墙和楼板处；

④ 穿越防火分隔处的变形缝两侧；

⑤ 竖向风管与每层水平风管交接处的水平管段上。

注:当建筑内每个防火分区的通风、空气调节系统均独立设置时,水平风管与竖向总管的交接处可不设置防火阀。

(15) 公共建筑的浴室、卫生间和厨房的竖向排风管,应采取防止回流措施并宜在支管上设置公称动作温度为 70℃的防火阀;公共建筑内厨房的排油烟管道宜按防火分区设置,且在与竖向排风管连接的支管处应设置公称动作温度为 150℃的防火阀。

(16) 防火阀的设置应符合下列规定:

① 防火阀宜靠近防火分隔处设置;

② 防火阀暗装时,应在安装部位设置方便维护的检修口;

③ 在防火阀两侧各 2.0 m 范围内的风管及其绝热材料应采用不燃材料;

④ 防火阀应符合现行国家标准《建筑通风和排烟系统用防火阀门》(GB 15930—2007)的规定。

(17) 除下列情况外,通风、空气调节系统的风管应采用不燃材料:

① 接触腐蚀性介质的风管和柔性接头可采用难燃材料;

② 体育馆、展览馆、候机(车、船)建筑(厅)等大空间建筑,单、多层办公建筑和丙、丁、戊类厂房内通风、空气调节系统的风管,当不跨越防火分区且在穿越房间隔墙处设置防火阀时,可采用难燃材料。

(18) 设备和风管的绝热材料、用于加湿器的加湿材料、消声材料及其黏结剂,宜采用不燃材料,确有困难时,可采用难燃材料;风管内设置电加热器时,电加热器的开关应与风机的启停联锁控制。电加热器前后各 0.8 m 范围内的风管和穿过有高温、火源等容易起火房间的风管,均应采用不燃材料。

(19) 燃油或燃气锅炉房应设置自然通风或机械通风设施;燃气锅炉房应选用防爆型的事故排风机;当采取机械通风时,机械通风设施应设置导除静电的接地装置,通风量应符合下列规定:

① 燃油锅炉房的正常通风量应按换气次数不少于 3 次/h 确定,事故排风量应按换气次数不少于 6 次/h 确定;

② 燃气锅炉房的正常通风量应按换气次数不少于 6 次/h 确定,事故排风量应按换气次数不少于 12 次/h 确定。

4.3　任务实例

4.3.1　某地下车库机械通风系统

(1) 收到建筑提资图纸:这是一个高层大楼的“地下室机动车库”。先收到建筑专业提供的地下机动车库施工图阶段平面资料图,作为暖通空调专业下一步设计的基础(图 4-2)。

(2) 处理建筑提资图纸:在建筑平面资料图上,保留轴线及尺寸、轴号、结构立柱、墙线、门窗线、房间名称等基本信息，删除多余的信息或关闭相关的图层，处理后的建筑平面资料图一般也称之为“建筑底版图”，在其上绘制暖通空调专业的设计内容(图 4-3)。

(3) 地下机动车库划分防烟分区：大于 2 000 m^2的地下室机动车库，其平时的机械通风系统，在消防时将兼作机械排烟系统，故需在机动车库的各个防火分区内遵照“汽车库防火设计规范”的规定，按每个不大于 2 000 m^2 的原则划分防烟分区，每个防烟分区均设有消防排烟口，且每个排烟口的最大排烟距离控制在 30 m 内(图 4-4)。

(4) 通风设备选型及平面布置：根据“汽车库防火设计规范”和“建筑防排烟系统技术规范”规定计算方法，逐个计算每个防火分区的平时机械通风量和每个防烟分区的消防机械排烟量，选择每个通风(兼排烟)机房的风机(箱)型号、规格和技术参数，并在相应的机房内布置设备(图 4-5)。

(5) 通风风管规格计算及平面布置：从各套通风(兼排烟)机房的风机(箱)开始，按先主风管后支风管的次序，循序绘制地下室机动车库每个防火分区的机械通风(兼排烟)风管，并标注风管的规格及风管的底面标高，如“2 000 * 500”就表示该段矩形风管的宽度为 2 000 mm，高度为 500 mm(图 4-6)。

(6) 标注通风风口规格：采用小方格表的形式，标注各套机械通风(兼消防排烟)风口的类型、规格和参数，如“AV/D”表示此风口类型为“带风口调节阀的单层百叶风口”，“800 * 300”表示该风口的宽度为 800 mm，高度为 300 mm，“11”代表本层同类型同规格的风口共有 11 个，“2500”代表每个风口的机械排风(排烟或送风)的额定风量为 2500 m^3/h(图 4-7)。

(7) 标注定位尺寸：标注地下室机动车库各套机械通风(兼消防排烟)系统风管、风口的定位尺寸，最后“成图”，完成地下室机动车库机械通风系统平面图的绘制工作(图 4-8)。

(8) 绘制通风详图或大样图：对于地下室机动车库不同的通风机房，绘制剖面详图，主要表达风机(箱)设备、主风管等的竖向高度情况，通常采用 1 : 50 放大详图的绘制方法(图4-9)。

4.3.2 某办公楼防排烟系统

(1) 收到建筑提资图纸：这是一个高层办公楼建筑项目。先收到建筑专业提供的施工图阶段平面资料图，以“标准层平面图”为例，作为暖通空调专业下一步设计的基础(图 4-10)。

(2) 处理建筑提资图纸：在建筑平面资料图上，保留轴线及尺寸、轴号、结构立柱、墙线、门窗线、房间名称等基本信息，删除多余的信息或关闭相关的图层，处理后的建筑平面资料图一般也称之为“建筑底版图”，在其上绘制暖通空调专业的设计内容(图 4-11)。

(3) 标注简要计算结果：按照防排烟设计规范，计算防排烟系统设计风量，在已处理好的建筑底版图上，将相应的计算结果标注在防排烟部位的表格内，作为防排烟系统风机、风管、风口选型的依据；由于该计算结果表格仅在设计绘图的过程使用，所以应单独设置图层，以便在正式出图时可以关闭该图层(图 4-12)。

(4) 绘制防排烟系统并标注风管规格：从各套防排烟竖井开始，循序绘制本楼层的防排烟风管，并标注风管的规格及风管的底面标高，如“500 * 250”就表示该段矩形风管的宽度为 500 mm，高度为 250 mm(图 4-13)。

(5) 标注防排烟风口规格:标注各套防排烟系统在本楼层的消防加压送风口、消防机械排烟口的规格,如"500 * 800"就表示该风口的宽度为 500 mm,高度为 800 mm(图 4-14)。

(6) 标注定位尺寸:标注本楼层防排烟系统风管、风口的定位尺寸,最后"成图",完成防排烟系统平面图的绘制工作(图 4-15)。

(7) 绘制防排烟系统图:先绘制楼层线,标注楼层号及楼层标高,再从屋面防排烟风机、竖向风道、各层水平风道、风口、压差控制装置等循序绘制,并标注规格、尺寸和标高(图4-16)。

4.4　教学方法

具体教学设计见表 4-1。

表 4-1　教学设计

教学方法	主要采用计算机软件、多媒体与课程紧密结合的教学方法
教师安排	具有丰富工程设计实践经验和丰富教学经验,能够运用多种教学方法和教学媒体的专职教师 1 名
教学地点	计算机教室和多媒体教室
评价与考核方式	学生自评;教师评价;结果考核

4.5　训练小结

学生开始学习通风系统设计的前提,是需要掌握扎实的专业基础知识。本课程具有很强的实践性,但设计实践的基础应以良好的专业技术水平作为强大的支撑,需要学生具备对暖通空调专业各类系统的计算、分析、比较和选择的能力。因此,复习及巩固专业基础知识,在本课程中仍然是十分必要的。

在此基础上,必须加强实践性教学环节,强调培养学生的实际操作能力,在熟悉计算机绘图软件及常用命令、工具的前提下,保证认真地完成一定数量的上机作业和习题,并将学习制图标准的有关规定、初步的专业知识、训练绘图技能,与培养空间想象能力、读图能力和绘图技巧紧密结合。

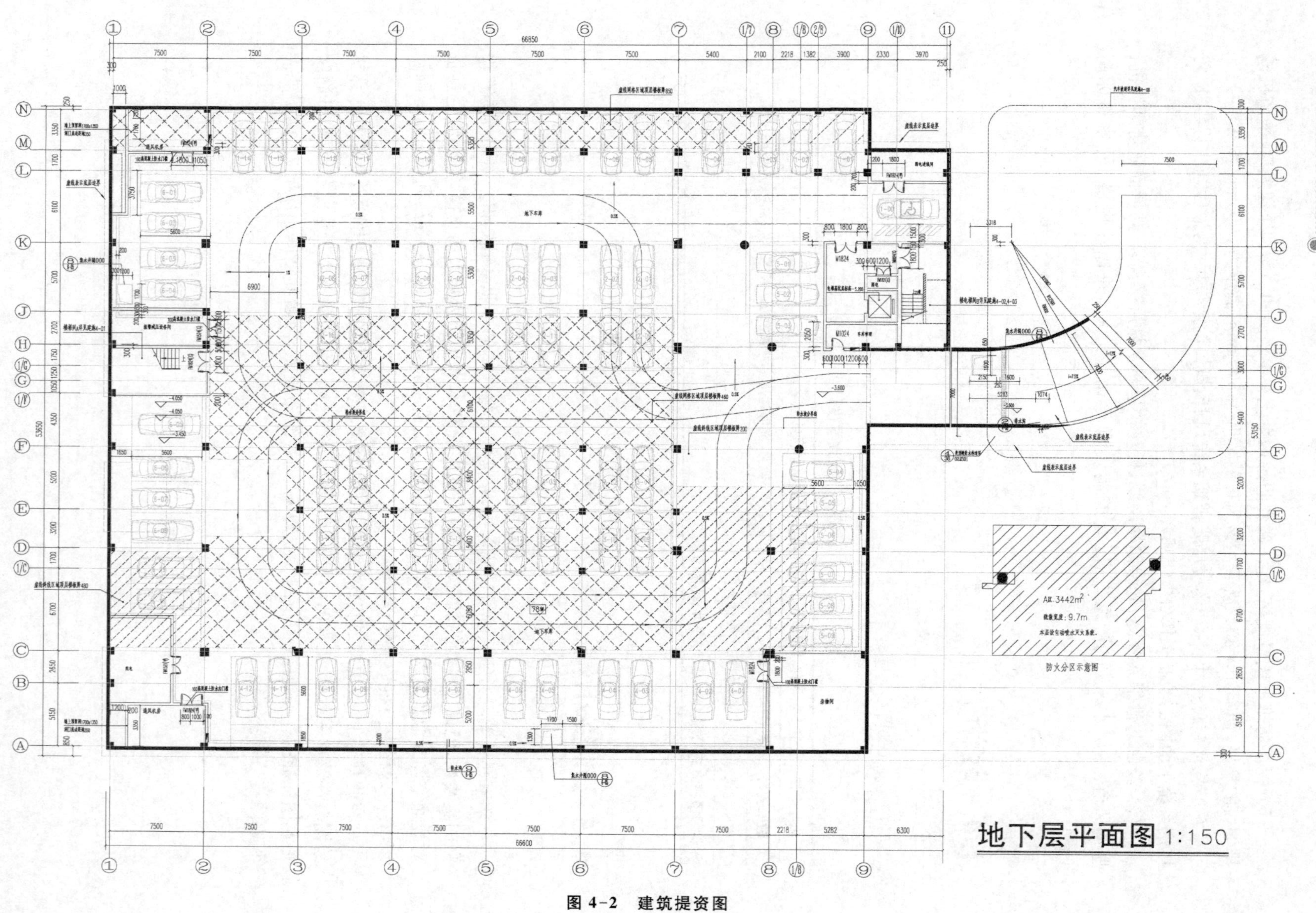
地下层平面图 1:150
防火分区示意图
地下车库

图 4-2　建筑提资图

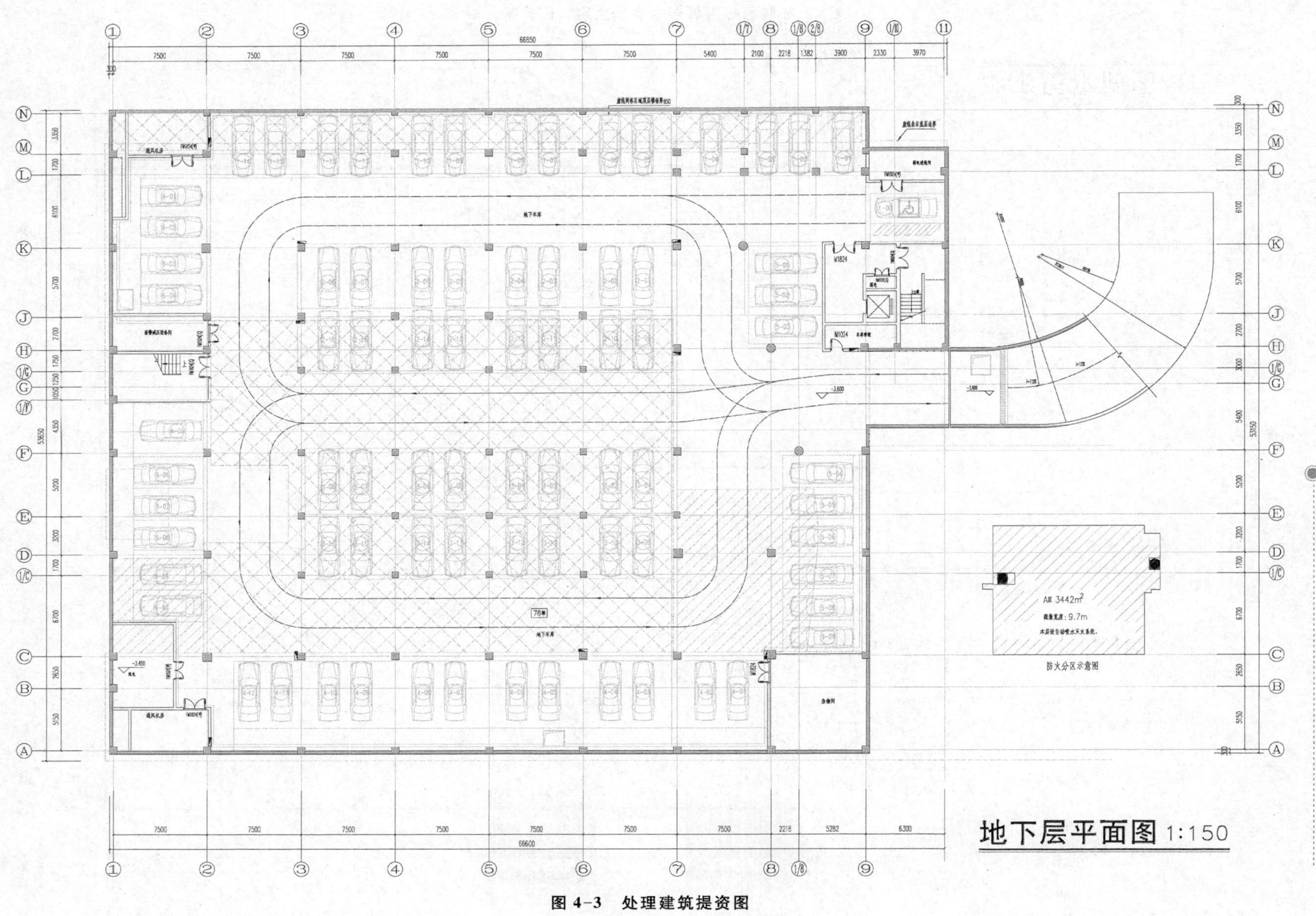

图 4-3　处理建筑提资图

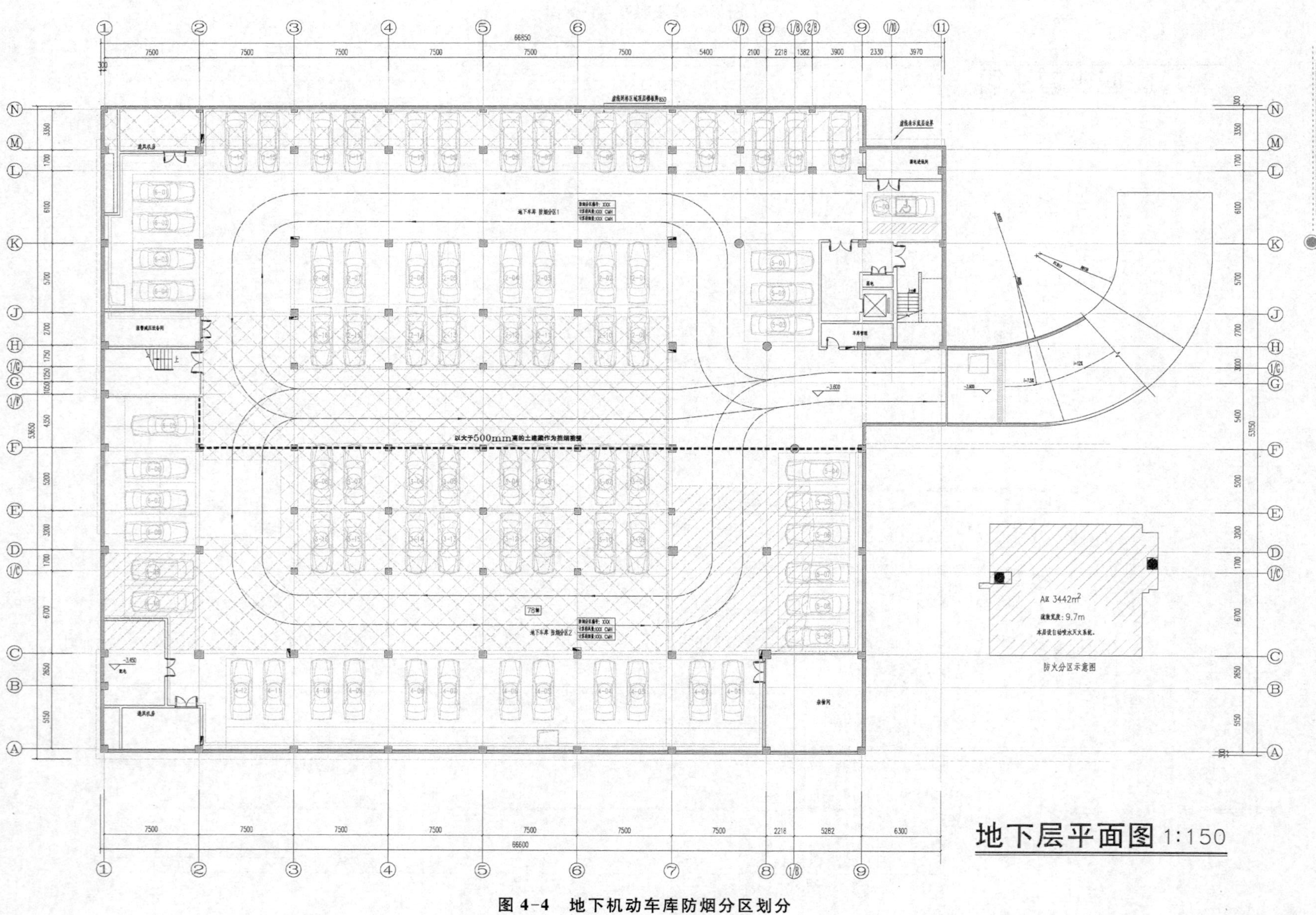

图 4-4 地下机动车库防烟分区划分

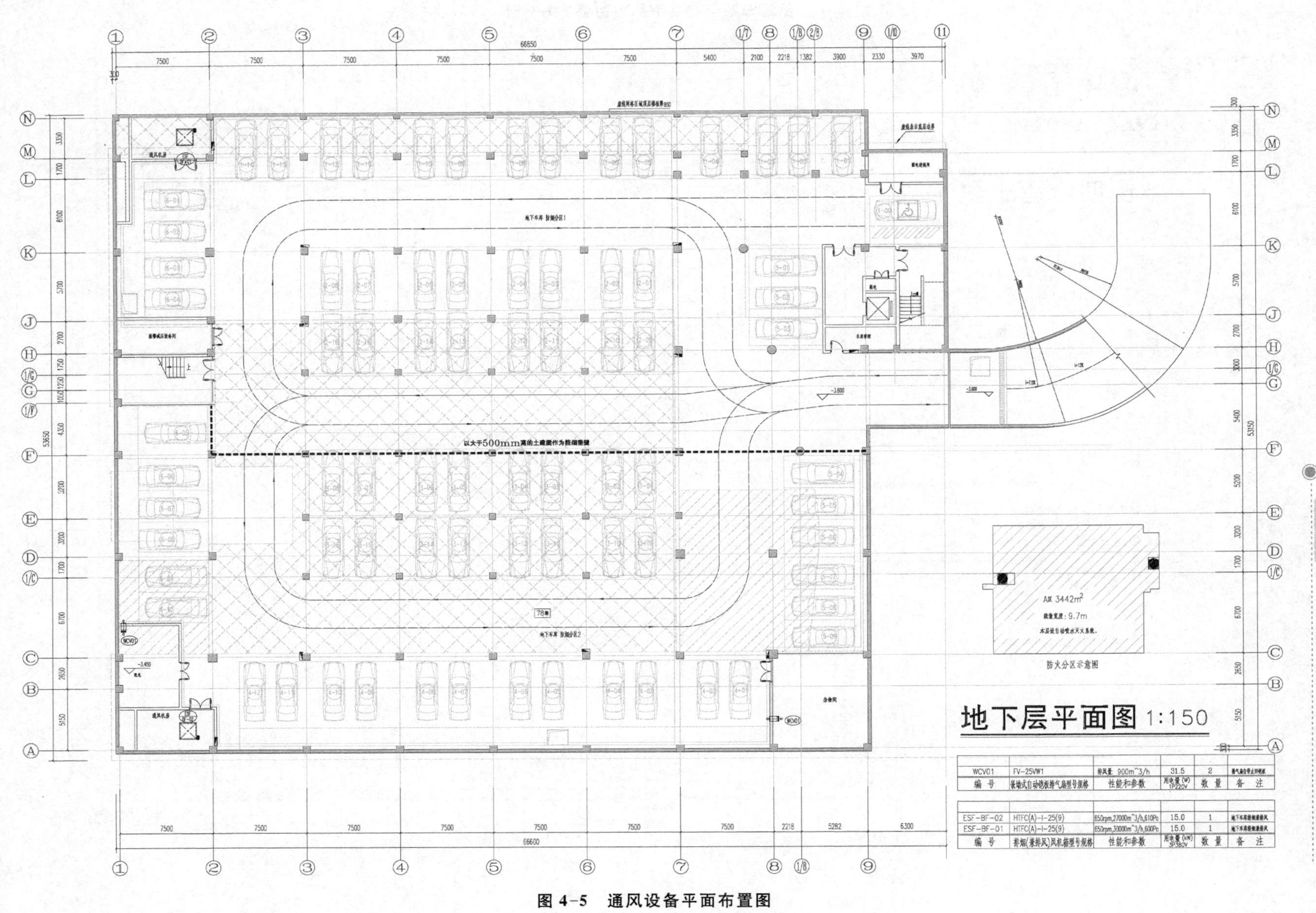

图 4-5 通风设备平面布置图

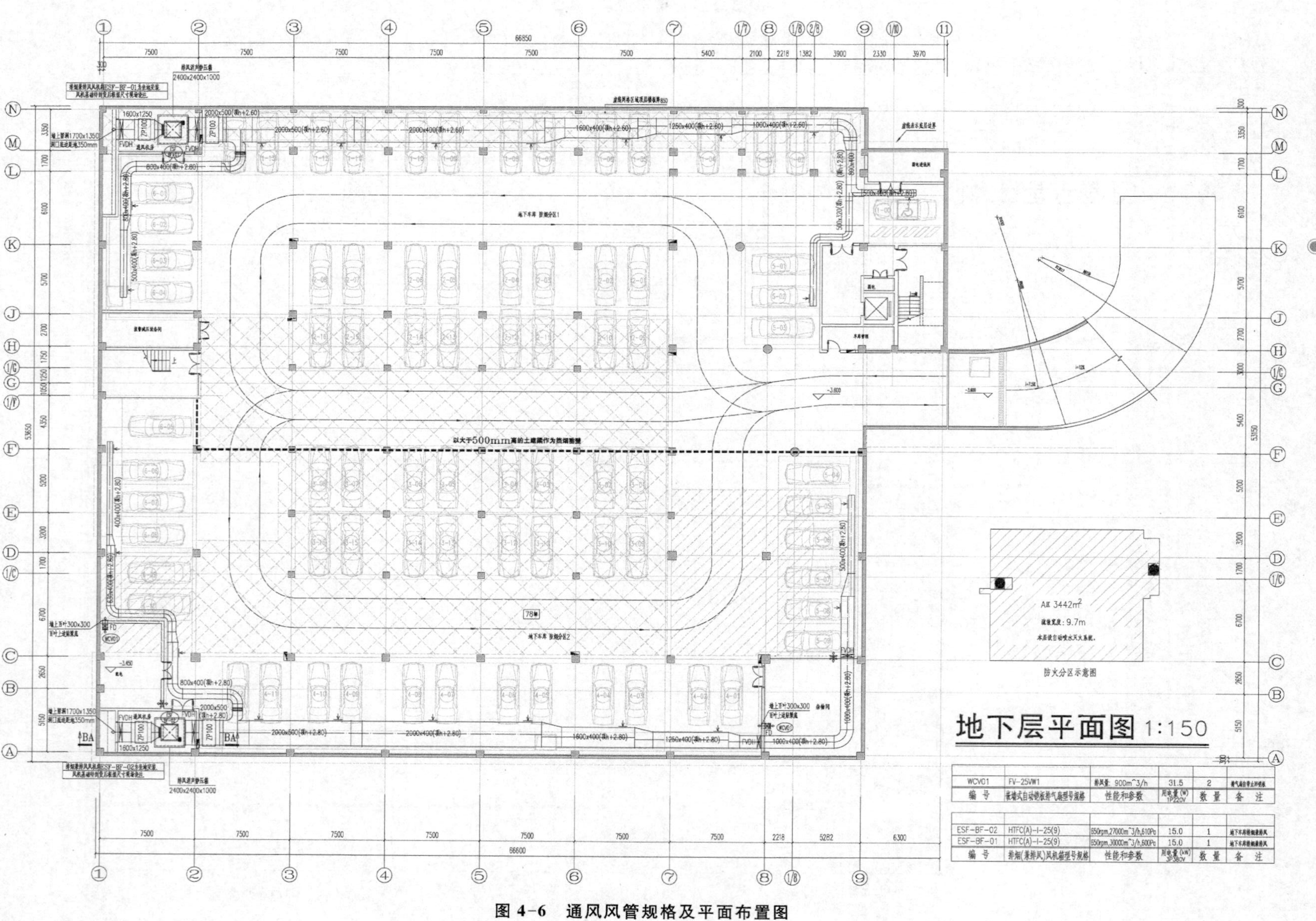

图 4-6 通风风管规格及平面布置图

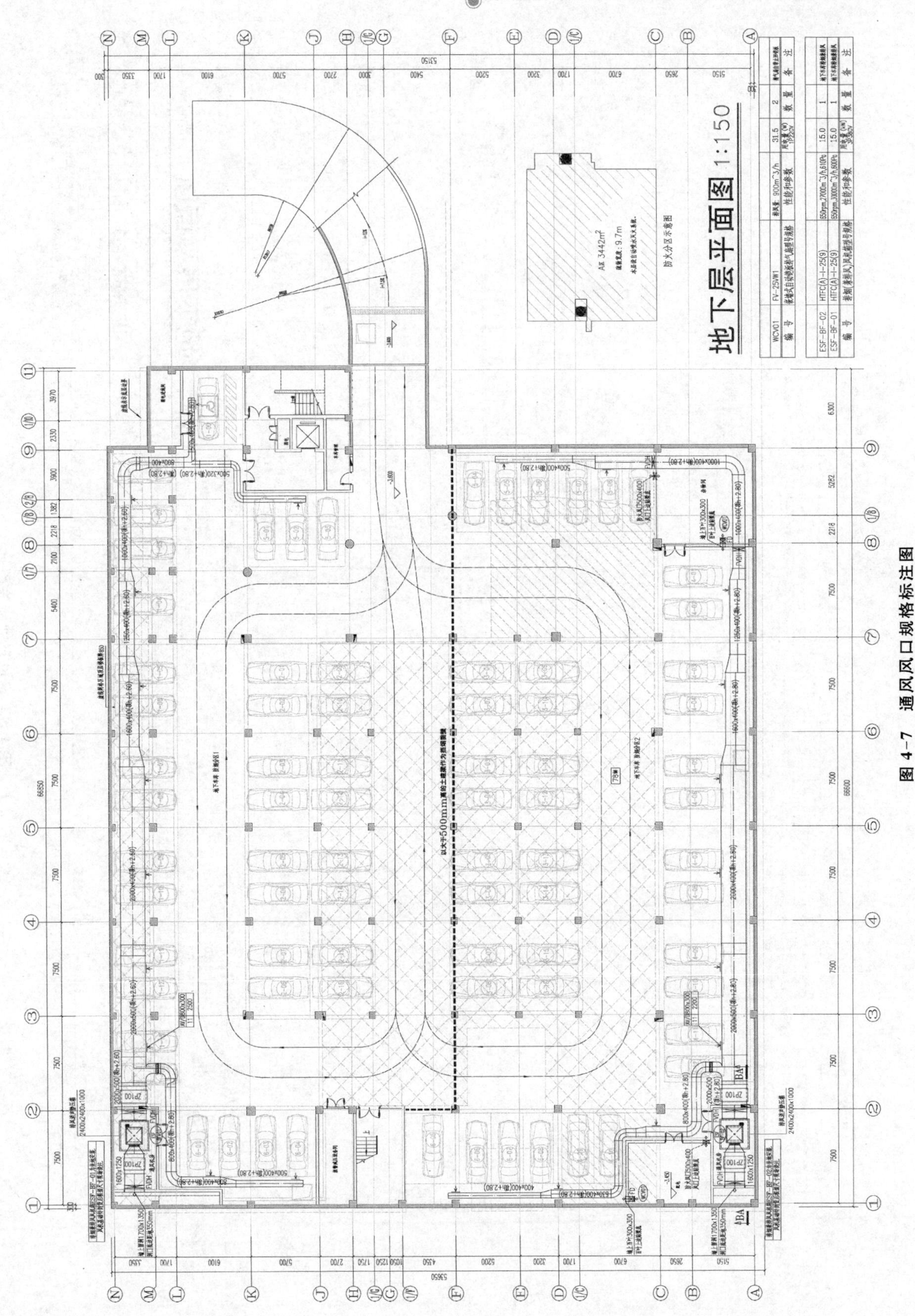

图 4-7　通风风口规格标注图

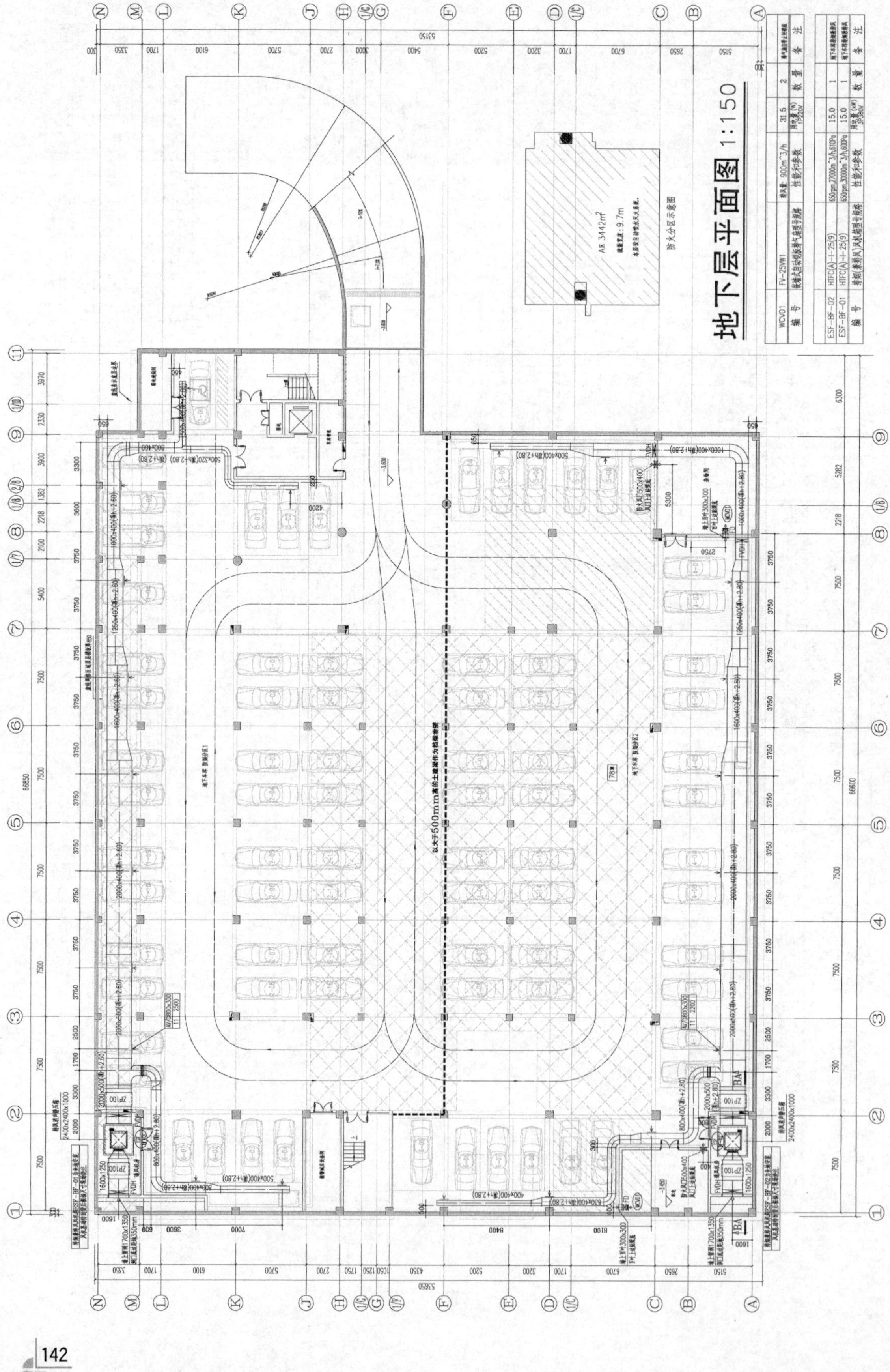

地下层平面图 1:150

图 4-8 定位尺寸标注图

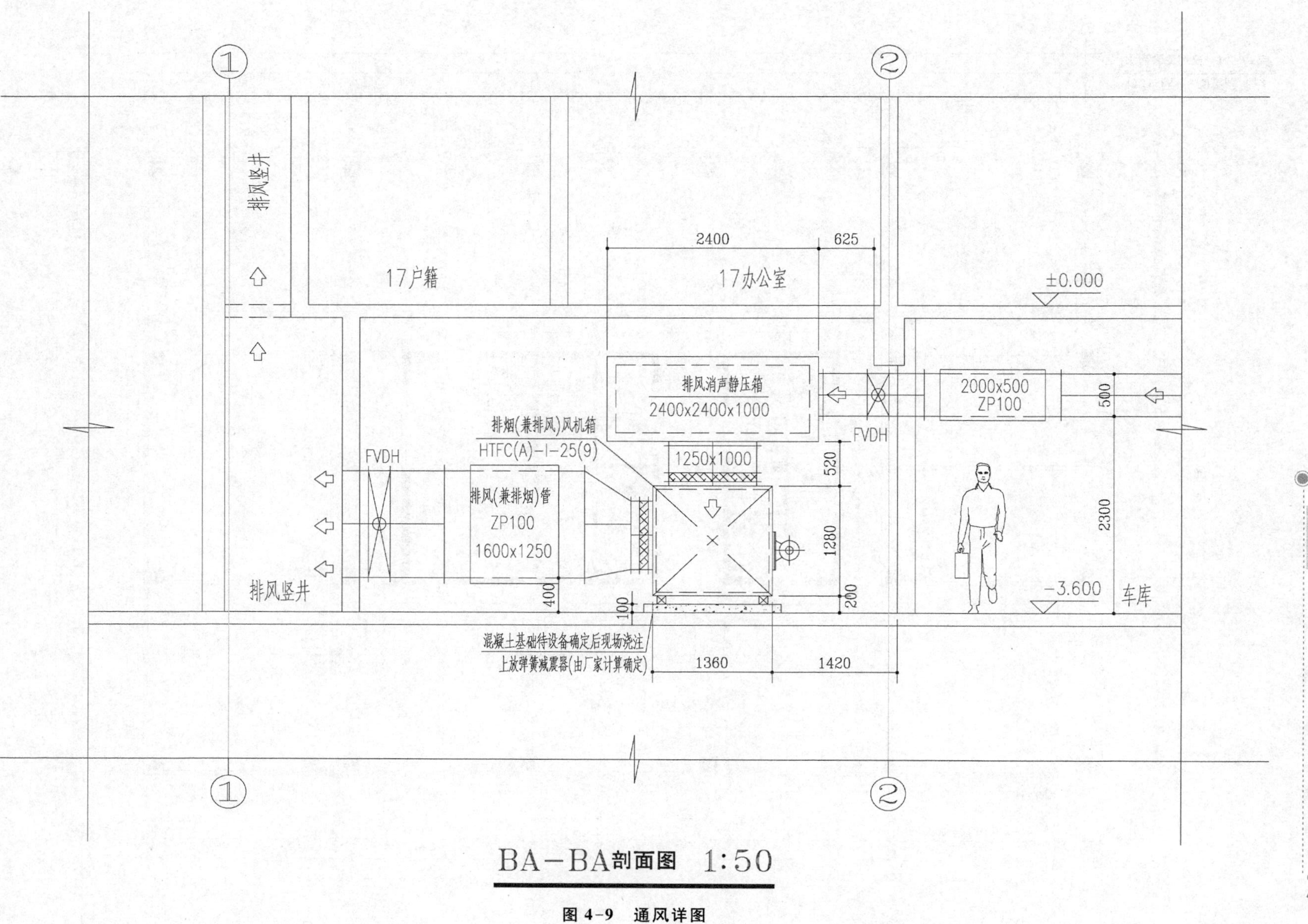

BA-BA剖面图　1:50

图 4-9　通风详图

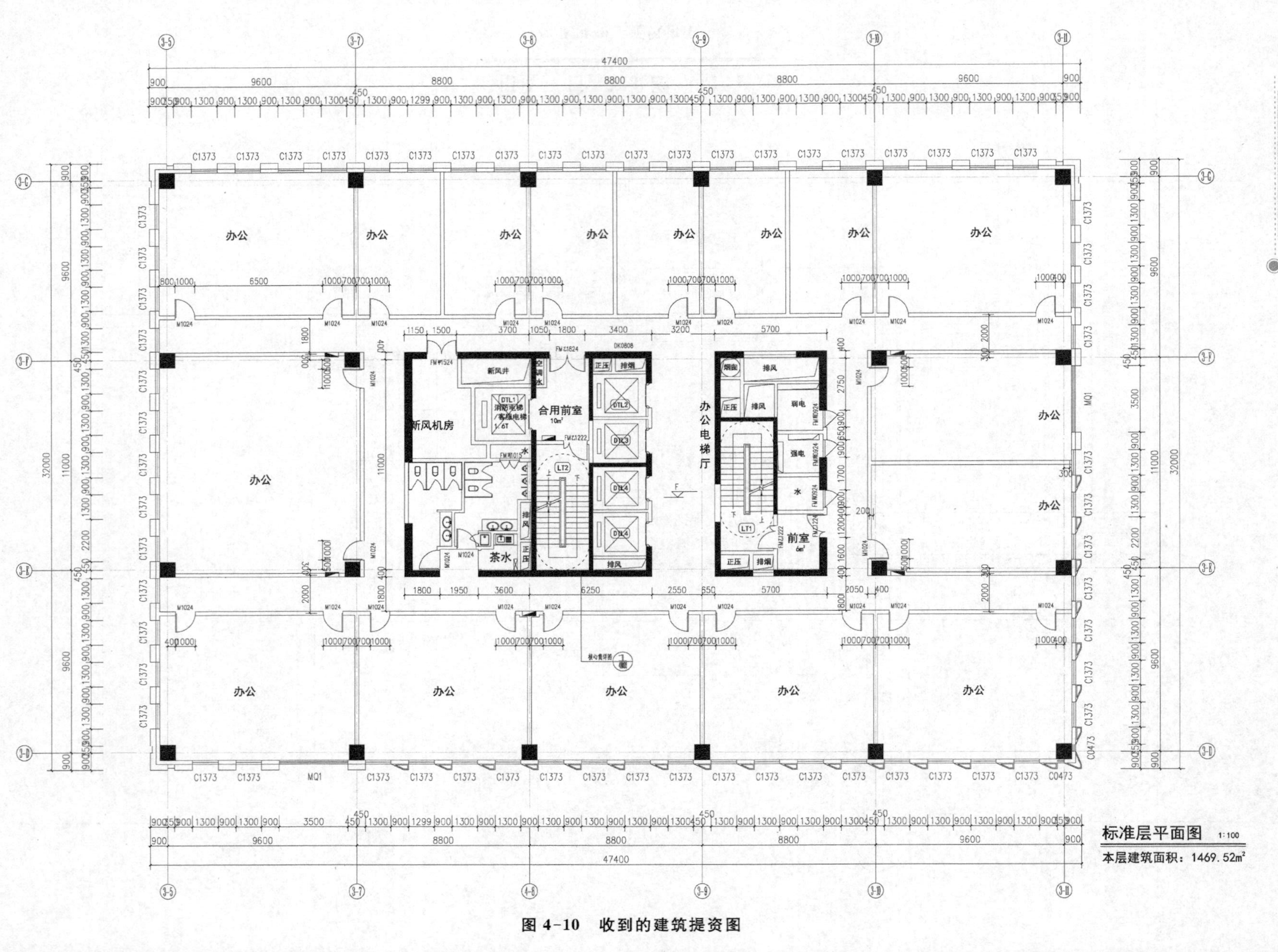

图 4-10　收到的建筑提资图

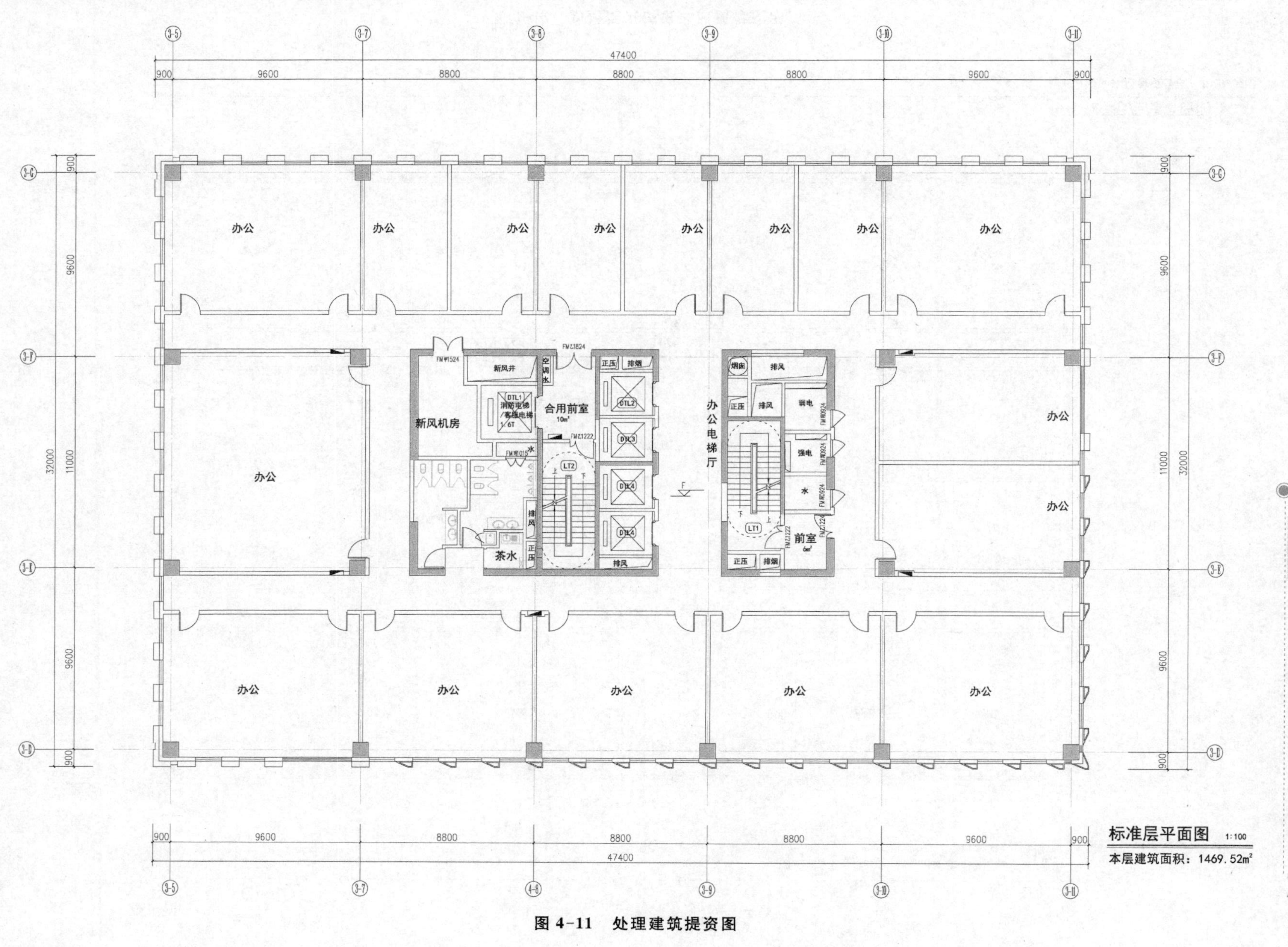

图 4-11　处理建筑提资图

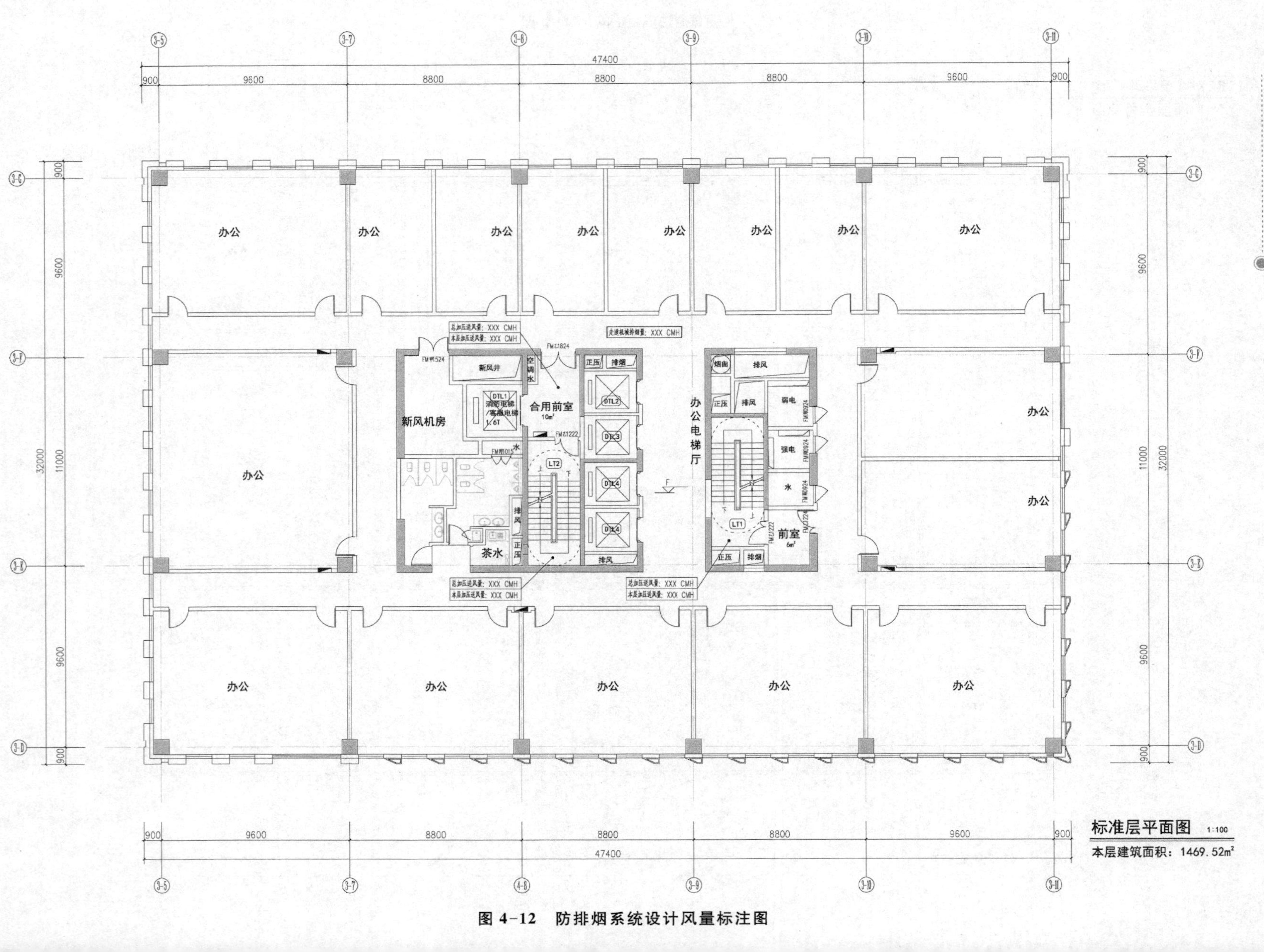

图 4-12　防排烟系统设计风量标注图

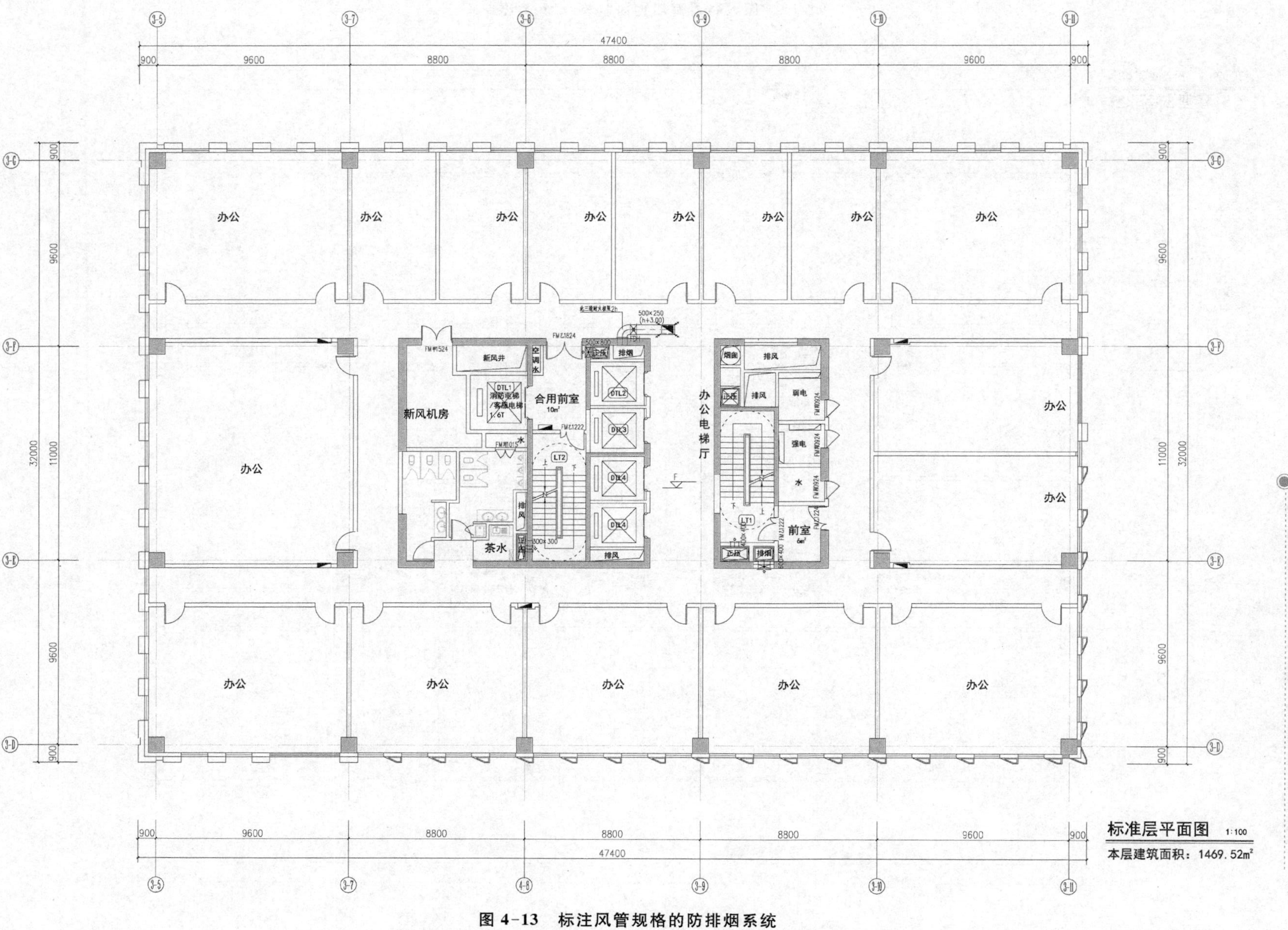

图 4-13　标注风管规格的防排烟系统

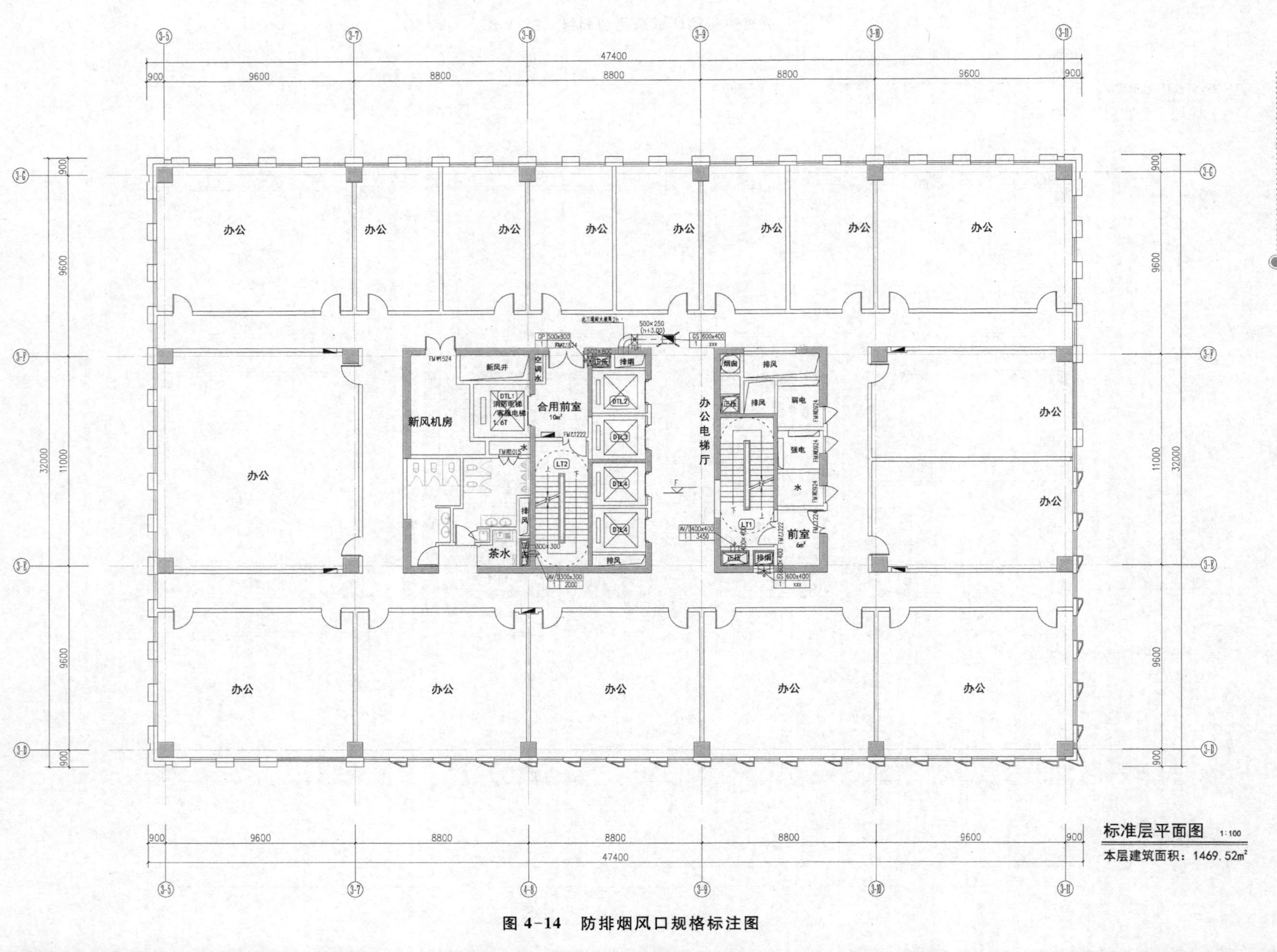

图 4-14 防排烟风口规格标注图

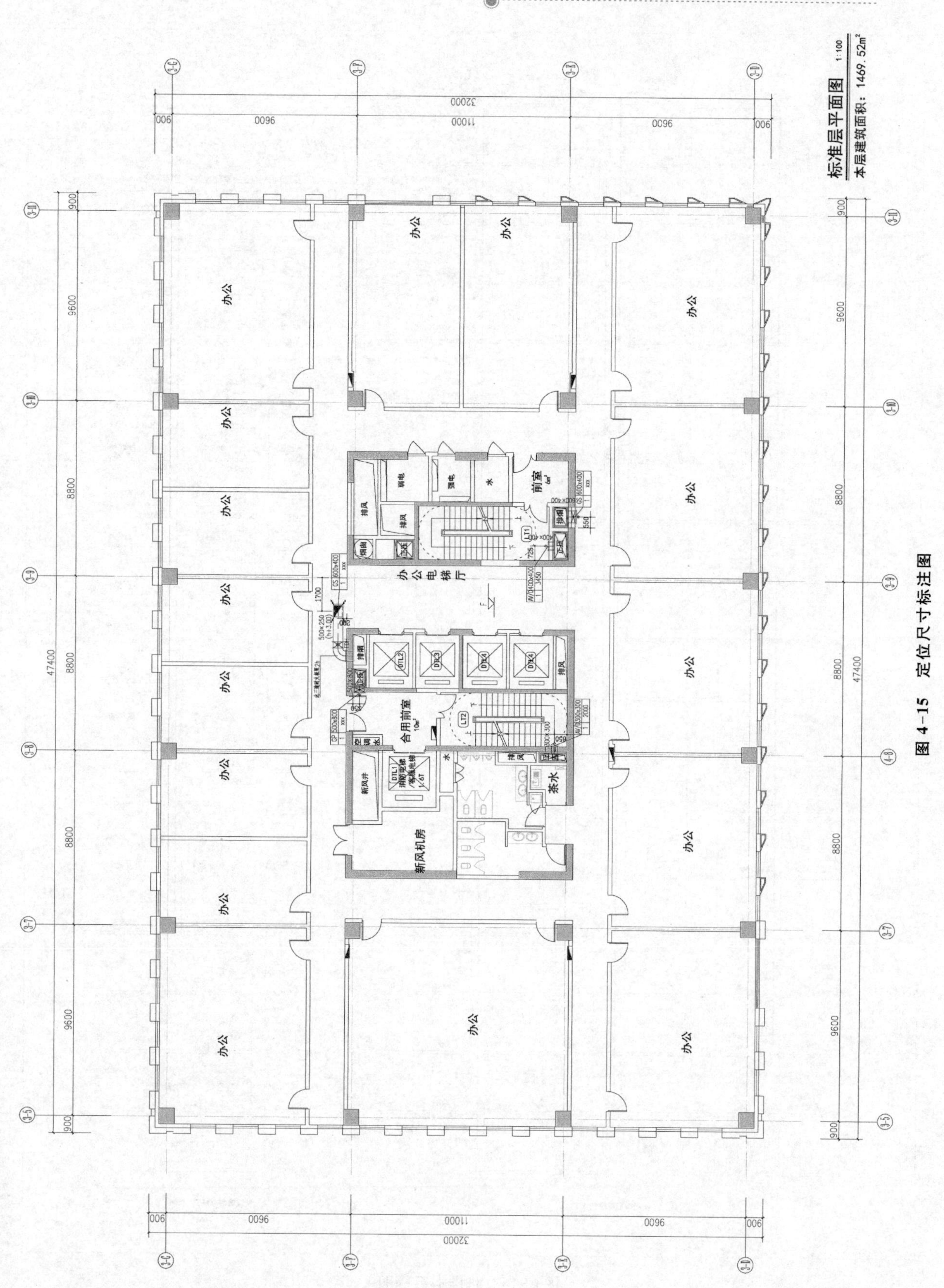

图 4-15　定位尺寸标注图

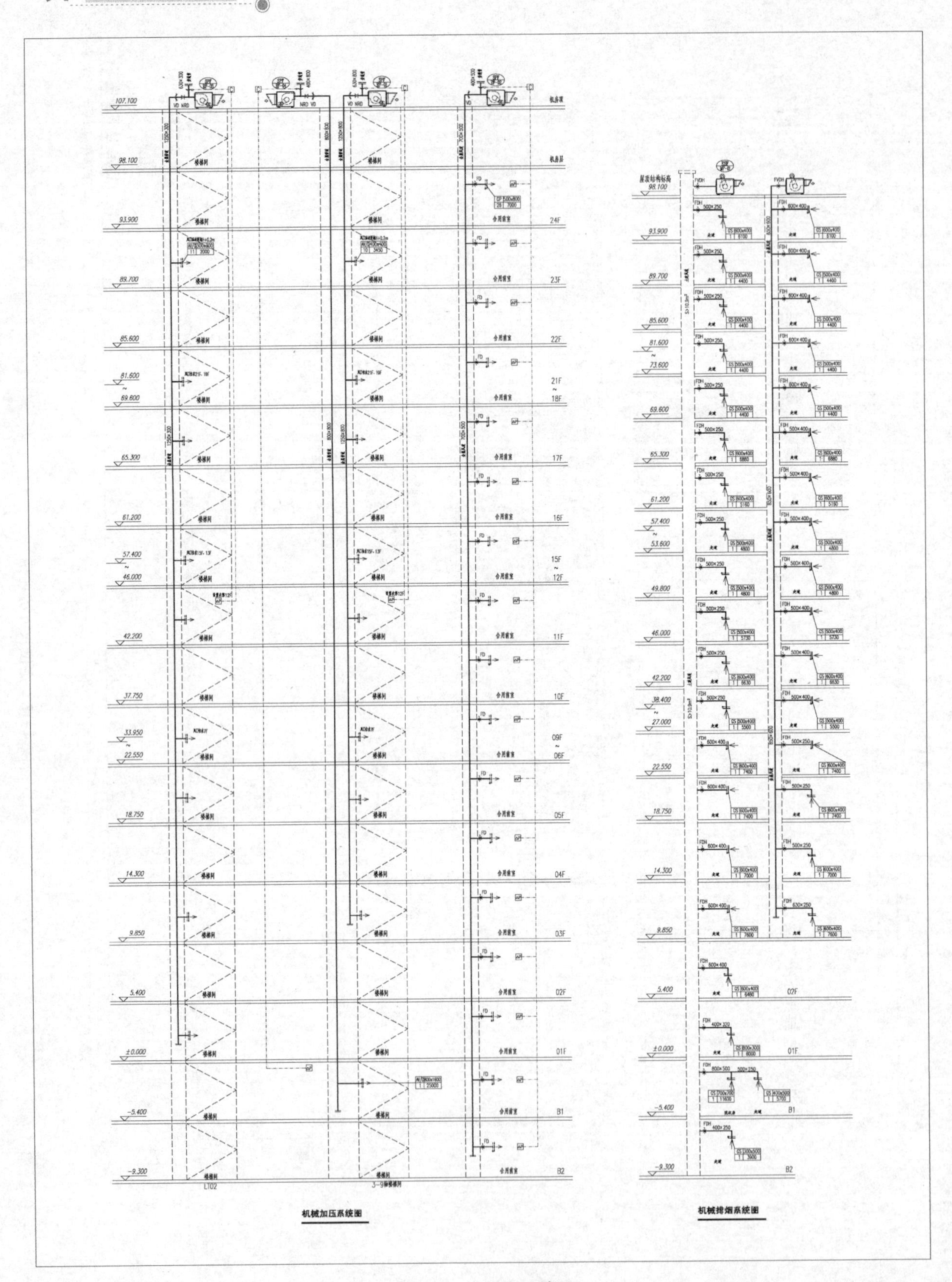

图 4-16　防排烟系统图

第5章

空调系统设计基础知识和绘图实例

- 5.1 训练目标
- 5.2 知识模块
- 5.3 任务实例
- 5.4 教学方法
- 5.5 训练小结

本章导读

知识目标

★ 熟悉空调系统分类和组成

★ 掌握空调系统设计方法

★ 掌握空调系统绘图方法

能力目标

★ 能根据项目特征正确选择空调系统

★ 能独立完成整套空调系统设计绘制工作

5.1 训练目标

与空调系统设计相关的专业课程通常有:供热工程、锅炉房工艺与设备、制冷技术、空气调节、工业通风、流体输配管网、燃气输配、建筑设备自动化等。学生在完成这些专业课程的学习后,应该已掌握了从事空调系统设计的基本专业知识。

在本章中,结合学生已学习的专业课程,对空调系统设计所涉及的专业基础知识,进行简要的回顾及概述,作为本书其后篇章的铺垫。通过学习空调系统施工图设计绘制实例,熟悉并遵守国家相关设计标准和制图标准的基本规定,学会正确使用计算机绘图软件、工具和仪器,掌握计算机绘图的基本方法与技巧。

在熟悉空调系统的基本专业知识和基本设计技能的基础上,学生可以进行初步的设计制图操作训练。在逐步深入了解和熟悉空调系统设计制图的基本方法、图样画法、尺寸标注等规定的基础上,由浅入深地进行设计绘图技能的操作训练,注意作图的规范性、准确性和完整性,并最终完成设计文件的编制。设计图纸是指导通风系统安装及施工安装必不可少的依据性文件资料,通过本章的学习,让学生形成认真负责的工作态度和严谨细致的设计风格。在工程设计的实践与训练中,学生如遇到技术问题或困难,可查找或复习已学习过的相关专业课程,巩固专业基础知识,才能不断提高自身的专业技术水平,做好空调系统的设计工作。

5.2 知识模块

5.2.1 空调系统分类及组成

空调系统是更高级的机械通风方式,既要保证送进室内空气温度和洁净度,同时还要保持一定的干湿度和速度的设施。

(1) 空调系统的分类

① 按集中程度分:集中、局部、混合式的空调系统;

② 按热湿负荷介质分:全空气式、水—空气式、全水式、制冷剂式的空调系统;

③ 按功能要求分:恒温恒湿、净化、除湿和一般舒适性空调系统;

④ 按使用新风量分:直接式、部分回风式、全部回风式的空调系统;

⑤ 按风管流速分:高速、低速空气调节系统。

(2) 空调系统的组成

① 通风管道及部件:通风管道、管件、部件等;

② 制冷管道及附件:给水管、回水管、阀门等;

③ 通风设备:通风机、加热、加湿、过滤器等;

④ 制冷设备:压缩机、交换、蒸发、冷凝器等。

(3) 空调系统的类型与构成(图 5-1)

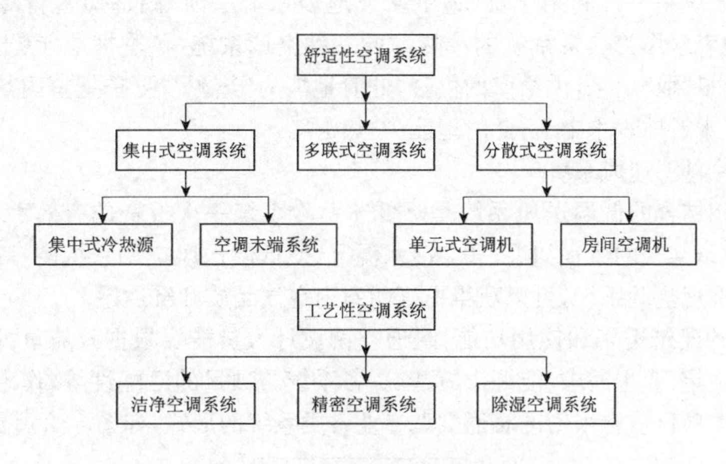

图 5-1　空调系统的类型与构成

5.2.2　冷暖空调系统

采用不同的空调设备和冷热源可以构成不同的空调系统，下面简单地加以说明。

(1) 水冷冷水机组＋锅炉＋空调机组

可以组成集中式和半集中式空调系统，这是国内目前应用最广的一种空调系统和冷热源组合。

水冷冷水机组有往复式、螺杆式、离心式、涡旋式。不同的形式，冷水机组与冷却塔、水泵构成了空调冷源系统。

锅炉则有燃煤、燃气、燃油锅炉，或常压热水机组、真空热水机组。

空调机组，可以是风机盘管、柜式空调机组和组合式空调机组。

(2) 空气源热泵冷热水机组＋空调机组

可以组成集中式和半集中式空调系统，例如户式中央空调即是这种系统。

风冷冷热水机组有往复式、螺杆式、涡旋式几种不同的形式，冷水机组与水泵构成了空调冷热源系统。

空调机组，可以是风机盘管、柜式空调机组和组合式空调机组。

(3) 多联机或多联变频变冷媒流量热泵系统(VRF 系统)

多联机中央空调是中央空调的一个类型，俗称“一拖多”，指一台室外机通过配管连接两台或两台以上室内机，室外侧采用风冷换热形式、室内侧采用直接蒸发换热形式的一次制冷剂空调系统。多联机系统虽然都是源于日本大金公司的 VRV 系统，但是各制造厂又有所发展和改进，目前在中小型建筑和部分公共建筑中得到日益广泛的应用。

(4) 直燃式溴化锂冷水机组＋空调机组

可以组成集中式和半集中式空调系统。直燃式溴化锂冷热水机组有燃油式、燃气式几种不同的形式，夏季提供冷水、冬季提供热水，冷热水机组与冷却塔、水泵构成了空调冷热源系统。

空调机组，可以是风机盘管、柜式空调机组和组合式空调机组。

(5) 地源热泵空调系统

地源热泵系统是一种利用土壤、地下水或地表水(江、河、湖、海)进行冷热交换,将土壤、地下水或地表水作为热泵系统的冷热源的一种空调系统,冬季把地能(土壤、地下水或地表水)中的热量“取”出来,供给室内供暖,此时地能为“热源”;夏季把室内热量取出来,释放到土壤、地下水或地表水中去,此时地能为“热汇”。

(6) 冰蓄冷低温送风系统

与冰蓄冷相结合的低温送风系统是降低冰蓄冷系统一次投资的有效手段,4℃～10℃的送风温度,2℃～4℃的冷水初温,10℃冷水温升,使低温送风空调系统的一次投资和运转费用明显低于常规空调系统,可以获得更好的室内空气品质和舒适感。

对于不同的建筑类别和使用功能,暖通空调设计人员需要根据政府审批部门要求、设计规范及标准规定、业主需求、能源供应情况、各系统与项目的匹配性等,作出“技术与经济比较”后,确定本项目适合采用的暖通空调专业各类系统的形式,如图 5-2 所示:

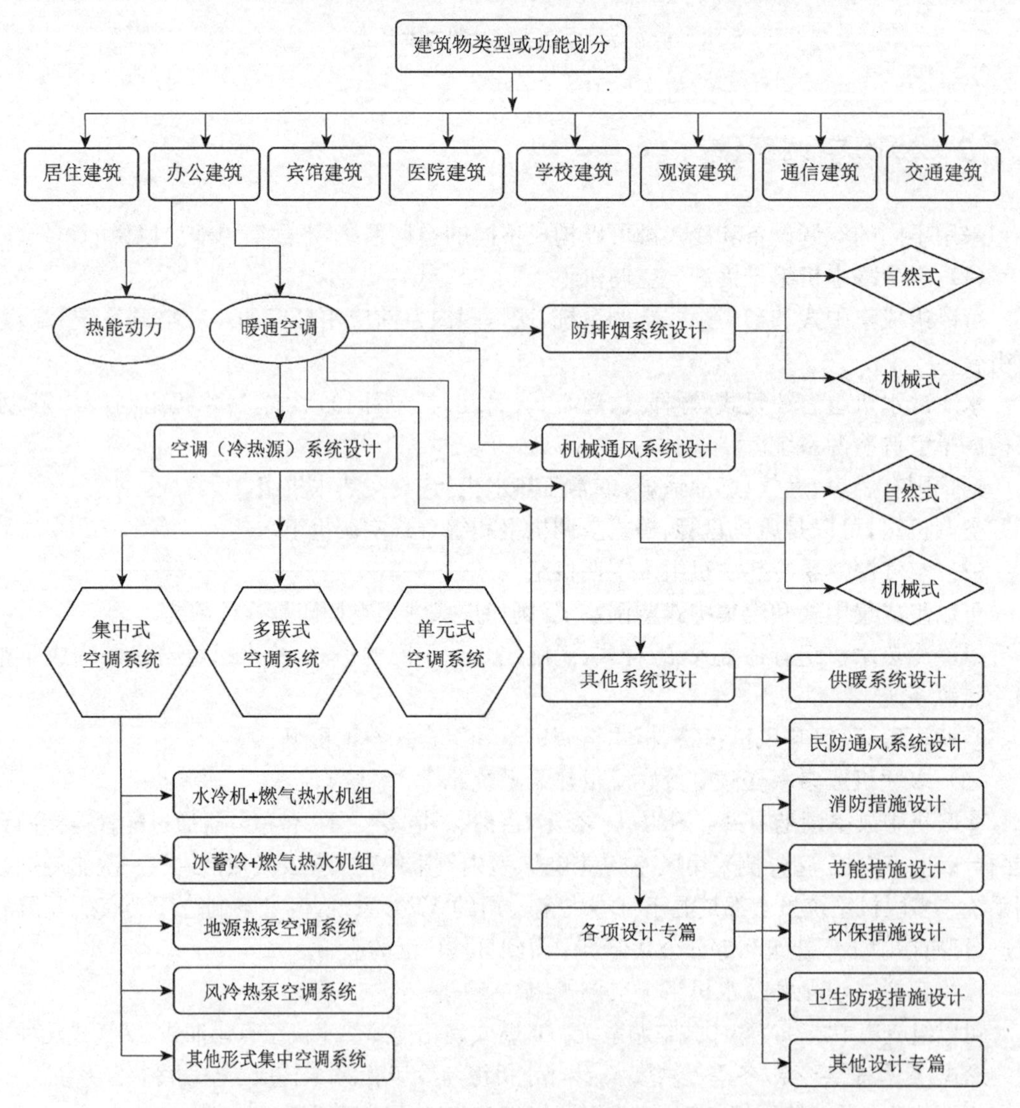

图 5-2 根据建筑类别和使用功能确定暖通空调各类系统的形式

5.3 任务实例

5.3.1 某办公楼空调末端系统

(1) 收到建筑提资图纸:这是一个高层办公楼建筑项目。先收到建筑专业提供的施工图阶段平面资料图,以“标准层平面图”为例,作为暖通空调专业下一步设计的基础(图 5-3)。

(2) 处理建筑提资图纸:在建筑平面资料图上,保留轴线及尺寸、轴号、结构立柱、墙线、门窗线、房间名称等基本信息,删除多余的信息或关闭相关的图层,处理后的建筑平面资料图一般也称之为“建筑底版图”,在其上绘制暖通空调专业的设计内容(图 5-4)。

(3) 标注简要计算结果:在已处理好的建筑底版图上,将各个功能房间编号,一般从左上角开始按顺时针方向经由右上角、右下角、左下角一直编至左侧,如“301”代表第 3 楼层首个房间(位于建筑物该楼层的左上角),采用软件计算每个房间的空调夏季冷负荷、冬季热负荷和新风量,并将各房间的最大计算负荷、新风量对应标注在该房间位置的表格内,作为空调末端机组选型的依据;由于该计算结果表格仅在设计绘图的过程使用,所以应单独设置图层,以便在正式出图时可以关闭该图层(图 5-5)。

(4) 布置设备及编号:根据先前各个房间的计算结果,选型及布置空调末端机组,以“风机盘管”为例,并编号如“FCU－01”,仍然从左上角房间的风机盘管开始编号(图 5-6)。

(5) 绘制空调风系统并标注风管规格:从“新风机房”(在本例中位于建筑“核心筒”内)开始,循序绘制新风空调机组进风侧、出风侧的连接风管,送风总管、送风分支管和房间送新风支管,直至送新风口;绘制空调末端机组(在本例中为“风机盘管”)的连接风管和回风口、送风口(百叶风口或散流器等);在绘制风管的同时,每画一段风管就接着标注该段风管的规格及风管的底面标高,如“800 * 320”就表示该段矩形风管的宽度为 800 mm,高度为 320 mm;标注空调末端机组的连接风管规格(图 5-7)。

(6) 绘制空调水系统:从“新风机房”(在本例中位于建筑“核心筒”内)的空调水立管开始,循序绘制空调供水、空调回水、空气冷凝水的水平干管、分支管和支管,以及各类阀件等,直至新风空调机组和空调末端机组(在本例中为“风机盘管”)的水管接口(图 5-8)。

(7) 标注空调风系统:循序标注各类风口的规格表,每个种类、每个规格只需要标注一个“风口规格表”即可,并注明同类型同规格的风口数量(图 5-9)。

(8) 标注空调水系统:从总干管向支管,循序标注空调供水管、回水管、空气冷凝水管的规格,例如“DN50”表示该段水管的公称直径为 50 mm(图 5-10)。

(9) 标注定位尺寸:标注设备、风管、风口等的定位尺寸,最后“成图”,完成空调平面图的绘制工作;后续可根据平面图,绘制空调及通风的风系统图、空调水系统轴侧图、剖面大样图和空调(新风)机房详图等(图 5-11)。

5.3.2 某办公楼空调冷源系统

(1) 绘制空调冷源系统流程图:根据需空调供冷建筑物的夏季逐时逐项空调总冷负荷计算书,选择作为冷源主机的冷水机组(本例为“水冷螺杆式电动冷水机组”)和辅机,并先行绘制空调冷源系统流程图,理清冷源系统各类主机、辅机设备的组成,以及设备之间各类空调水管道的连接方式,阀门及各类阀件在管道上的设置位置,作为下一步绘制空调冷源主机房详图的基础(图 5-12)。

(2) 收到建筑提资图纸:先收到建筑专业提供的施工图阶段平面资料图,空调冷源主机房通常位于地下室,因此暖通空调专业收到的建筑提资图,一般是涵盖该主机房的完整地下室平面图、剖面图,需要将主机房部分从地下室的建筑“大平面图”上截取出来,作为绘制主机房暖通空调专业详图的基础(图 5-13)。

(3) 处理建筑提资图纸:在截取后的主机房建筑平面资料图上,保留轴线及尺寸、轴号、结构立柱、墙线、门窗线、房间名称等基本信息,删除多余的信息或关闭相关的图层,处理后的建筑平面资料图一般也称之为“建筑底版图”,在其上绘制主机房暖通空调专业的设计内容(图 5-14)。

(4) 绘制空调冷源主机房设备平面图:根据所选择的冷源主机(本例为“水冷螺杆式电动冷水机组”)和辅机,绘制空调冷源主机房的设备布置平面图,并标注设备代号、编号、几何尺寸及定位尺寸,通常采用 1∶50 放大详图的绘制方法(图 5-15)。

(5) 绘制空调冷源主机房管道平面图:根据上述已布置定位的冷源主机(本例为“水冷螺杆式电动冷水机组”)和辅机,绘制连接这些设备的各类空调水管道、阀门及阀件平面图,并标注管道规格及标高,通常采用 1∶50 放大详图的绘制方法(图 5-16)。

(6) 绘制空调冷源主机房向土建提资平面图:根据上述已布置定位的冷源主机和辅机,绘制设备基础、排水沟、预留孔、预埋件等内容,并标注基础、留孔等的几何尺寸及定位尺寸,作为向建筑专业和结构专业提资的文件,通常采用 1∶50 放大详图的绘制方法(图 5-17)。

(7) 绘制空调冷源主机房附件制作大样图:空调冷源主机房内除了选用定型产品的主机、辅机、附件、管道、阀门及阀件等,还会有少量根据各项目不同情况而需要定制或加工的附件,如本图所示的“分(集)水器”,可以参考相应的国家或地方标准图集,根据本项目的具体需求绘制,通常采用 1∶10、1∶20 或 1∶30 大样图的绘制方法(图 5-18)。

5.3.3 某办公楼空调热源系统

(1) 绘制空调热源系统流程图:根据需空调供暖建筑物的冬季空调总热负荷计算书,选择作为热源主机的热水机组(本例为“燃气型真空热水机组”)和辅机,并先行绘制空调热源系统流程图,理清热源系统各类主机、辅机设备的组成,以及设备之间各类空调水管道的连接方式,阀门及各类阀件在管道上的设置位置,作为下一步绘制空调热源主机房详图的基础(图 5-19)。

(2) 收到建筑提资图纸：先收到建筑专业提供的施工图阶段平面资料图，空调热源主机房通常位于地下室，所以暖通空调专业收到的建筑提资图，一般是涵盖该主机房的完整地下室平面图、剖面图，需要将主机房部分从地下室的建筑“大平面图”上截取出来，作为绘制主机房暖通空调专业详图的基础(图 5-20)。

(3) 处理建筑提资图纸：在截取后的主机房建筑平面资料图上，保留轴线及尺寸、轴号、结构立柱、墙线、门窗线、房间名称等基本信息，删除多余的信息或关闭相关的图层，处理后的建筑平面资料图一般也称之为“建筑底版图”，在其上绘制主机房暖通空调专业的设计内容(图 5-21)。

(4) 绘制空调热源主机房设备平面图：根据所选择的热源主机(本例为“燃气型真空热水机组”)和辅机，绘制空调热源主机房的设备布置平面图，并标注设备代号、编号、几何尺寸及定位尺寸，通常采用 1∶50 放大详图的绘制方法(图 5-22)。

(5) 绘制空调热源主机房管道平面图：根据上述已布置定位的热源主机(本例为“燃气型真空热水机组”)和辅机，绘制连接这些设备的各类空调水管道、阀门及阀件平面图，并标注管道规格及标高，通常采用 1∶50 放大详图的绘制方法(图 5-23)。

(6) 绘制热水机组烟风道平面图：根据上述已布置定位的热水机组，绘制连接各台热水机组(本例为“燃气型真空热水机组”)的燃烧后烟气的排烟风管及烟囱布置平面图，通常采用 1∶50 放大详图的绘制方法(图 5-24)。

(7) 绘制空调热源主机房向土建提资平面图：根据上述已布置定位的热源主机和辅机，绘制设备基础、排水沟、预留孔、预埋件等内容，并标注基础、留孔等的几何尺寸及定位尺寸，作为向建筑专业和结构专业提资的文件，通常采用 1∶50 放大详图的绘制方法(图 5-25)。

5.4　教学方法

具体教学设计见表 5-1。

表 5-1　教学设计

教学方法	主要采用计算机软件、多媒体与课程紧密结合的教学方法
教师安排	具有丰富工程设计实践经验和丰富教学经验，能够运用多种教学方法和教学媒体的专职教师 1 名
教学地点	计算机教室和多媒体教室
评价与考核方式	学生自评；教师评价；结果考核

5.5　训练小结

学生开始学习空调系统设计的前提，是需要掌握扎实的专业基础知识。本课程具有很强的实践性，但设计实践的基础应以良好的专业技术水平作为强大的支撑，需要学生具备对暖通空调专业各类系统的计算、分析、比较和选择的能力。因此，复习及巩固专业基础知识，在本课程中仍然是十分必要的。

在此基础上，必须加强实践性教学环节，强调培养学生的实际操作能力，在熟悉计算机绘图软件及常用命令、工具的前提下，保证认真地完成一定数量的上机作业和习题，并将学习制图标准的有关规定、初步的专业知识、训练绘图技能，与培养空间想象能力、读图能力和绘图技巧紧密结合。

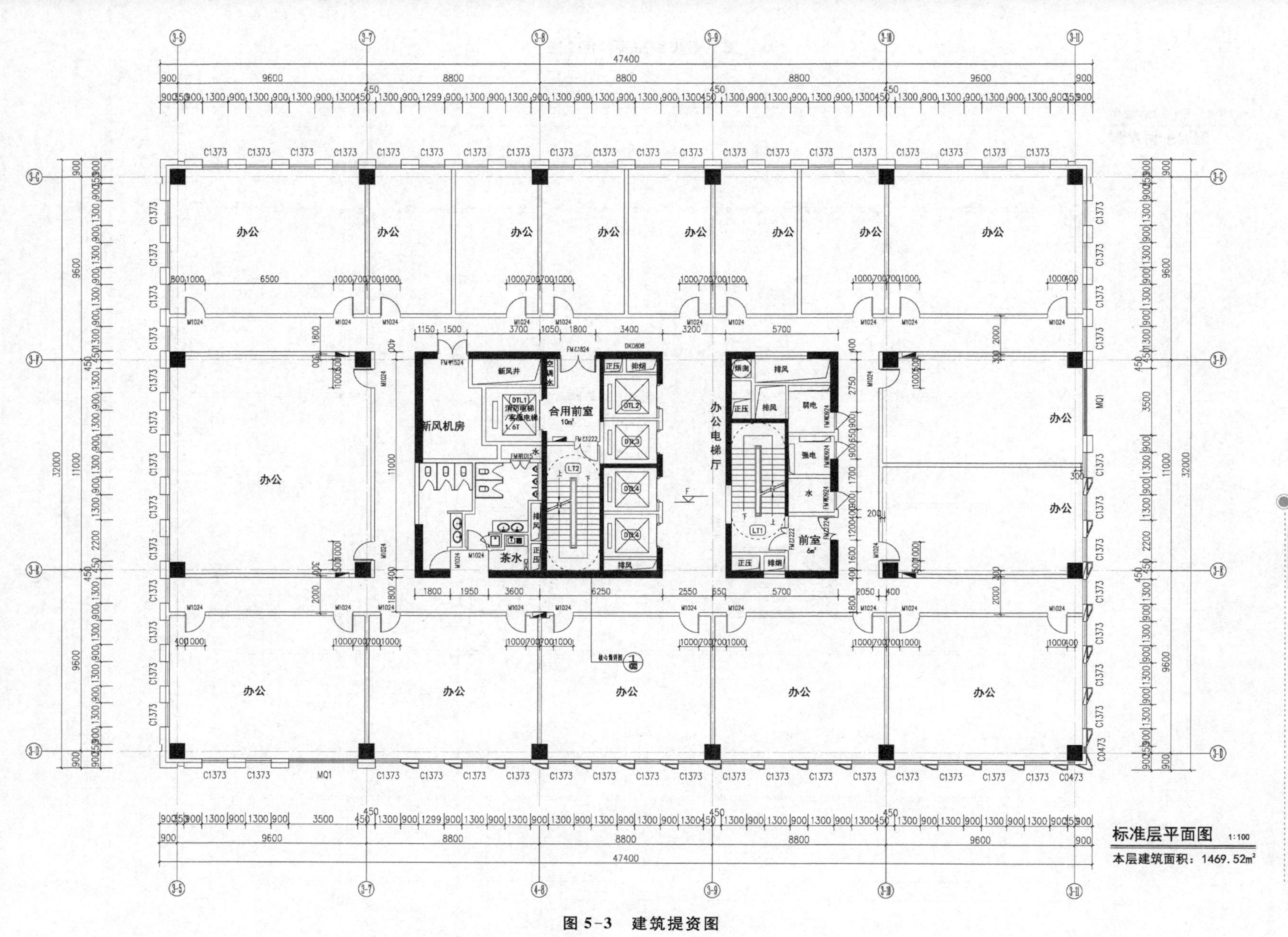

标准层平面图 1:100
本层建筑面积：1469.52m²
办公
办公电梯厅
合用前室
新风机房
新风井
茶水
前室
排风
排烟
正压
弱电
强电
47400
32000

图 5-3　建筑提资图

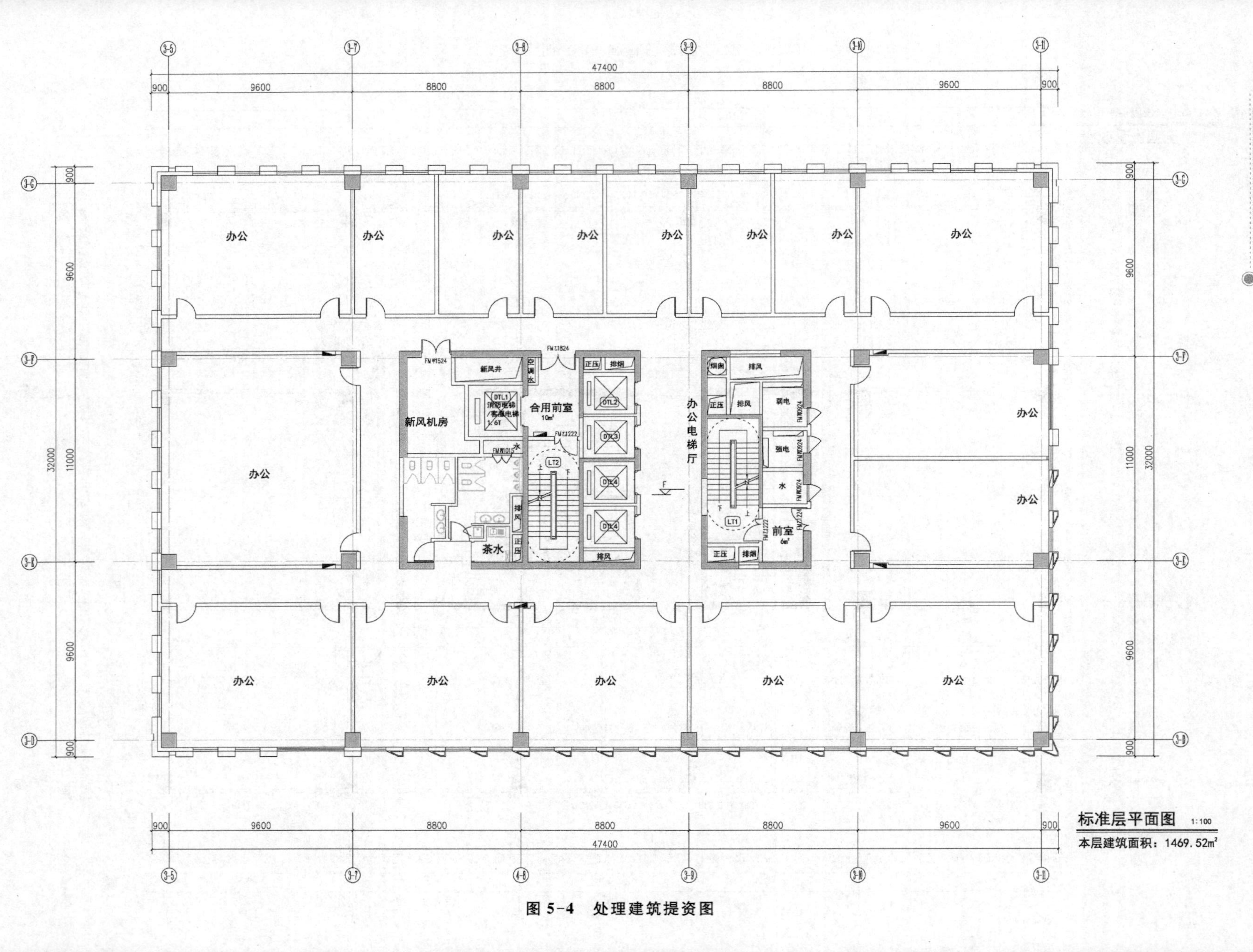
47400
900
9600
8800
8800
8800
9600
900
32000
11000
办公
新风机房
新风井
合用前室
10m²
茶水
办公电梯厅
前室
6m²
排风
排烟
正压
强电
弱电
水
标准层平面图 1:100
本层建筑面积：1469.52m²

图 5-4　处理建筑提资图

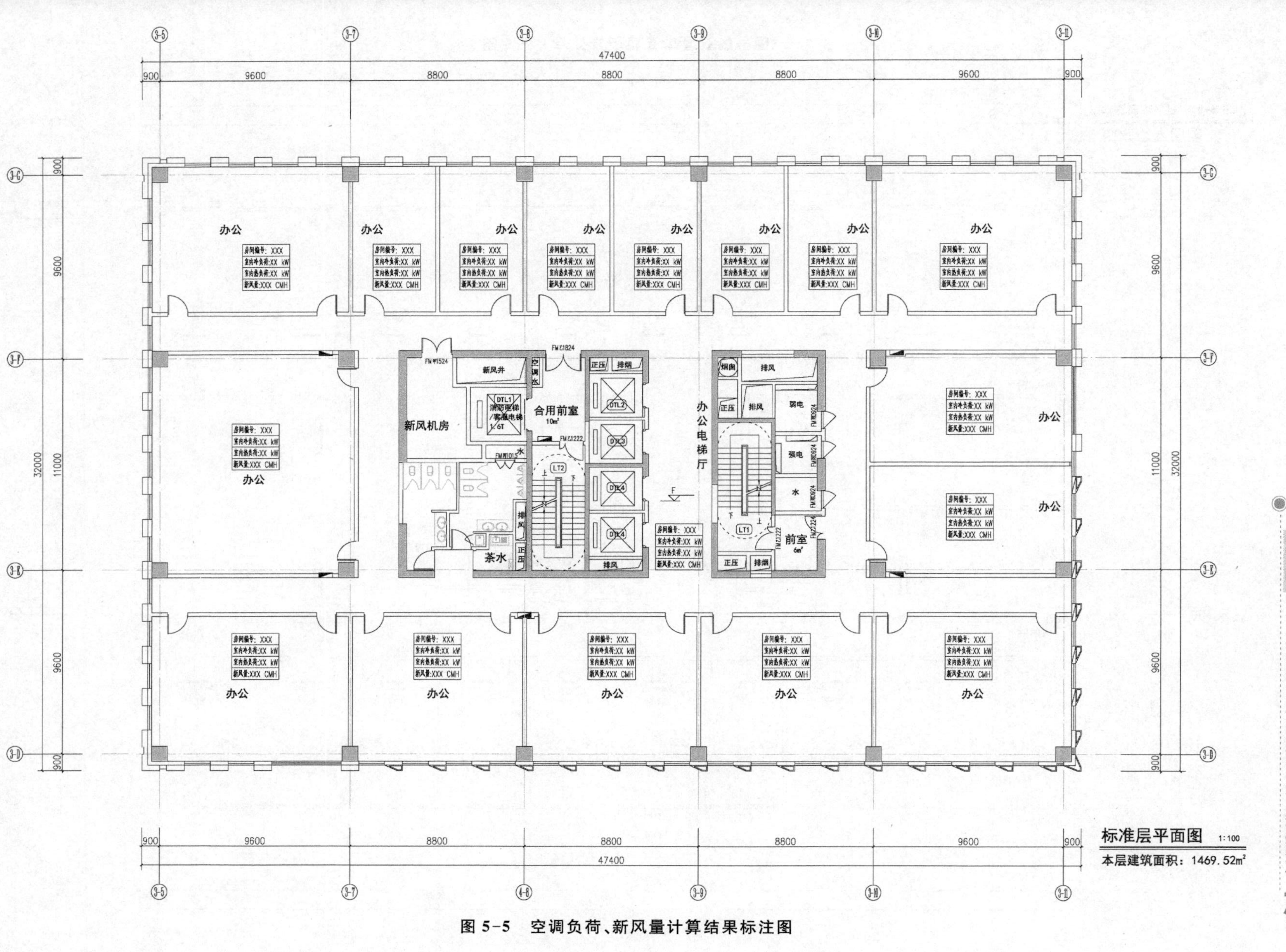

图 5-5　空调负荷、新风量计算结果标注图

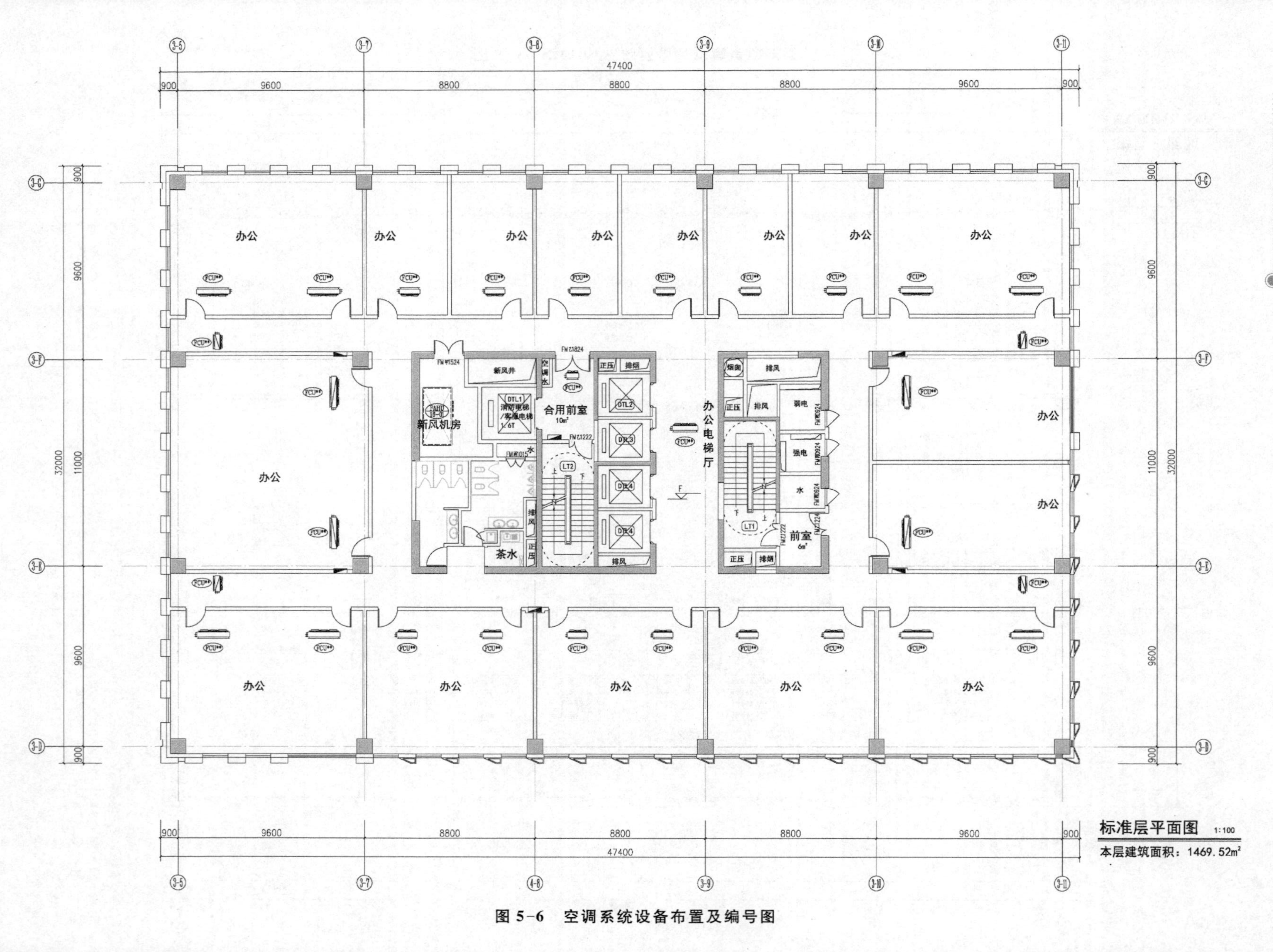

图 5-6 空调系统设备布置及编号图

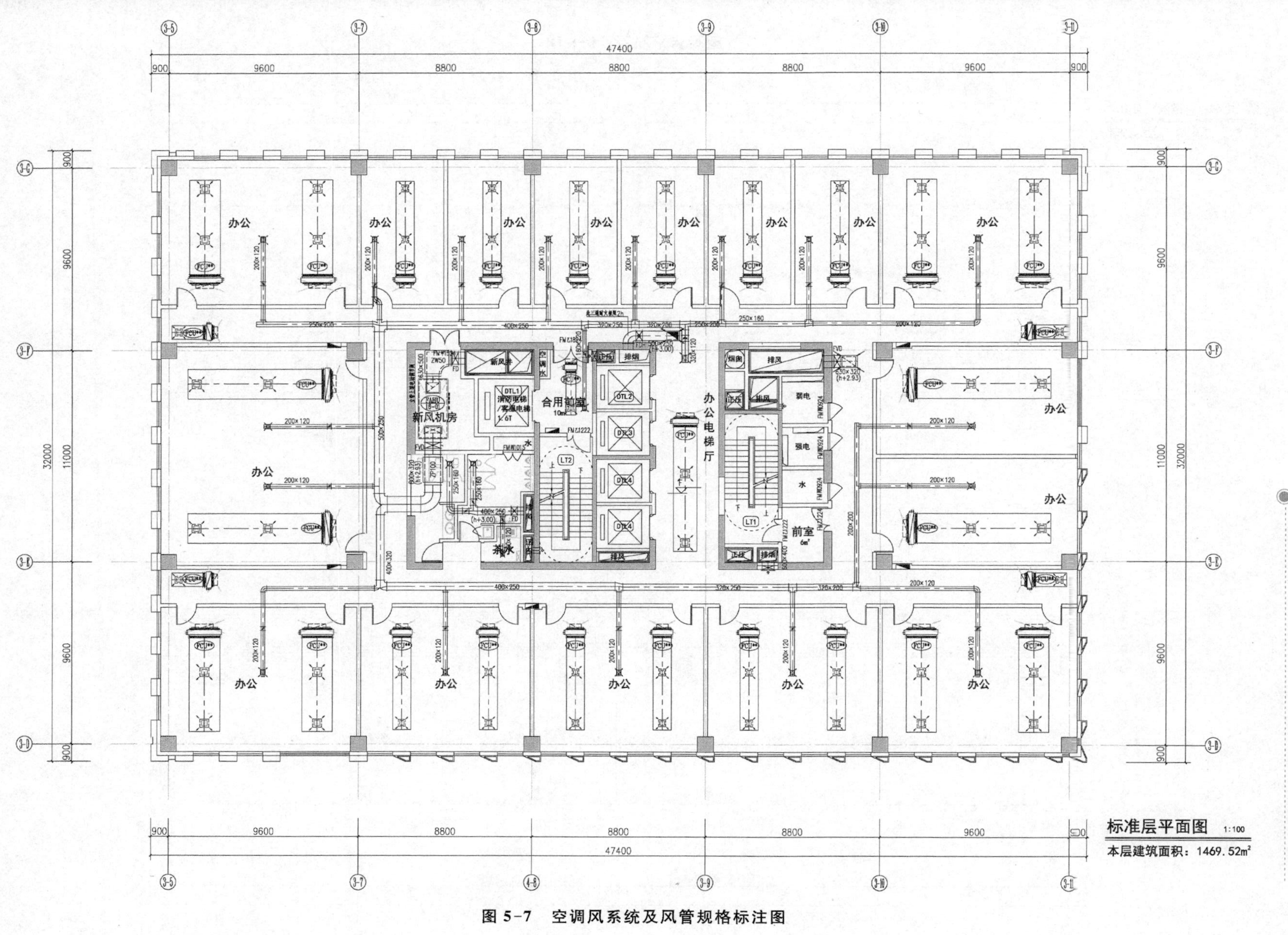

图 5-7　空调风系统及风管规格标注图

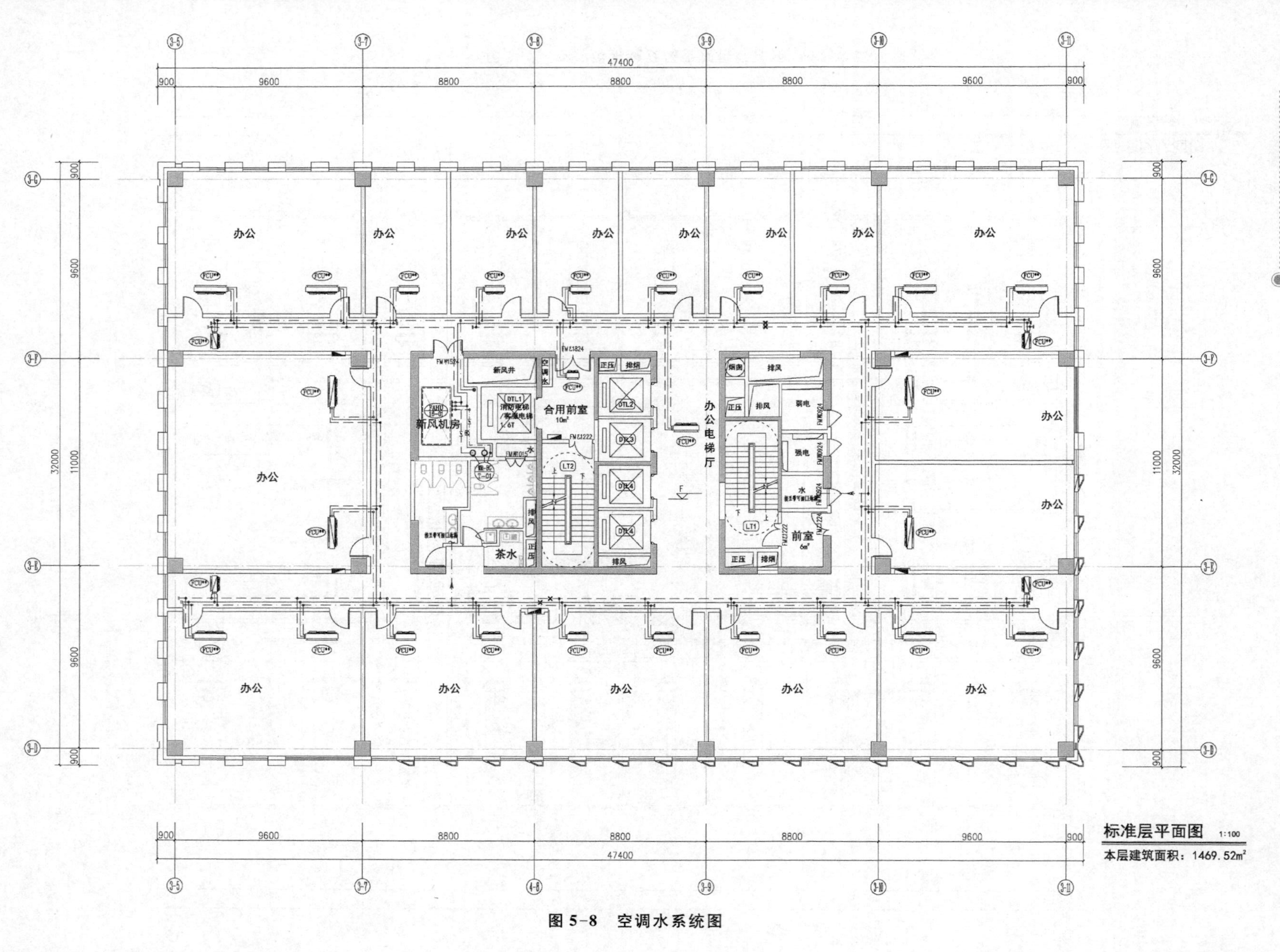
47400
900
9600
8800
8800
8800
9600
900
32000
11000
办公
合用前室
新风机房
新风井
空调水
茶水
办公电梯厅
前室
排风
排烟
正压
弱电
强电
标准层平面图 1:100
本层建筑面积：1469.52m²

图 5-8 空调水系统图

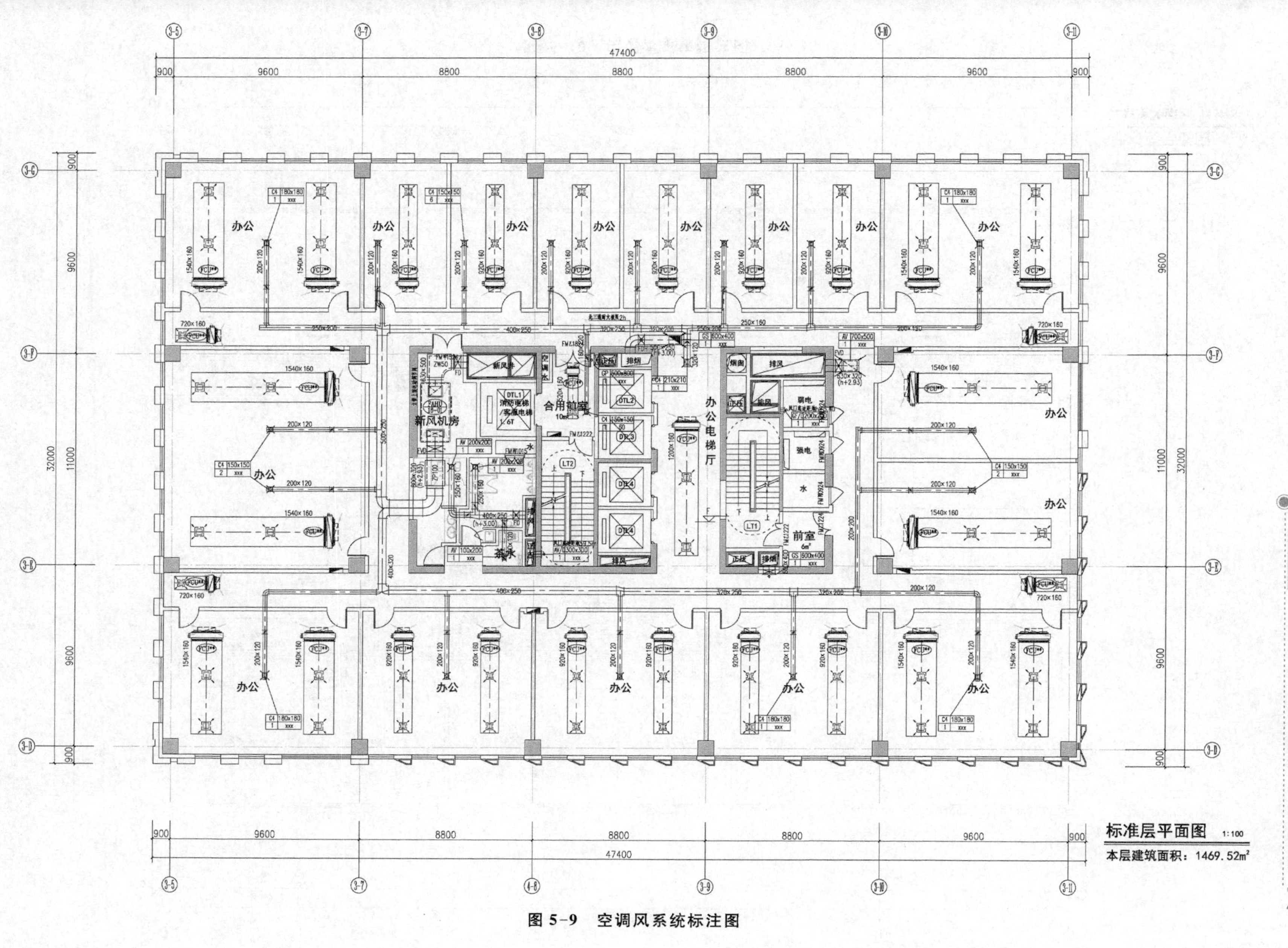

图 5-9　空调风系统标注图

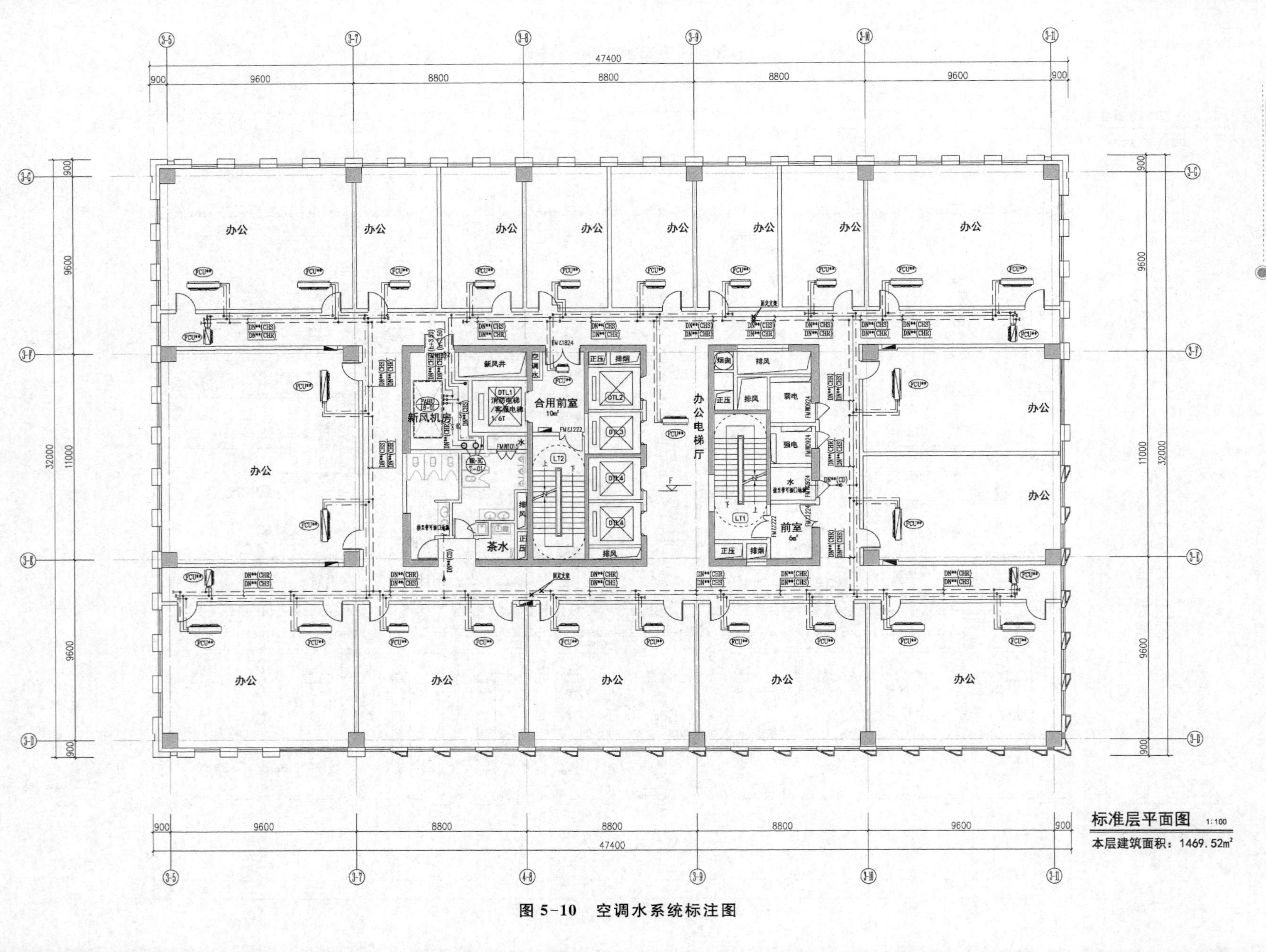

图 5-10　空调水系统标注图

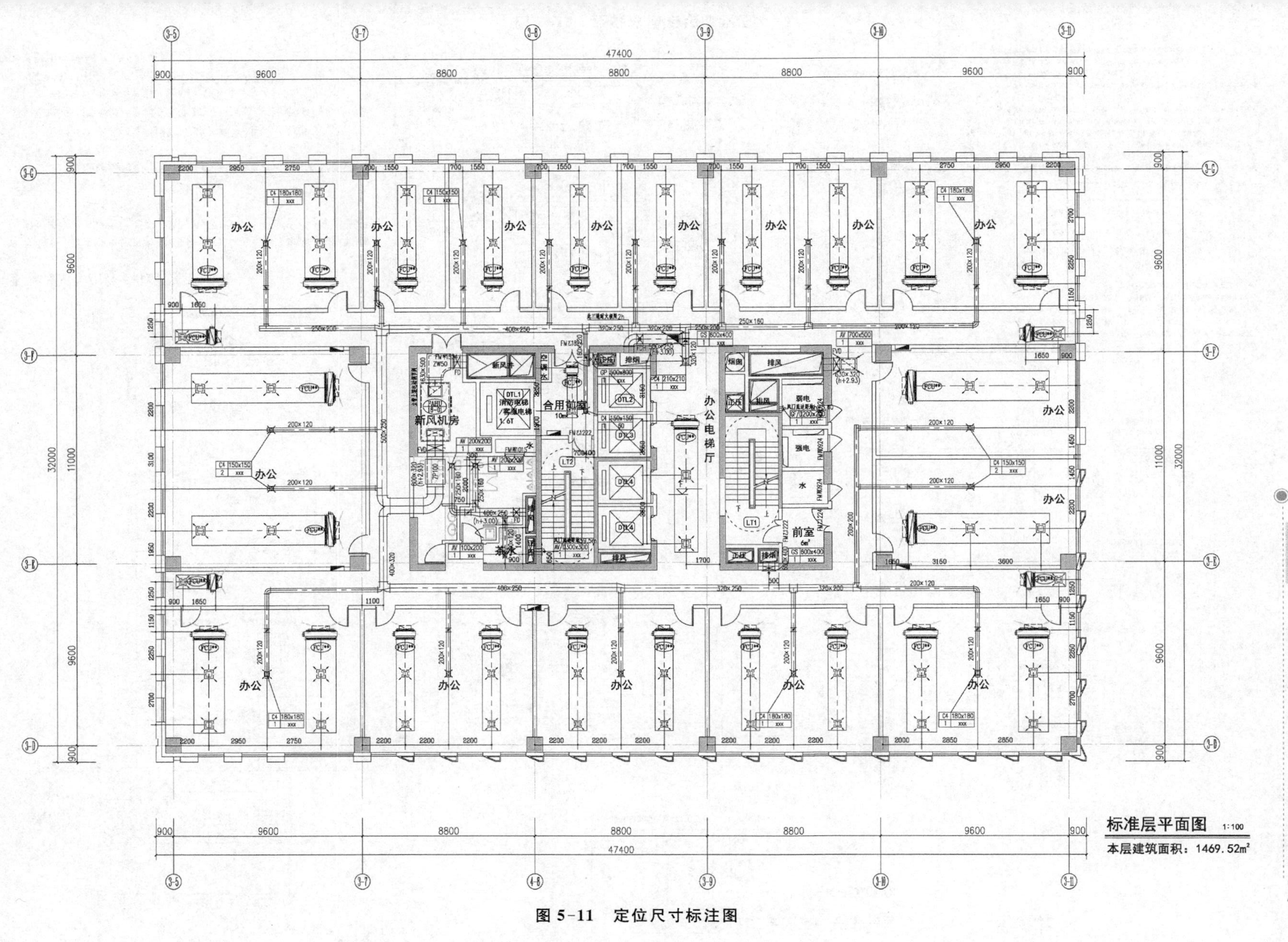

图 5-11 定位尺寸标注图

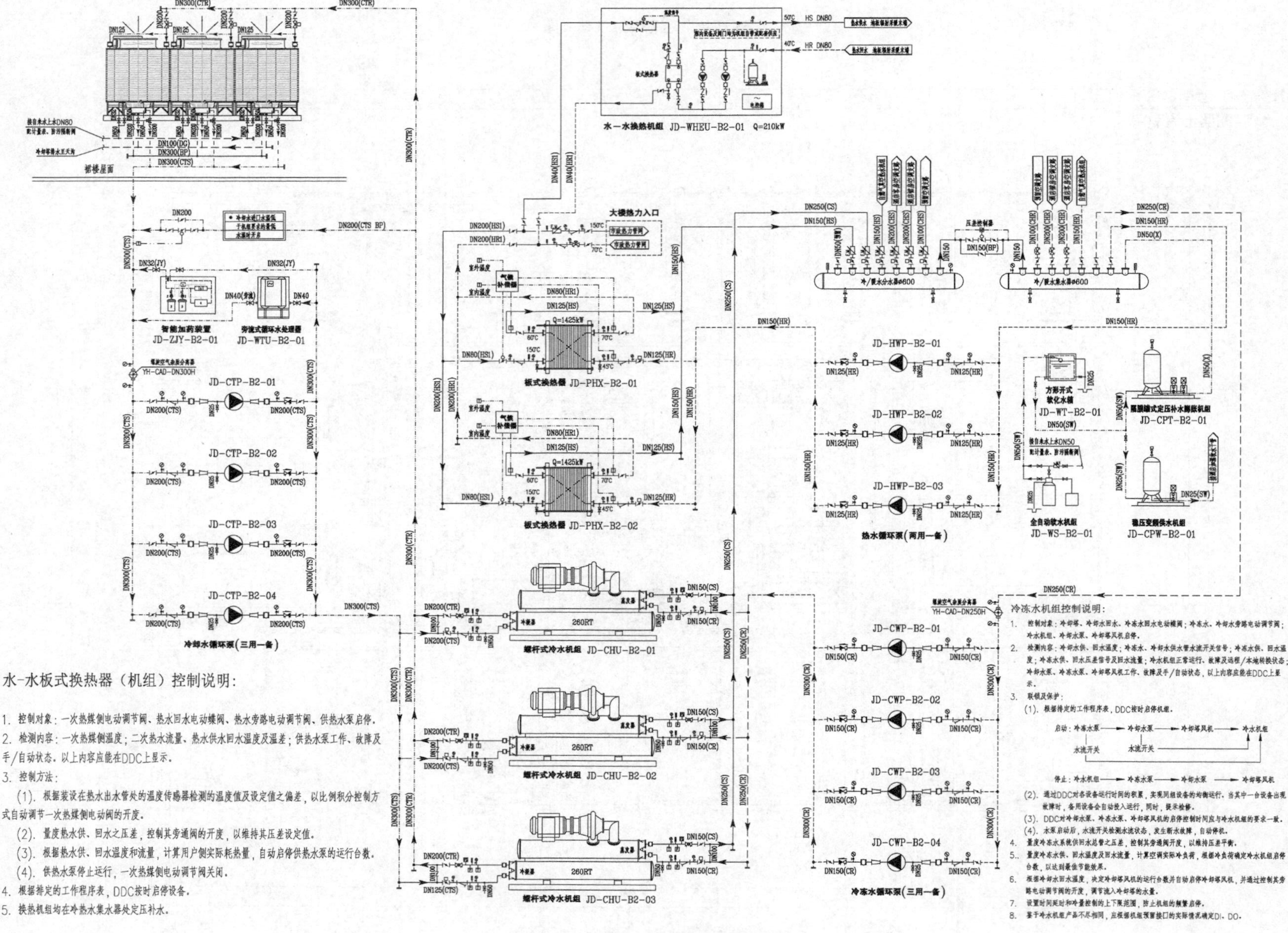

图 5-12　空调冷源系统流程图

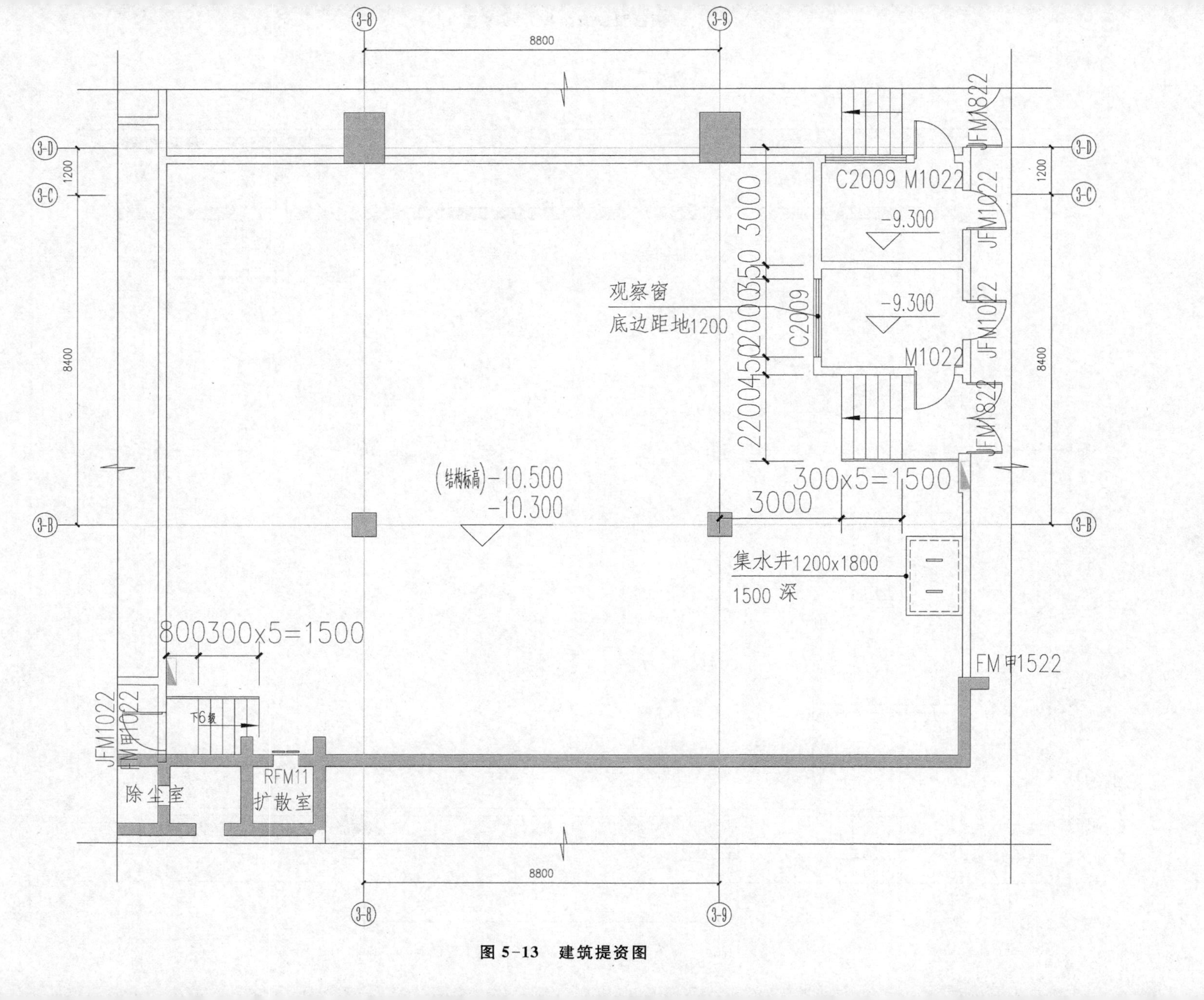

3-8
3-9
3-D
3-C
3-B
8800
8400
1200
JFM1822
C2009 M1022
JFM1022
-9.300
2200450200050 3000
观察窗
底边距地1200
C2009
M1022
(结构标高)-10.500
-10.300
300x5=1500
3000
集水井1200x1800
1500 深
800300x5=1500
FM甲1522
JFM1022
FM甲1022
下6级
RFM11
除尘室
扩散室

图 5-13 建筑提资图

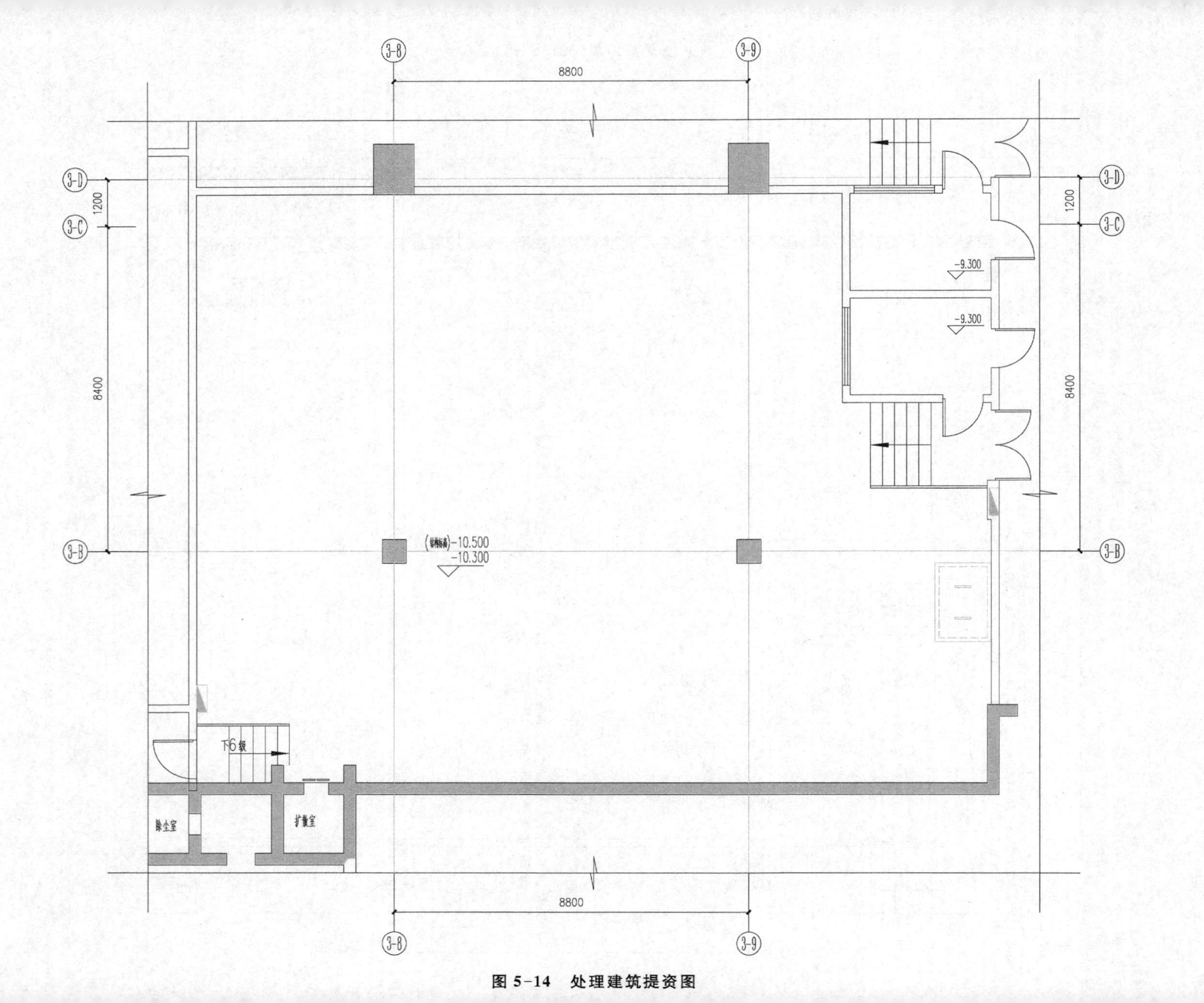

图 5-14　处理建筑提资图

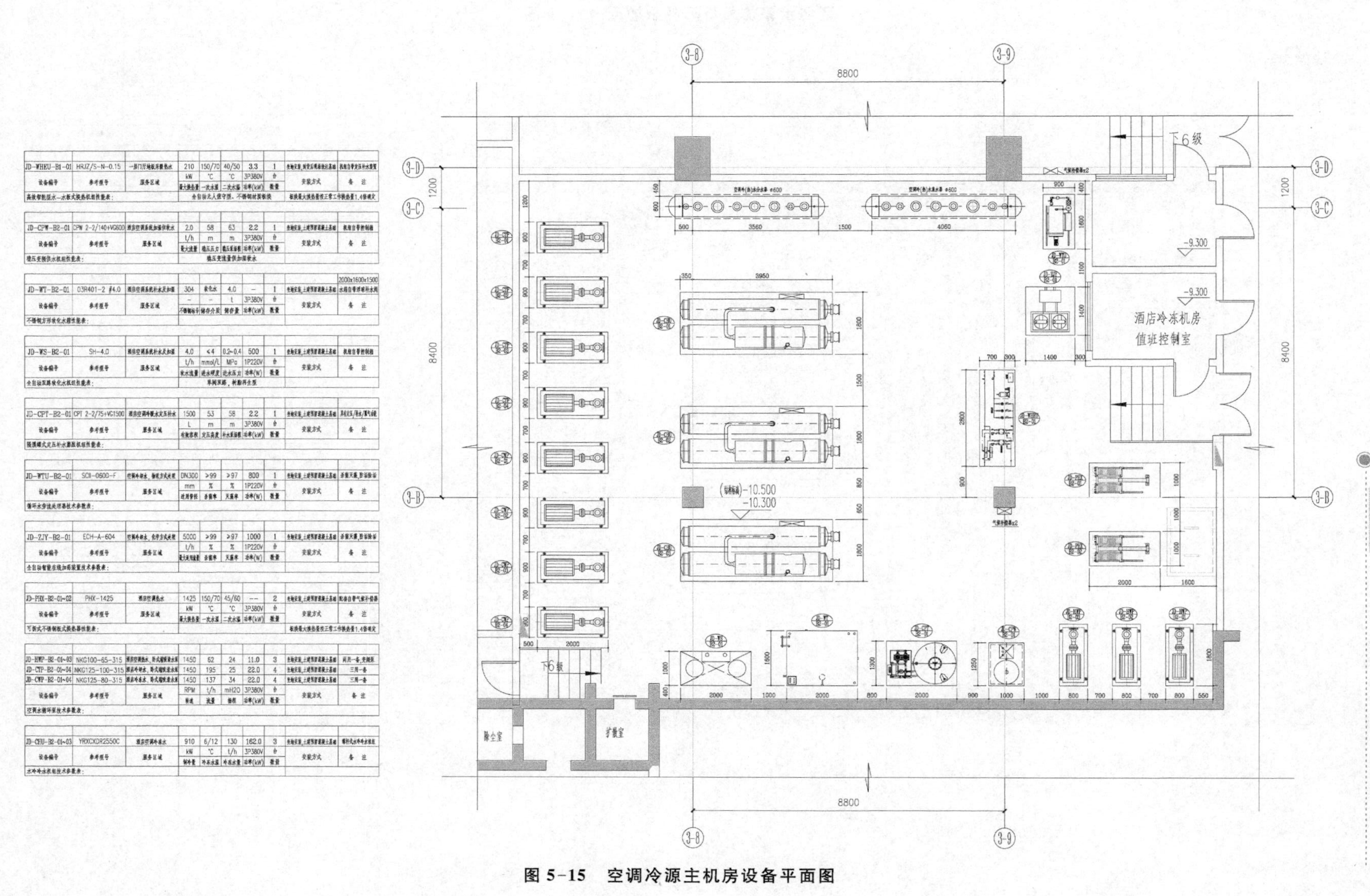

图 5-15　空调冷源主机房设备平面图

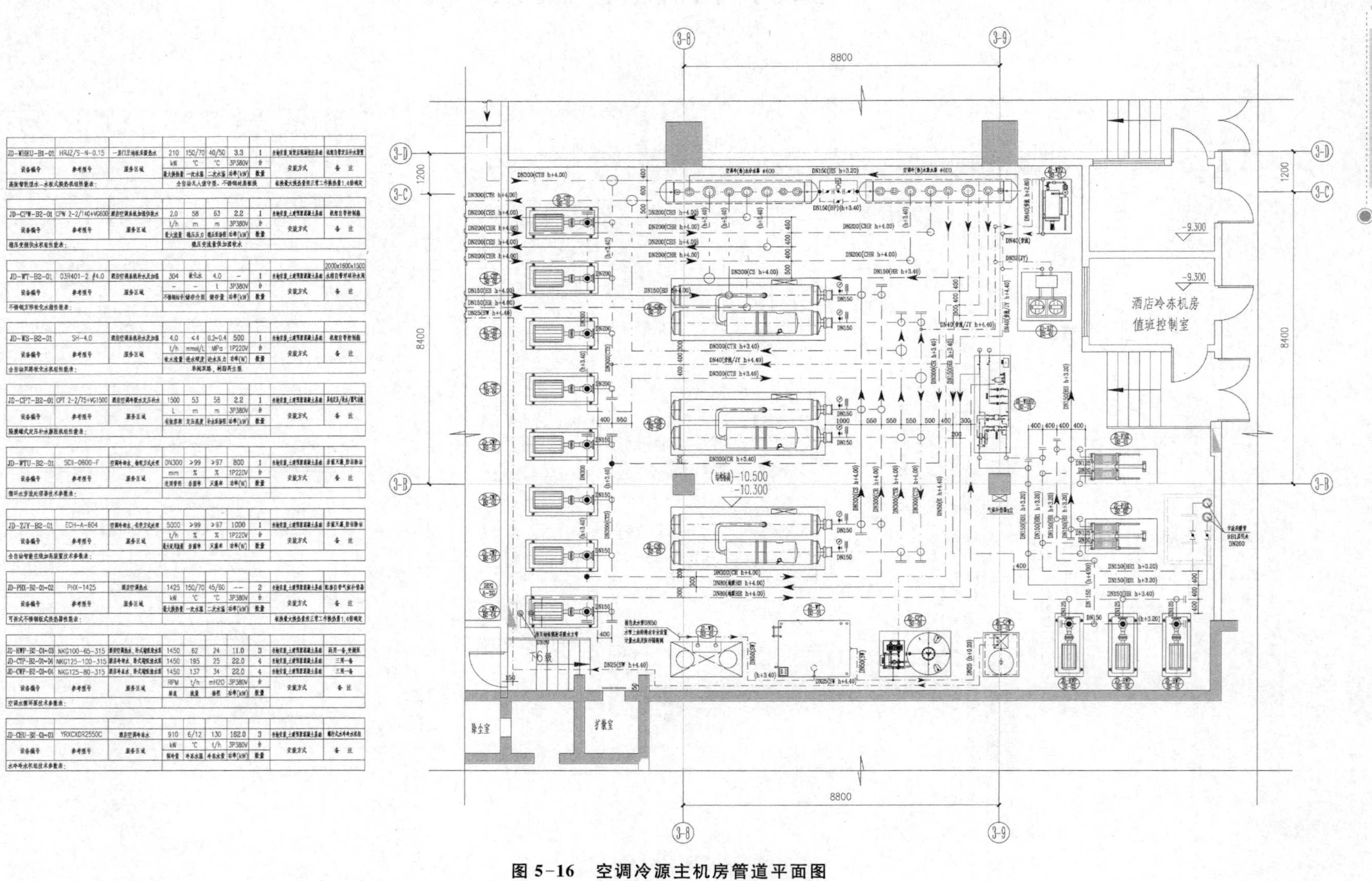

图 5-16　空调冷源主机房管道平面图

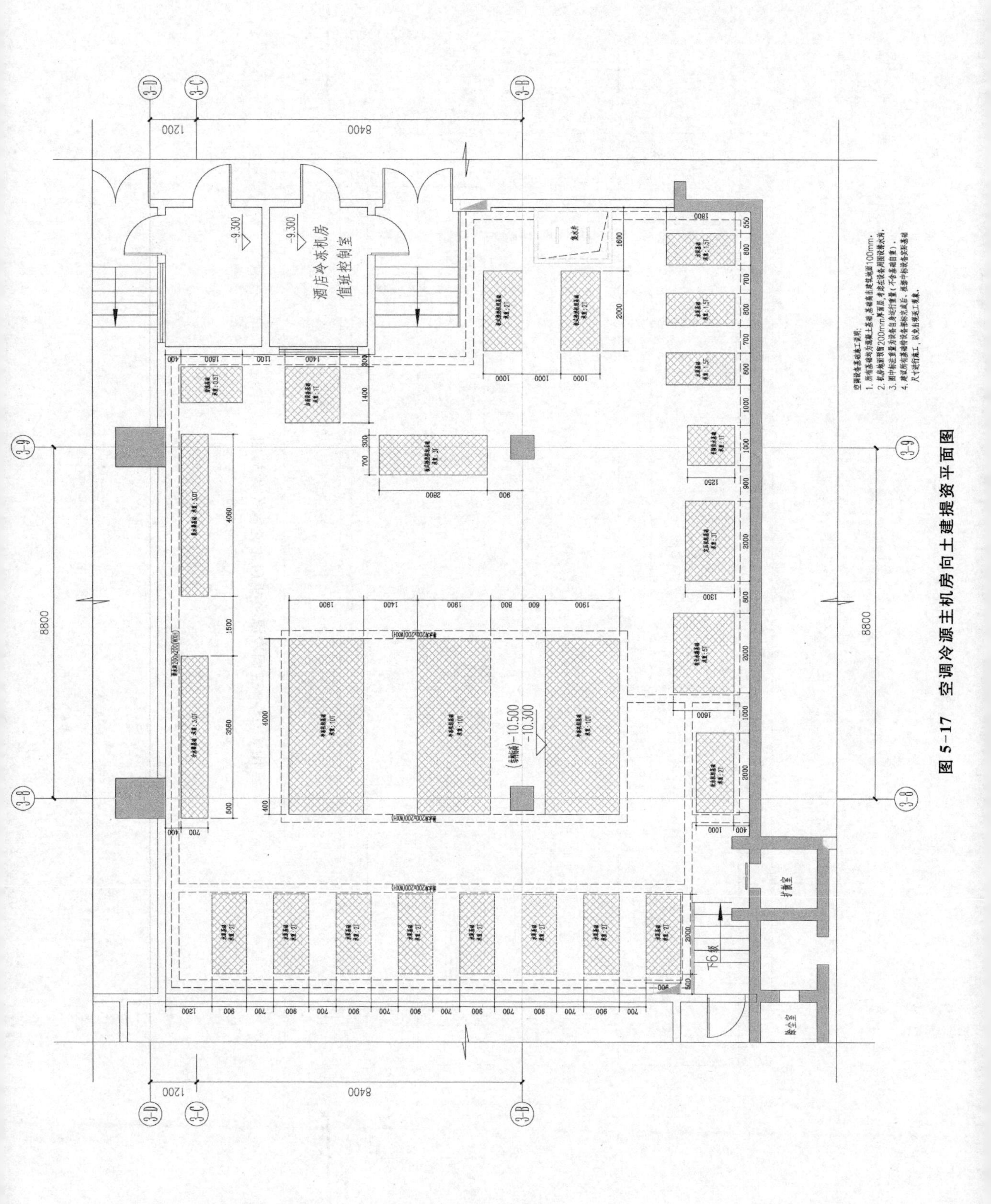

图 5-17　空调冷源主机房向土建提资平面图

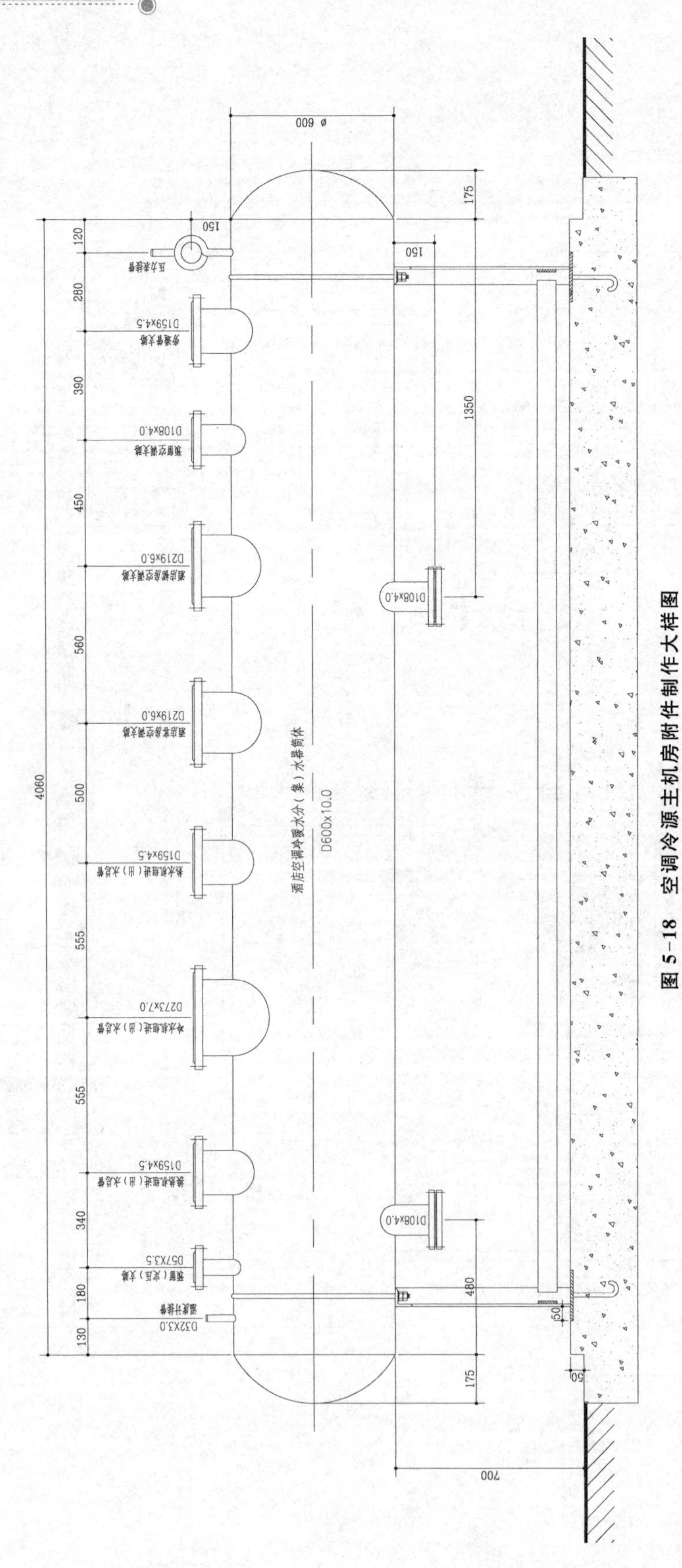

图 5-18 空调冷源主机房附件制作大样图

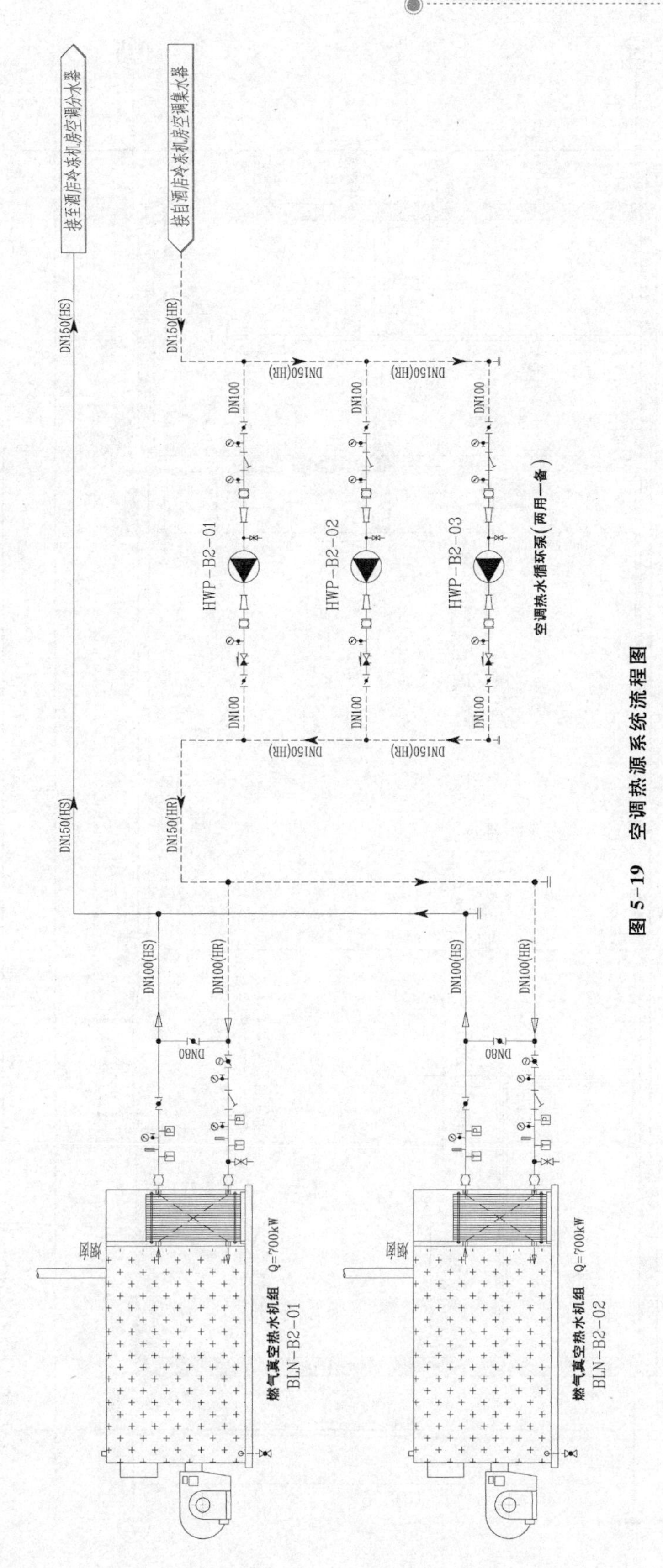

图 5-19　空调热源系统流程图

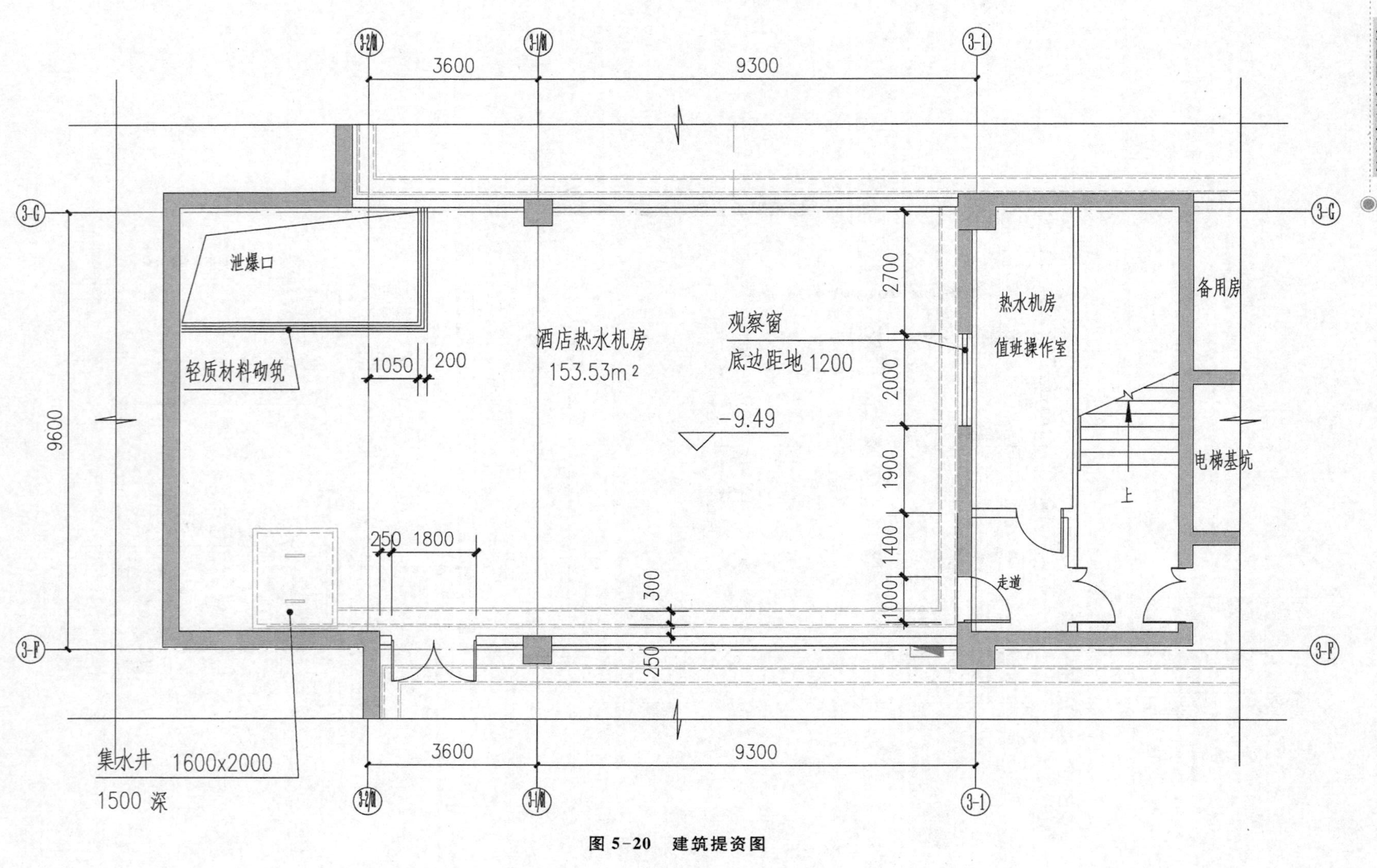
3600
9300
3-2/M
3-1/M
3-1
3-G
3-F
泄爆口
轻质材料砌筑
1050
200
酒店热水机房
153.53m²
观察窗
底边距地 1200
-9.49
2700
2000
1900
1400
1000
热水机房
值班操作室
备用房
电梯基坑
上
走道
9600
250
1800
300
250
集水井 1600x2000
1500 深

图 5-20 建筑提资图

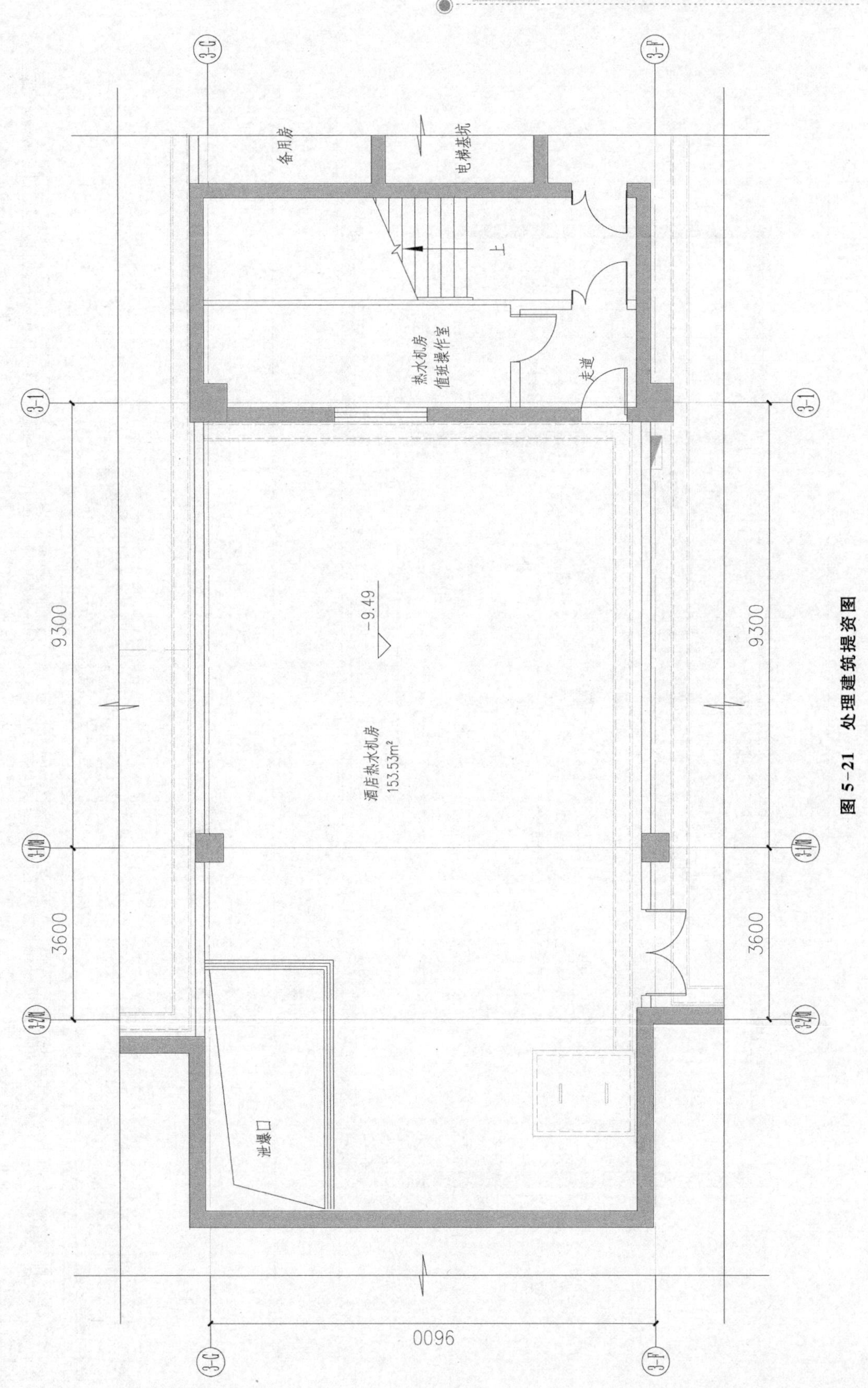

图 5-21　处理建筑提资图

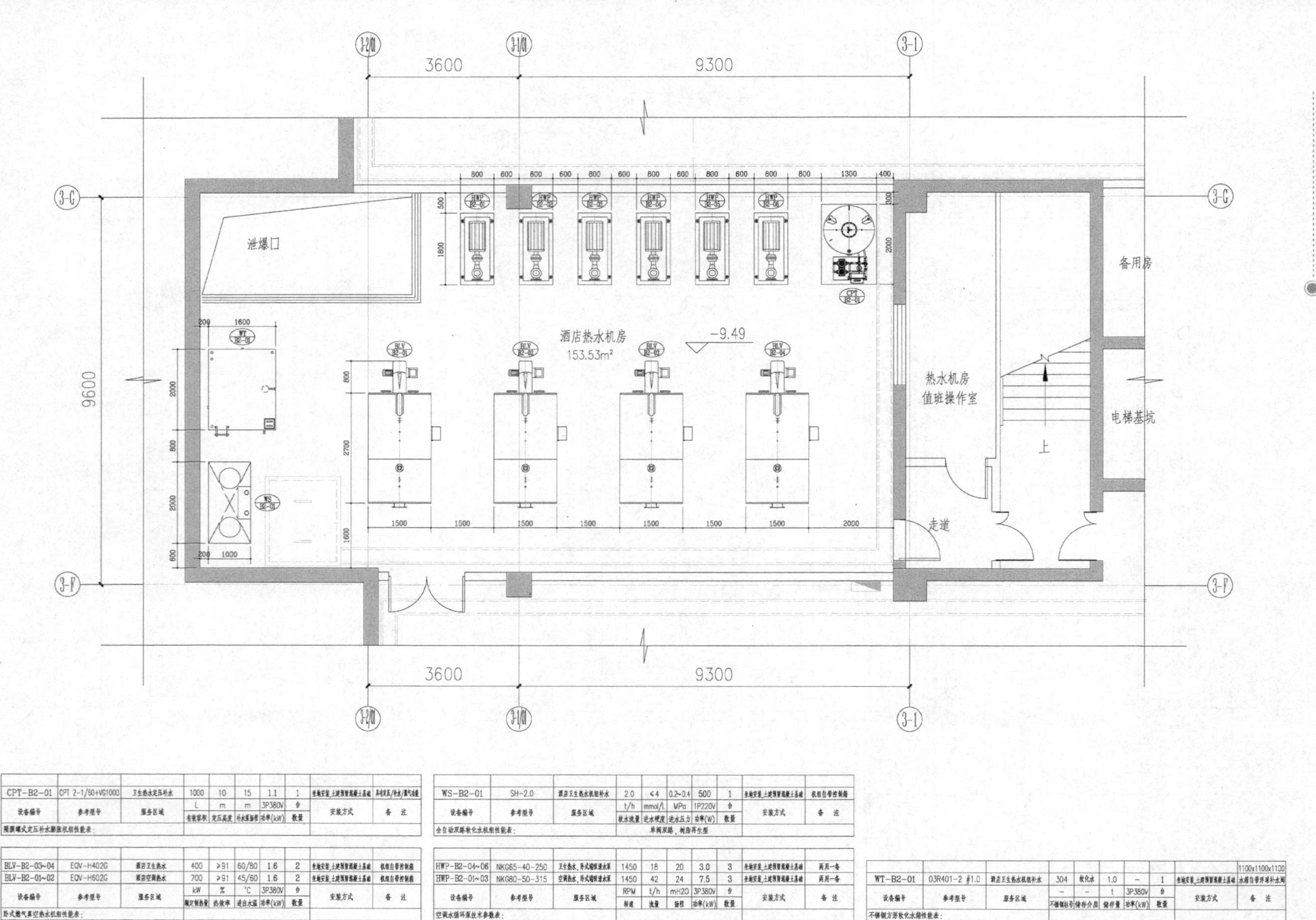

设备编号	参考型号	服务区域	有效容积 (L)	定压高度 (m)	补水泵扬程 (m)	功率(kW) (3P380V)	数量 (台)	安装方式	备注
CPT-B2-01	CPT 2-1/60+VG1000	卫生热水定压补水	1000	10	15	1.1	1	坐地安装,土建预留混凝土基础	具有定压/补水/排气功能

隔膜罐式定压补水膨胀机组性能表：

设备编号	参考型号	服务区域	额定制热量 (kW)	热效率 (%)	进出水温 (°C)	功率(kW) (3P380V)	数量 (台)	安装方式	备注
BLV-B2-03~04	EQV-H402G	酒店卫生热水	400	≥91	60/80	1.6	2	坐地安装,土建预留混凝土基础	机组自带控制箱
BLV-B2-01~02	EQV-H602G	酒店空调热水	700	≥91	45/60	1.6	2	坐地安装,土建预留混凝土基础	机组自带控制箱

卧式燃气真空热水机组性能表：

设备编号	参考型号	服务区域	软水流量 (t/h)	进水硬度 (mmol/L)	进水压力 (MPa)	功率(W) (1P220V)	数量 (台)	安装方式	备注
WS-B2-01	SH-2.0	酒店卫生热水机组补水	2.0	<4	0.2~0.4	500	1	坐地安装,土建预留混凝土基础	机组自带控制箱

全自动双路软化水机组性能表：单阀双路，树脂再生型

设备编号	参考型号	服务区域	转速 (RPM)	流量 (t/h)	扬程 (mH2O)	功率(kW) (3P380V)	数量 (台)	安装方式	备注
HWP-B2-04~06	NKG65-40-250	卫生热水,卧式端吸清水泵	1450	18	20	3.0	3	坐地安装,土建预留混凝土基础	两用一备
HWP-B2-01~03	NKG80-50-315	空调热水,卧式端吸清水泵	1450	42	24	7.5	3	坐地安装,土建预留混凝土基础	两用一备

空调水循环泵技术参数表：

设备编号	参考型号	服务区域	不锈钢标号 (–)	储存介质 (–)	储存量 (t)	功率(kW) (3P380V)	数量 (台)	安装方式	备注
WT-B2-01	03R401-2 #1.0	酒店卫生热水机组补水	304	软化水	1.0	–	1	坐地安装,土建预留混凝土基础	1100x1100x1100 水箱自带浮球补水阀

不锈钢方形软化水箱性能表：

图 5-22　空调热源主机房设备平面图

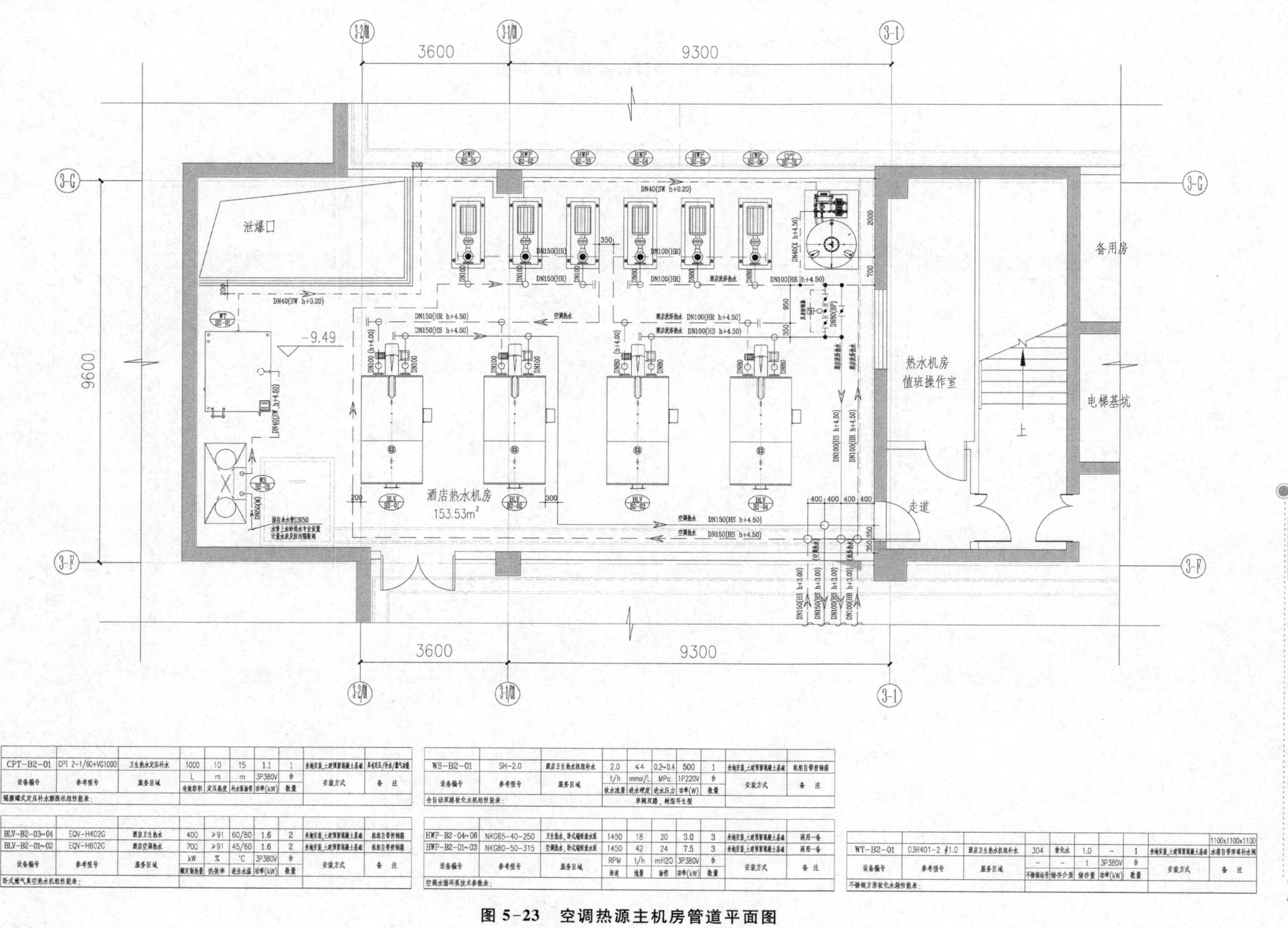

CPT-B2-01	CPT 2-1/60+VG1000	卫生热水定压补水	1000	10	15	1.1	1	坐地安装,土建预留混凝土基础	具有定压/补水/脱气功能
设备编号	参考型号	服务区域	L	m	m	3P380V	台	安装方式	备　注
			有效容积	定压高度	补水泵扬程	功率(kW)	数量		
隔膜罐式定压补水膨胀机组性能表:									

BLV-B2-03~04	EQV-H402G	酒店卫生热水	400	≥91	60/80	1.6	2	坐地安装,土建预留混凝土基础	机组自带控制箱
BLV-B2-01~02	EQV-H602G	酒店空调热水	700	≥91	45/60	1.6	2	坐地安装,土建预留混凝土基础	机组自带控制箱
设备编号	参考型号	服务区域	kW	%	℃	3P380V	台	安装方式	备　注
			额定制热量	热效率	进出水温	功率(kW)	数量		
卧式燃气真空热水机组性能表:									

WS-B2-01	SH-2.0	酒店卫生热水机组补水	2.0	≤4	0.2~0.4	500	1	坐地安装,土建预留混凝土基础	机组自带控制箱
设备编号	参考型号	服务区域	t/h	mmol/L	MPa	1P220V	台	安装方式	备　注
			软水流量	进水硬度	进水压力	功率(W)	数量		
全自动双路软化水机组性能表:			单阀双路，树脂再生型						

HWP-B2-04~06	NKG65-40-250	卫生热水，卧式端吸泵水泵	1450	18	20	3.0	3	坐地安装,土建预留混凝土基础	两用一备
HWP-B2-01~03	NKG80-50-315	空调热水，卧式端吸泵水泵	1450	42	24	7.5	3	坐地安装,土建预留混凝土基础	两用一备
设备编号	参考型号	服务区域	RPM	t/h	mH20	3P380V	台	安装方式	备　注
			转速	流量	扬程	功率(kW)	数量		
空调水循环泵技术参数表:									

									1100x1100x1100
WT-B2-01	03R401-2 #1.0	酒店卫生热水机组补水	304	软化水	1.0	-	1	坐地安装,土建预留混凝土基础	水箱自带浮球补水阀
设备编号	参考型号	服务区域	-	-	t	3P380V	台	安装方式	备　注
			不锈钢标号	储存介质	储存量	功率(kW)	数量		
不锈钢方形软化水箱性能表:									

图 5-23　空调热源主机房管道平面图

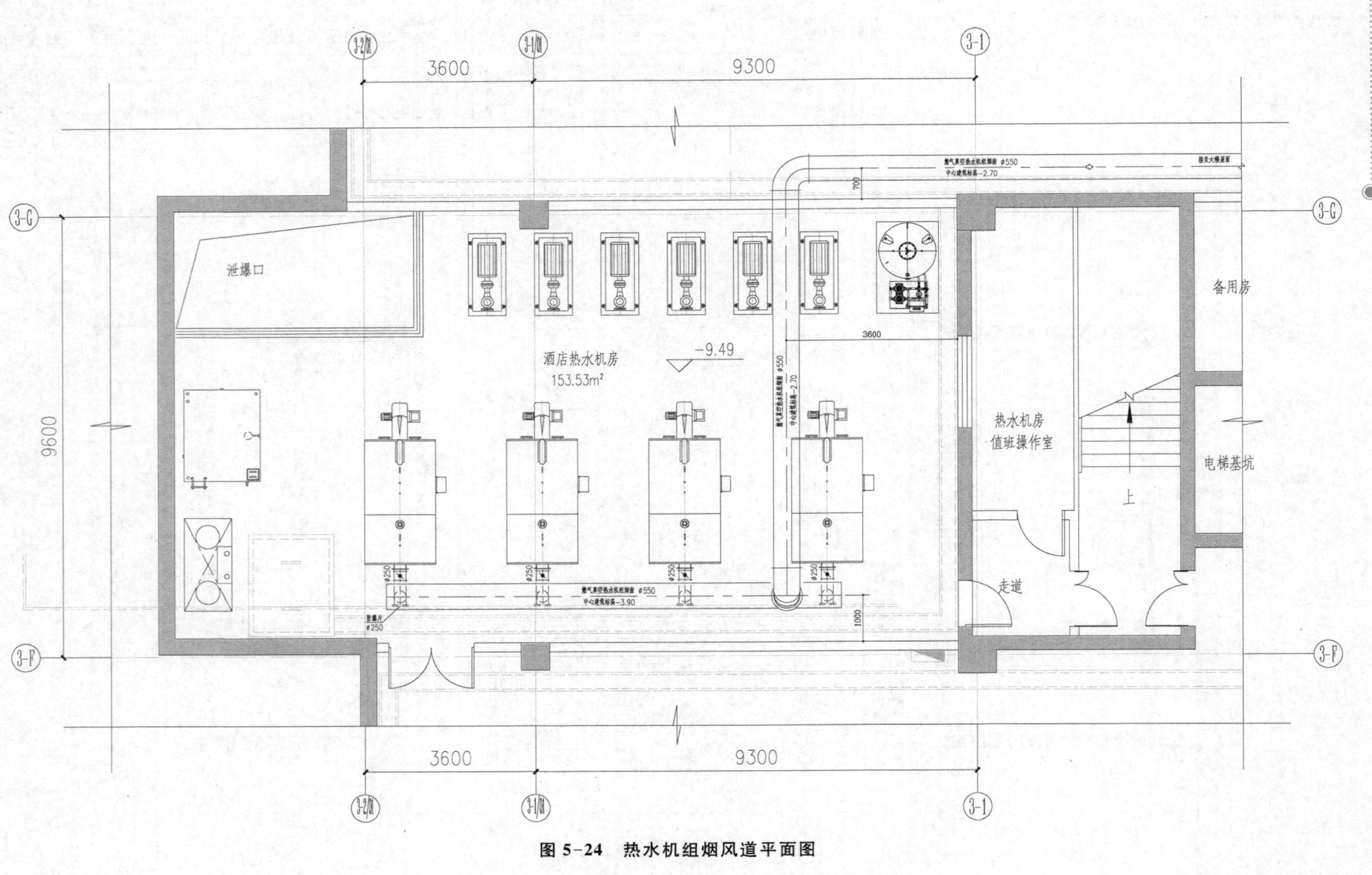

图 5-24 热水机组烟风道平面图

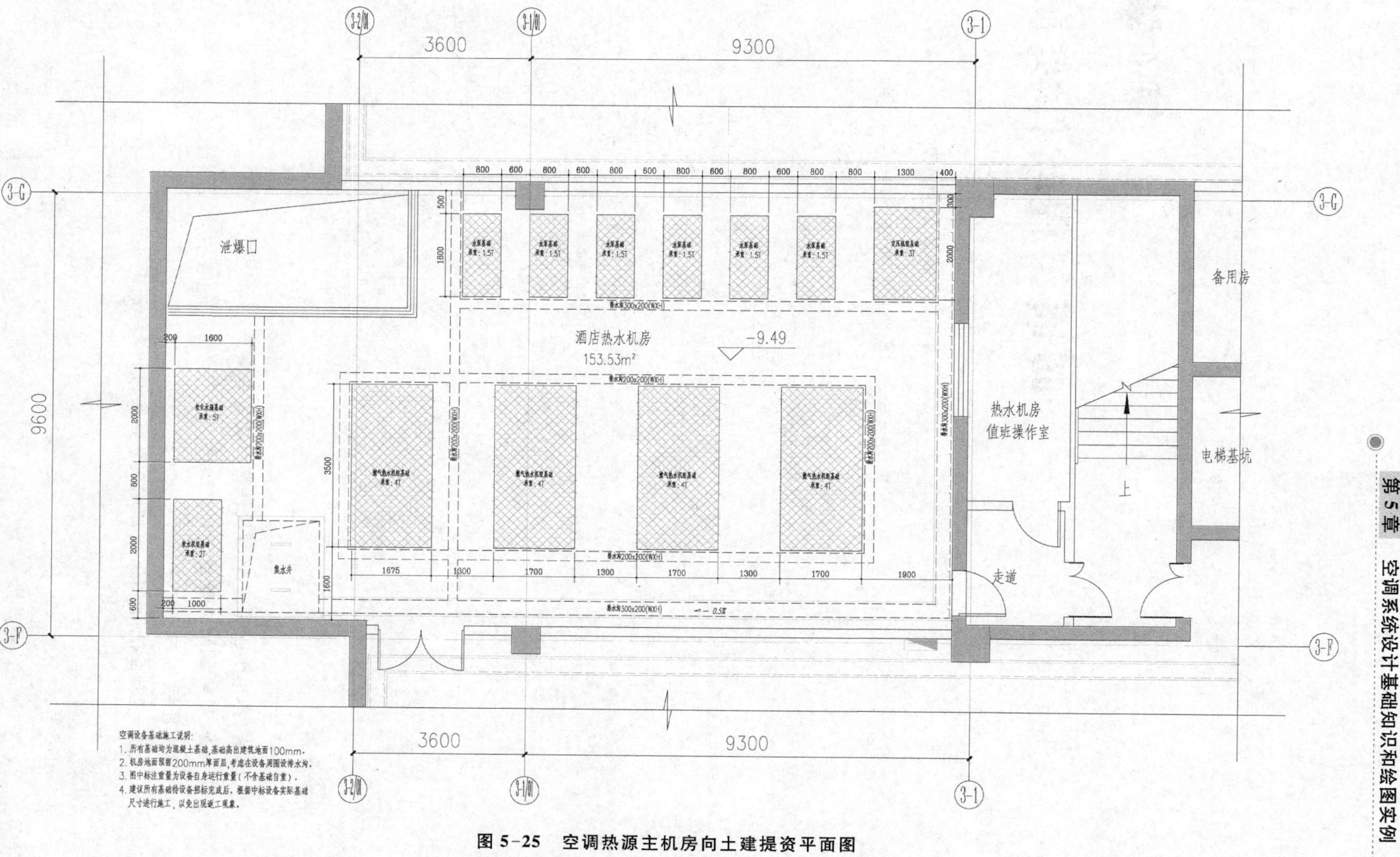

图5-25 空调热源主机房向土建提资平面图

第 6 章

暖通工程软件实操

- 6.1 鸿业明通 ACS
- 6.2 BIM 在暖通工程中的应用简介

本章导读

知识目标

★ 熟悉鸿业明通 ACS 软件界面及基本操作

★ 了解 BIM 在暖通工程中应用

能力目标

★ 能独立使用 ACS 软件完成整套空调系统绘图工作

6.1　鸿业明通 ACS

ACS软件包集当今国内外同类专业软件的优点，实现计算绘图一体化，经过多年不断的完善和发展，因其非常贴近设计人员的思路、智能化、自动化高而受到全国各地暖通工程师的广泛好评。

6.1.1　软件及用户界面简介

1. 软件简介

暖通空调软件ACS的主要功能如下。

焓湿图生成。软件动态生成任意大气压下的“dwg”格式焓湿图。可查询、标注图中任意一点的空气状态参数。一次回风、二次回风、风机盘管加新风等空气处理过程的计算结果，可以保存并标注于id图中。

空调水系统设计。通过布置设备、管线、管线自动连接设备、水力计算，由平面图自动转绘系统图。自动统计设备、材料。

风机盘管/空调器设计。采用Access数据库技术，使设备数据库的扩充大大简便，并便于数据共享和交流。盘管的图形表示形象、美观。

空调水系统的水力计算。水力计算程序从图形中自动提取计算数据，可根据设定流速、比摩阻或管线承担的负荷计算其管径和系统的阻力，显示各环路不平衡率，生成Excel计算书，绘制原理图，并把计算结果赋回图形实体，用于标注和材料统计。

水管阀件图库扩充。允许用户扩充，系统自带图块符合国家最新的制图标准。

空调风系统设计。通过布置设备、管线、管线自动连接设备、水力计算，由平面单线图自动转绘系统图、平面双线图、系统双线图。自动统计设备、材料。软件还提供直接绘制双线风管的命令，并有变径、弯头、三通、四通、来回弯、天圆地方等丰富的管件连接和编辑命令，大大减轻绘图的劳动强度。

空调风系统的水力计算。水力计算程序从图形中自动提取计算数据，可根据假定流速、静压复得或阻力平衡法计算管径和系统的阻力，显示各节点不平衡率，生成Excel计算表，并把计算结果赋回图形实体，用于标注和材料统计。

采暖系统设计。对于传统形式的单管、双管、水平串联、水平跨越等系统，可根据平面图自动生成系统图。单管水力计算、双管水力计算从系统图中提取计算数据，生成计算书并把管径、散热器片数信息赋回系统图、平面图中，用于标注、统计。计算界面及计算书中输出各环路不平衡率，并可绘制原理图。

供热系统的分户计量。可计算、绘制各种形式的地热盘管。用散热器采暖的，可由平面图自动生成户内系统图。分户计量系统的水力计算程序生成Excel格式的计算书，输出各环路不平衡率，并绘制立管原理图。

冷冻机房设计。软件中建立冷冻机和水泵的数据库，可作冷冻机房平面图、系统图、剖面图的设计。

动力专业设计，双线管道和阀门绘制及材料统计。

2. 软件界面简介

在 ACS 软件安装之前，电脑需安装 AutoCAD 2000 以上任意版本的 CAD 软件。软件安装成功后，在桌面上生成一个快捷方式“鸿业暖通空调 8.2”。运行时插上加密锁，双击桌面上“鸿业暖通空调 V10.0”快捷图标或依次单击“开始”→“程序”→“鸿业暖通空调V10.0”→“鸿业暖通空调 V10.0 打开软件”命令，弹出如图 6-1 所示的启动界面。

图 6-1 软件启动界面

设置完成后，软件即可启动，软件进入 CAD 界面，选择相应的 CAD 并加载 ACS 功能模块，软件启动后的运行界面如图 6-2 所示。

软件启动后，在绘图窗口的上方显示鸿业暖通空调 V10.0 的菜单栏。同时按下键盘中的“Alt”键和“X”键可以隐藏或者显示此菜单栏，软件菜单栏默认在工具栏位置，也可以按住鼠标左键不放，将其拖动到屏幕的任意位置。如果把菜单拖动到屏幕上方边缘，菜单能自动卷入/弹出。

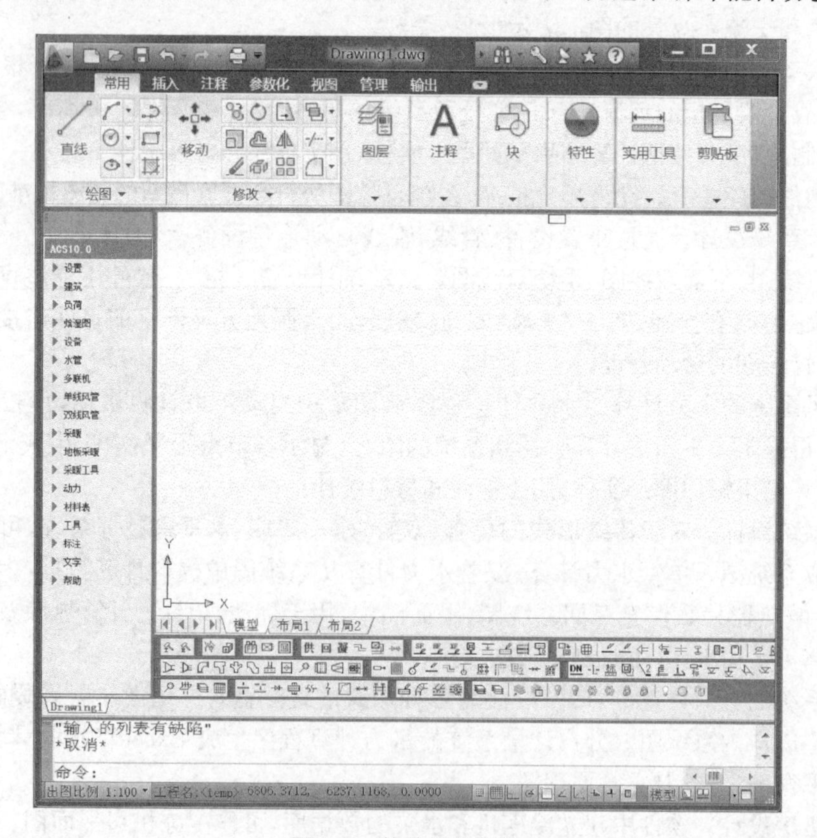

图 6-2 软件运行界面

6.1.2　焓湿图

1. 绘图设置

点击下拉菜焓湿图菜单项，弹出【绘制设置】对话框，共包含绘制范围设置、绘制样式设置、状态点标注内容设置、单位精度设置和缩写设置五个页面。

各选项卡内容如下：

【绘制范围设置】

- 最小温度：绘制焓湿图的最小温度标识，可在－80℃～20℃选择，一般取－30℃。
- 最大温度：绘制焓湿图的最大温度标识，可在 20℃～90℃选择，一般取 65℃。
- 最小含湿量：绘制焓湿图的最小含湿量标识，一般取 0(g/kg 干空气)。
- 最大含湿量：绘制焓湿图的最大含湿量标识，一般取 45(g/kg 干空气)。

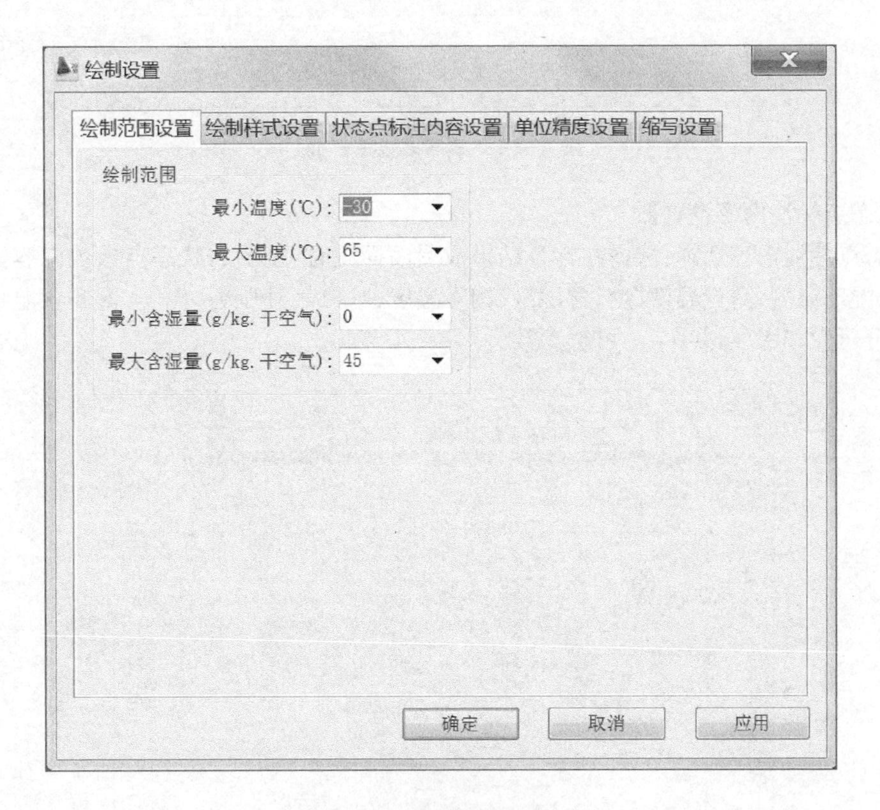

图 6-3　绘制范围设置界面

【绘制样式设置】

- 参考线设置：等值参考线的颜色、线型、线宽的样式设置。
- 过程线设置：热湿比线和过程线的颜色、线型、线宽的样式设置。
- 状态点设置：状态点颜色和大小的样式设置。

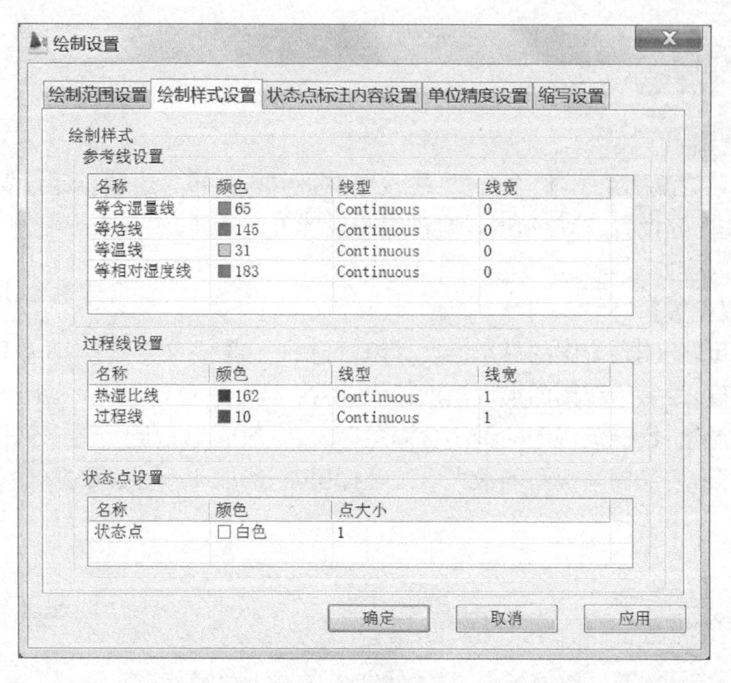

图 6-4　绘制样式设置界面

【状态点标注内容设置】

状态点标注内容选择：选择在计算结果或图面标注时，显示的状态点参数内容，包含干球温度、湿球温度、露点温度、焓、含湿量、相对湿度、水蒸气分压力、比容、饱和含湿量、饱和水蒸气分压力和密度，共 11 个可选参数。

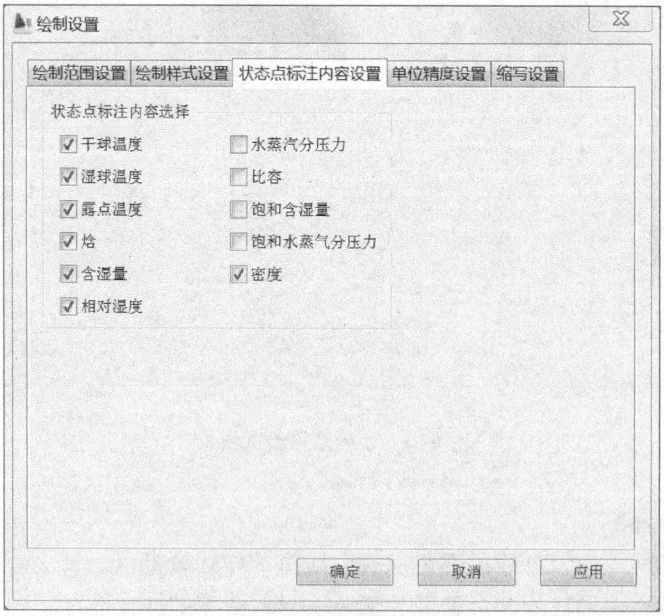

绘制设置
绘制范围设置 绘制样式设置 状态点标注内容设置 单位精度设置 缩写设置
状态点标注内容选择
干球温度
湿球温度
露点温度
焓
含湿量
相对湿度
水蒸汽分压力
比容
饱和含湿量
饱和水蒸气分压力
密度
确定 取消 应用

图 6-5　状态点标注内容设置界面

【单位精度设置】

单位设置：计算过程和计算结果中相关数据的单位精度设置，包含焓、压力、风量、冷热负荷、湿负荷、温度、含湿量和密度，共8个数据的单位及精度设置。

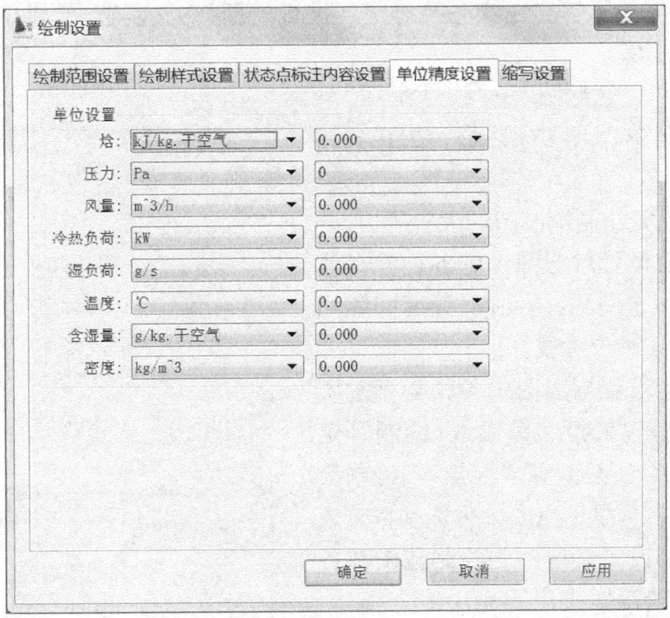

图6-6　单位精度设置界面

【缩写设置】

缩写设置：计算结果和图面标注中状态点参数的缩写表示设置，包含干球温度、湿球温度、露点温度、焓、含湿量、相对湿度、水蒸气分压力、比容、饱和含湿量、饱和水蒸气分压力和密度，共11个参数。用户可使用软件提供的缩写，也可添加自定义缩写。

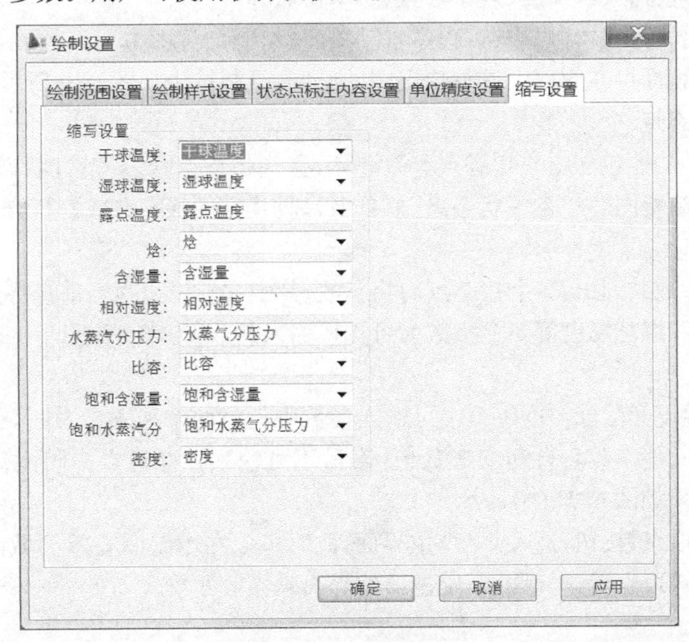

图6-7　缩写设置界面

2. 绘焓湿图

焓湿图是将湿空气各种参数之间的关系用图线表示。一般是按当地大气压绘制，从图上可查知温度、相对湿度、含湿量、露点温度、湿球温度、水蒸气含量及分压力、空气的焓值等空气状态参数。为了解空气状态及对空气进行处理（空气调节）提供依据。图上亦可反映出空气的处理过程。

点取下拉菜单“焓湿图”→“绘焓湿图”菜单项，弹出【绘制焓湿图】对话框，如图 6-8 所示。

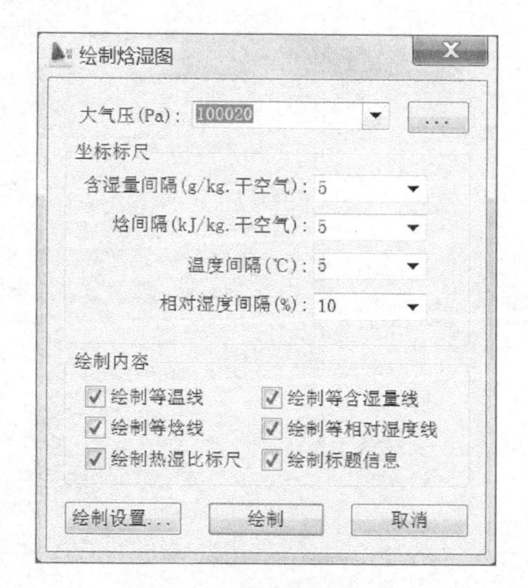

图 6-8 绘制焓湿图界面

【大气压】：设置绘制焓湿图的大气压力。

【坐标标尺】：设置焓湿图中的各种参考线的间隔，包含含湿量间隔、焓间隔、温度间隔和相对温度间隔共 4 种参考线。

【绘制内容】：设置焓湿图中各种类型的实体是否进行绘制，包含绘制等温线、绘制等焓线、绘制热湿比标尺、绘制等含湿量线、绘制等相对温度线和绘制标题信息 6 个可选项目。

【绘制设置】：设置焓湿图的绘制范围和各种等值参考线的绘制样式。

单击【大气压】后的【...】按钮，弹出【气象参数管理器】对话框，如图 6-9 所示。可从气象参数管理器中提取夏季和冬季大气压数据，将夏/冬大气压数据填入到界面中的大气压下拉列表框中。

同时在【气象参数管理器】对话框中，选定城市之后，对话框右侧便出现该城市相应的气象参数，如地理位置、经纬度、夏季参数、冬季参数等。

设置完之后，单击【绘制】按钮，程序自动关闭【绘制焓湿图】对话框，在图面中点取焓湿图的左下角点后，即可在图面中进行焓湿图的绘制，绘制结果如图 6-9 所示。

3. 空气状态点

该菜单项的功能包含空气状态点参数计算、空气状态点管理、空气状态点选择和标注。点击下拉菜单“焓湿图”→“空气状态点”菜单项，弹出【空气状态参数】对话框，如图 6-10(a) 所示。

空气状态参数共列出 12 个状态点的状态数，其中大气压力为当前选择中焓湿图的大气压力，干球温度和湿球温度等 8 个参数为可选择输入参数，饱和含湿量等 3 个参数不可输入参数。

选中干球温度和湿球温度等 8 个可输入参数中任意两个独立参数时，【计算】按钮会自动变成可操作，其他参数会自动变成灰色，表示不可输入。此时点击【计算】按钮进行状态点参数计算，结果如图 6-10(b) 所示。

点击【图面取点】按钮，进入 CAD 主界面，此时可以在焓湿图有效区域内自由选取状态点，单击鼠标左键取点后，对话框中便显示出所选取各项参数。

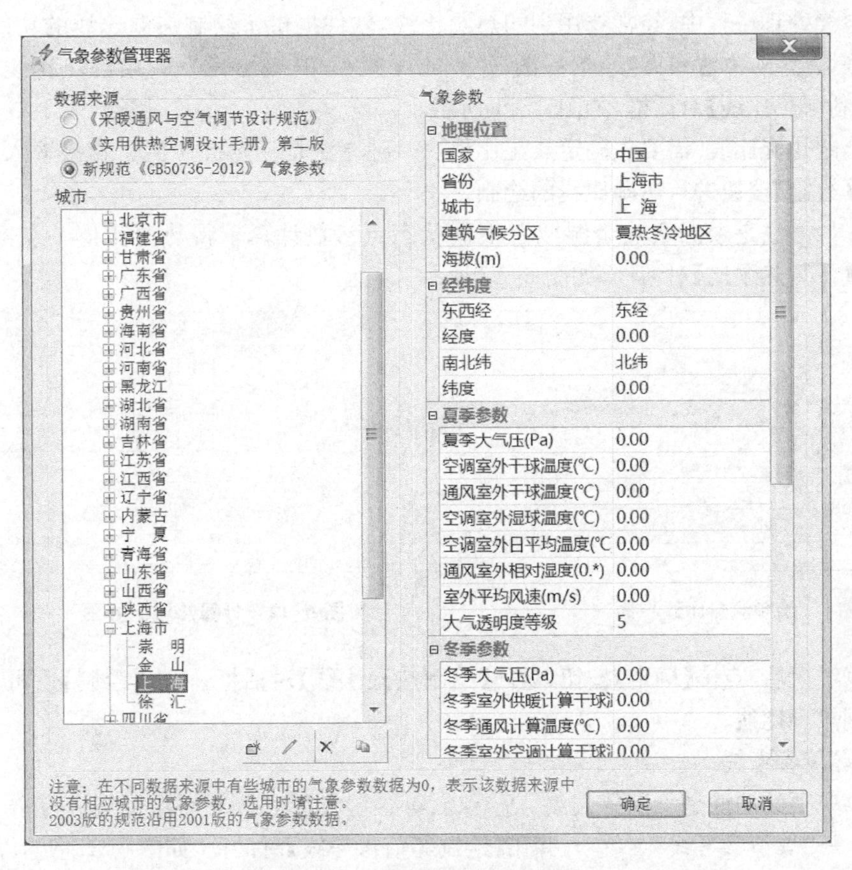

图 6-9　气象参数管理器界面

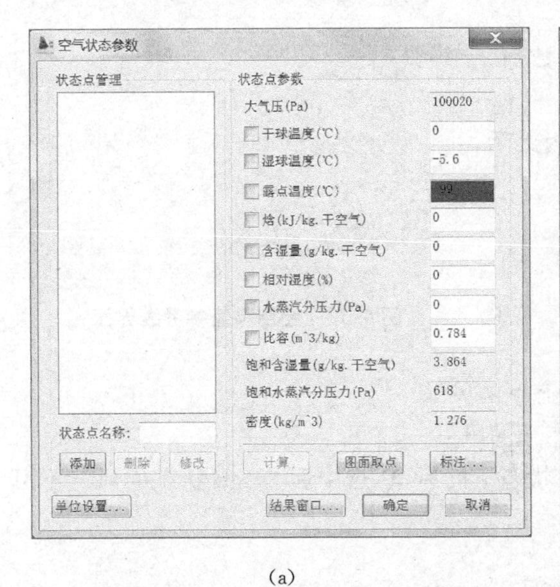

(a)

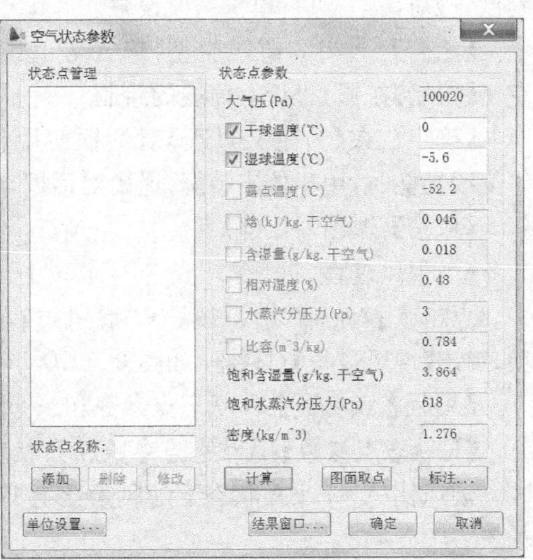

(b)

图 6-10　空气状态参数界面

4. 绘热湿比线

在空气处理过程中，经常要用到的热湿比线，软件提供了绘制热湿比线的功能。首先，绘制一张焓湿图，方法参阅“绘焓湿图”。点击下拉菜单“焓湿图”→“绘湿热比线”菜单项，弹出【绘制湿热比线】对话框，如图 6-11 所示。

要绘制热湿比线，需要先确定热湿比值。一种方法是在热湿比值栏直接输入热湿比大小，点击【绘制】按钮进行热湿比线的绘制。

另一种方法是根据余热余湿或者根据状态点参数计算求得热湿比值。点击【...】按钮，弹出【计算热湿比】对话框，如图 6-12 所示。

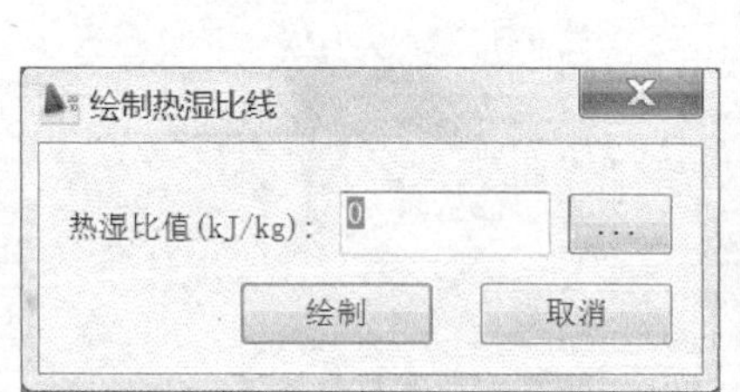

图 6-11　绘制湿热比线界面

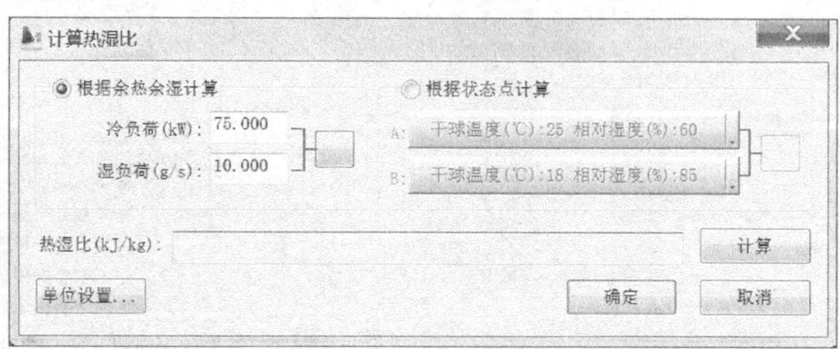

图 6-12　计算热湿比界面

计算结束后，点击【确定】按钮，返回【绘制热湿比线】对话框，点击【绘制】便可在当前图面中绘制热湿比线。

5. 等值参考线

该菜单项的功能是绘制等温线、等焓线、等含湿量线和等相对湿度线。点击下拉菜单“焓湿图”→“等值参考线”菜单项，弹出【绘制等值参考线】对话框，如图 6-13 所示。

【单位设置】：点击【单位设置】按钮，弹出【绘制设置】对话框，进行单位精度设置。

【绘制】：选中等值线类型，输入等值线数值，点击【绘制】按钮，进行等值线的绘制。

【确定】：在【自定义过程】对话框使用相交于等值线功能时，用于传出数据、退出对话框。

【取消】：退出对话框。

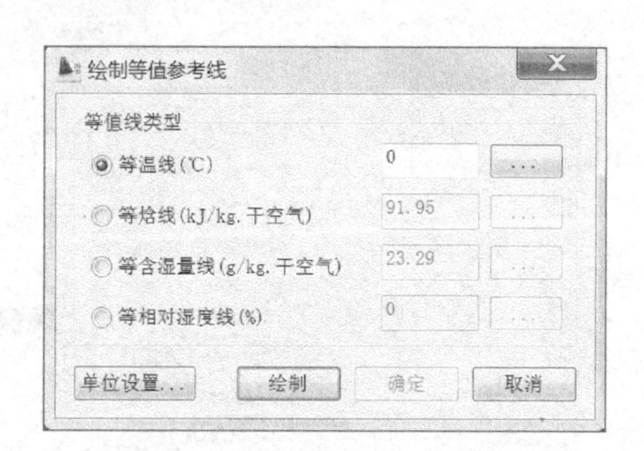

图 6-13　绘制等值参考线界面

6. 混风过程

点击下拉菜单“焓湿图”→“混风过程”菜单项，弹出【混风过程】对话框，如图 6-14 所示。

【A 状态点参数】：A 状态点参数和 A 状态下的风量。

【B 状态点参数】：B 状态点参数和 B 状态下的风量。

混风比 A：B：A 状态下的风量比上 B 状态下的风量，选中后 A、B 状态的风量不可输入。

计算结果：显示计算结果输出文本。

【单位设置】：设置参与计算的风量单位和计算结果显示的单位。

【计算】：计算混风过程

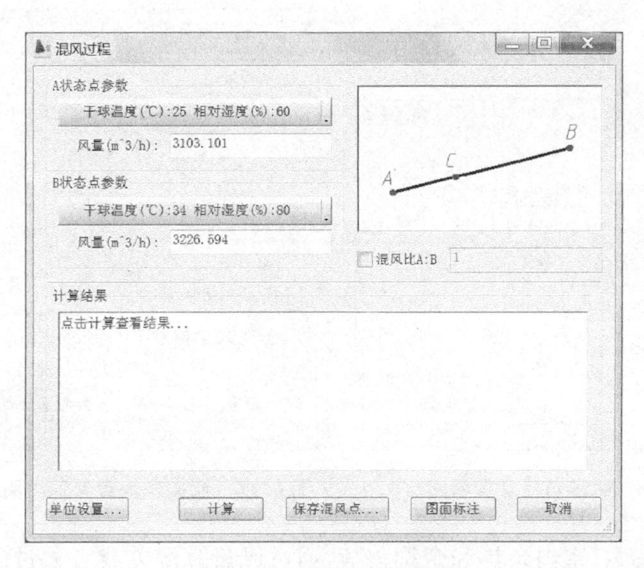

图 6-14　混风过程界面

【保存混风点】:将混风点 C 保存到状态点管理器中,可以在其他处理过程中调用。

【图面标注】:将混风过程标注在焓湿图上,示例如图 6-15 所示。

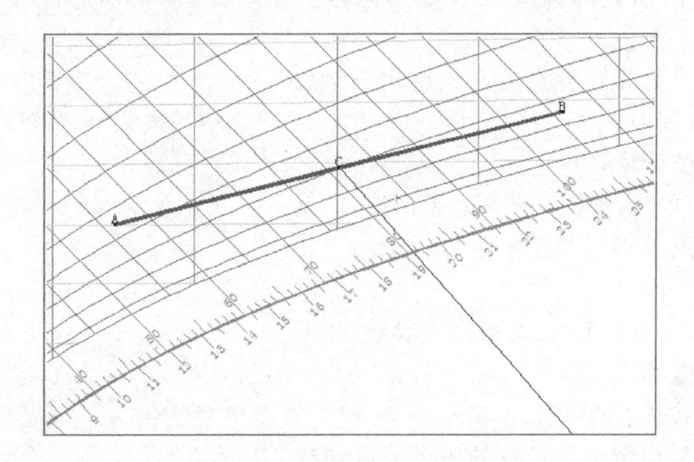

图 6-15　混风过程图面标注

7. 风量负荷互算

点击下拉菜单"焓湿图"→"风量负荷互算"菜单项,弹出【风量负荷互算】对话框,如图 6-16 所示。

根据两个状态点参数,实现风量负荷的互算。可以通过风量计算负荷,也可以通过负荷变化来计算风量。

8. 温差送风量互算

点击下拉菜单"焓湿图"→"温差送风量互算"菜单项,弹出【温差送风量互算】对话框,如图6-17 所示。

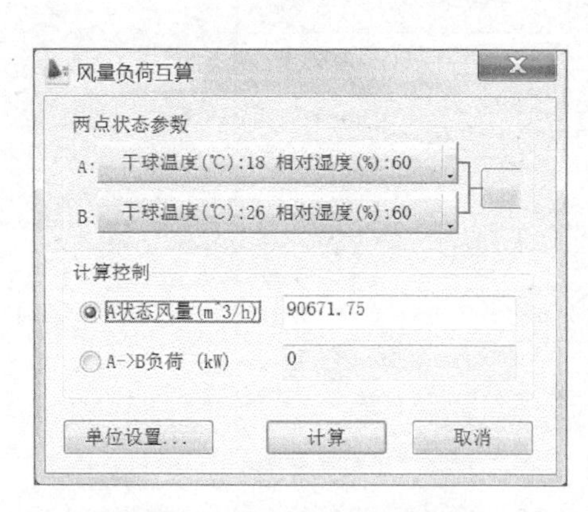

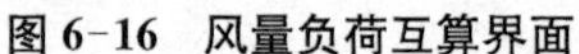
图 6-16　风量负荷互算界面

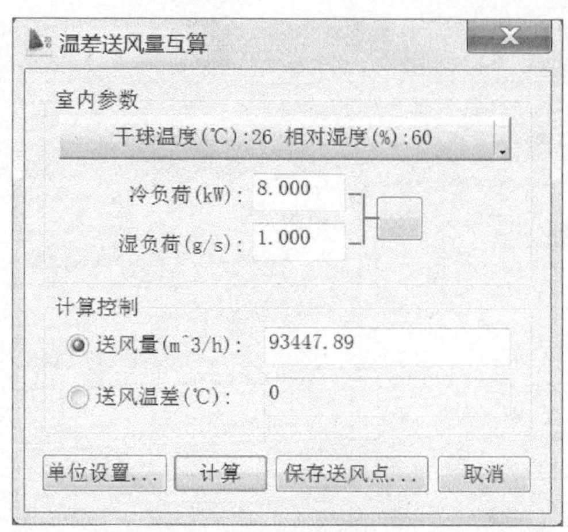

图 6-16　温差送风量互算界面

根据室内点参数、室内余热和余湿负荷，通过风量算温差或者通过温差算风量。室内的余热和余湿负荷确定了热湿比。

【单位设置】：设置参与计算的风量单位和计算结果显示的单位。

【计算】：根据温差算风量或者根据风量算温差。

【保存送风点】：把计算出的送风点状态参数返回到状态点管理中。

9. 两点差值计算

点击下拉菜单"焓湿图"→"两点差值计算"菜单项，弹出【两点差值计算】对话框，如图 6-18 所示。

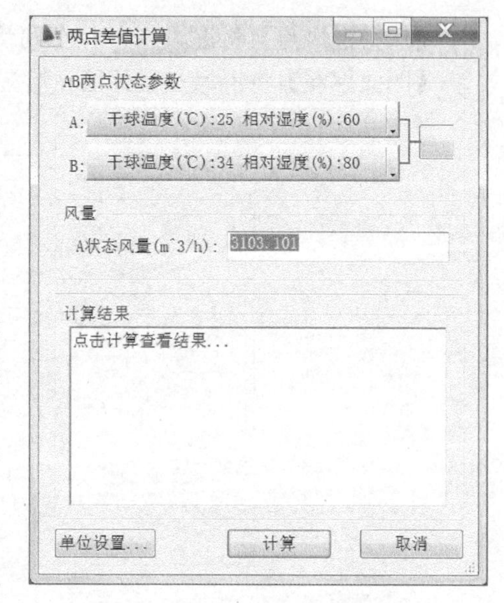

图 6-18　两点差值计算界面

【AB 两点状态参数】：A、B 状态点参数，如干球温度、相对湿度等。

【风量】：A 状态下的风量。

【单位设置】：设置参与计算的风量单位和计算结果显示的单位。

【计算】：两点差值计算，两点各个状态参数值的差值以及两点间的能量关系。

6.1.3　双线风管

ACS 软件利用专业优势，加上强大的计算功能，用户可以快速准确地完成风管设计。与单线风管设计不同的是，在基本确定风管尺寸的前提下，直接绘制双线管道。不仅可以绘制直管道，也可以方便灵活地实现各种形式的管间搭接，连接风口等设备，并可以对双线管进行水力校核计算，布置风阀，出单线系统图，作剖面图，以及作材料统计。

1. 绘制二维风管

调用此命令可以在工程图上布置二位双线风管。

点击下拉菜单“双线风管”→“二维双线风管”菜单项，弹出【绘制双线风管】对话框，如图6-19所示。

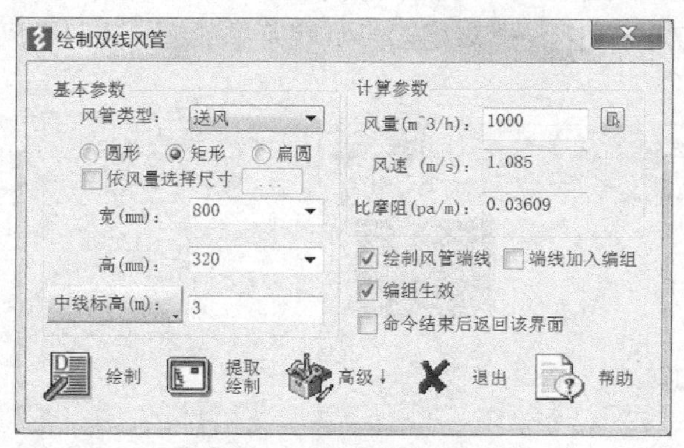

图 6-19　绘制双线风管界面

各参数说明如下：

【基本参数】：确定所要绘制的风管类型、形状和风管尺寸。若选择圆形风管，需确定风管的直径；若选用“矩形”或“扁圆”风管，需确定风管的宽和高数值。同时，也可以设置绘制管线的标高，可选择“中线标高”“顶部标高”“底部标高”三种设置方式。

【计算参数】：“风量”文本框可以输入所绘制风管的风量。如已对风口风量进行了定义和设置，可单击“风量”后的按钮，选取绘制风管所在的风口，直接提取风量。

在双线风管的绘制过程中，两条边线和中心线自动做成一组(Group)。如果【编组生效】打钩，那么风管边线和中线能共同被选择；如果没打钩，边线和中线只能单独选择。

【高级】按钮可以对绘制参数作高级设定。点击界面变为如图 6-20 所示。

【弯头和法兰】选项卡用于绘制过程中对弯头的设定。其中“弯头曲率”的取值在 0.5～5。

【标注和提示】选项卡用于设定绘制过程中的提示内容和绘制后的标注内容。

【阻力设定】阻力设定用于设定管道和气流的一些参数，用于计算管道的比摩阻。

【绘制】开始在图面上绘制风管。

2. 绘制三维风管

三维双线风管的绘制方法与二维双线风管的基本相同，区别在于【布置三维风管】中多了一个视图转换按钮【转视点】可

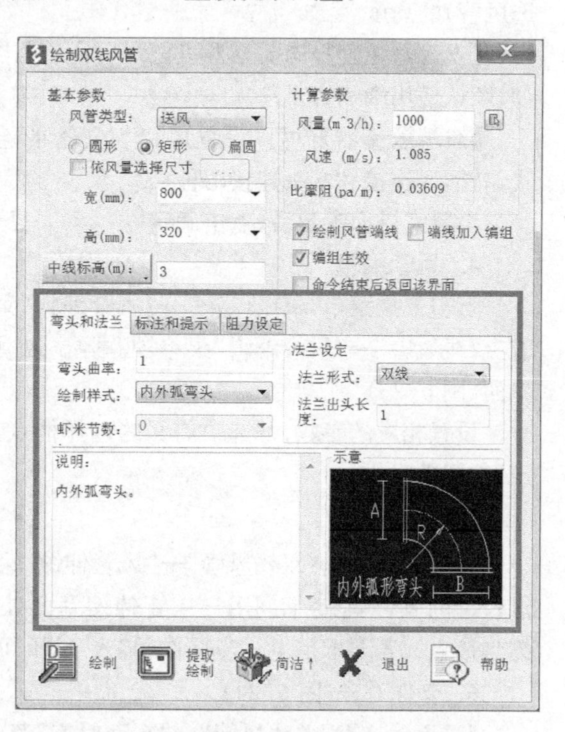

图 6-20　绘制双线风管参数高级设定界面

以在视点间的切换，便于观察三维双线风管的图形(图 6-21)。可以用 CAD 的 HIDE、SHADE 命令进行消隐和着色。

3. 双线连接风口

该功能可进行双线风管与风口的自动连接。

点击下拉菜单“双线风管”→“双线连接风口”菜单项，弹出【双线风管连接风口】对话框如图 6-22 所示。

图 6-21 绘制三维风管界面

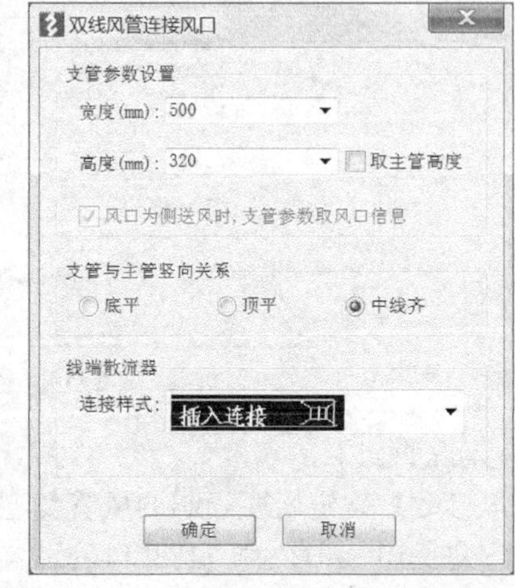

图 6-22 双线风管连接风口界面

【支管参数设置】:可以设置支管的宽度和高度，也可以勾选【取主管高度】使用主管(所选风管)的高度。

【支管与主管竖向关系】:可以设置主管与支管的竖向关系，包含底平、顶平和中线齐三种，默认使用中线齐。

【线端散流器】:可以设置风口与支管的连接方式，有插入连接和弯头连接两种。

设置完界面参数后，点击确定。

4. 风管编辑

点击下拉菜单“单线风管”→“风管编辑”菜单项或“双线风管”→“风管编辑”菜单项。弹出风管编辑界面(图 6-23)

设置相应的参数，并选中前面的选择框点击“确定”按钮即可。

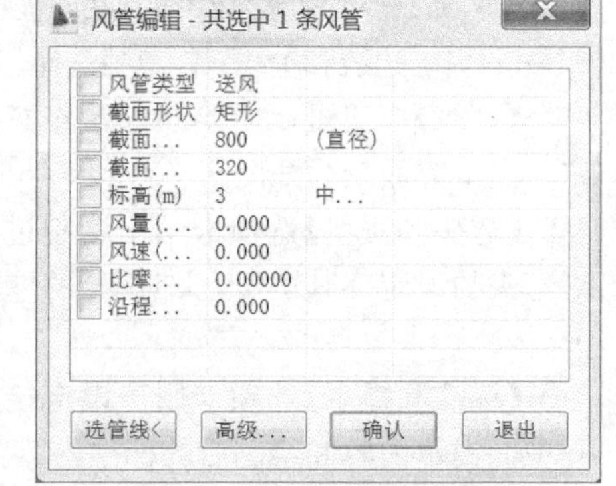

图 6-23 风管编辑界面

5. 风管伸缩

点击下拉菜单“双线风管”→“风管伸缩”菜单项。选择风管后，程序自动捕捉到距选取点较近的风管端点，询问用户风管伸缩到何处，给出到点后，风管中心线连同两边，自动伸缩到该点。若要取消上一步操作，键入”U”即可。

6. 管件对齐(图 6-24)

【平面对齐】:“单线风管”→“平面对齐”菜单项。

【竖向对齐】:“单线风管”→“竖向对齐”菜单项。

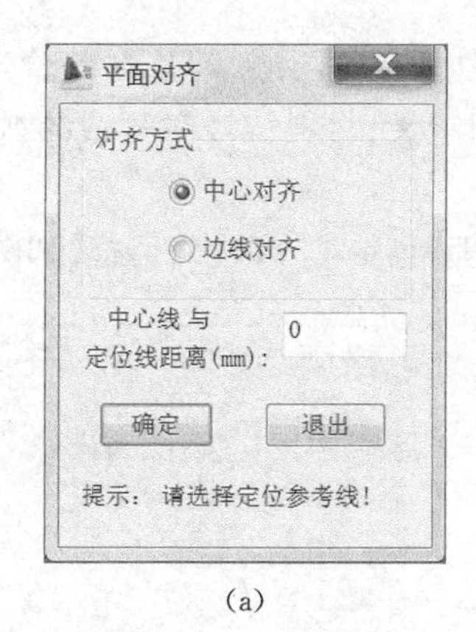

(a)

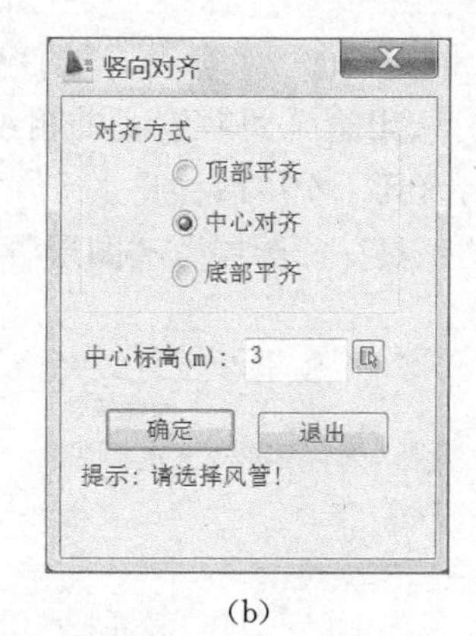

(b)

图 6-24　管件对齐界面

7. 管件大样

该功能用于绘制施工图时使用，绘制出管件的大样图。

点击下拉菜单“双线风管”→“管件大样”菜单项，提示：

命令行：大样图比例：(20)

命令行：选取风管管件：(回车返回)

命令行：管件编号：(1)

命令行：编号标注点：

命令行：大样图位置：

8. 水利计算

点击下拉菜单“单线风管”→“水力计算”菜单项。

9. 单线系统图

该功能用于生成双线圆形截面风管的单线系统图。

点击下拉菜单“双线风管”→“单线系统图”菜单项，弹出【空调风系统图】对话框，如图6-25所示。

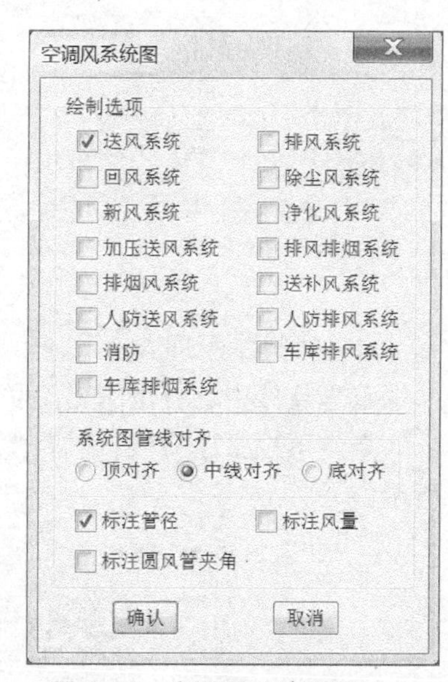

图 6-25　空调风系统图界面

【绘制选项】组合框中选择要绘制系统的管线类型，包括送风系统、排风系统、回风系统、除尘风系统、新风系统、净化风系统、加压送风系统、排风排烟系统、排烟风系统、送补风系统、人防送风系统、人防排风系统、消防、车库排风系统、车库排烟系统 15 个系统。

【系统图管线对齐】可以选择 3 种对齐方式，包括“顶对齐”“中线对齐”“底对齐”。

另外，可以选择系统图中需要标注的内容，包括“标注管径”“标注风量”“标注圆风管夹角”。

6.1.4　工具

1. 图层

(1) 图层管理

为便于系统管理，出图更方便，软件提供了图层管理功能。

这是软件中非常重要的一个命令。软件中所有的图层，都是在此管理的，包括每个图层的含义、颜色、线型、出施工图时管线的粗细定义、材料统计时管线的材料等。对图层的设定改后立即生效，直到下次更改为止。

点击下拉菜单“工具”→“图层”→“图层管理”菜单项，弹出对话框，如图 6-26 所示。

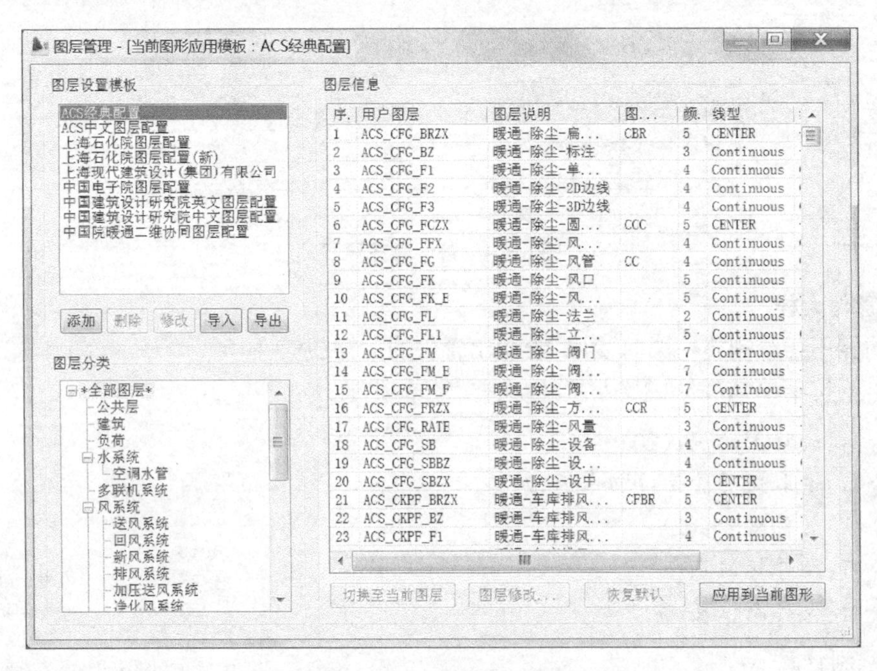

图 6-26　图层管理界面

(2) 材料库管理

管理软件中与各个图层关联的材料名称。

点击下拉菜单“材料表”→“材料库管理”菜单项，弹出【选择材料】对话框，如图 6-27 所示。

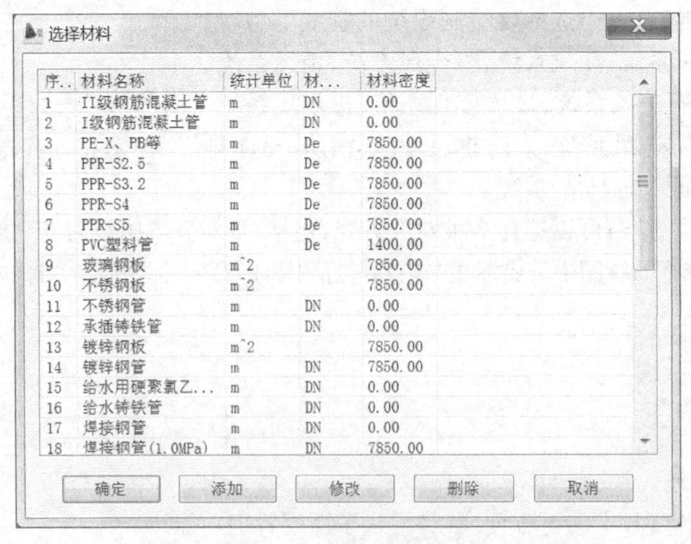

图 6-27　选择材料界面

(3) 图层分类控制

该功能便于用户直观简洁地操作图层。

点击下拉菜单“工具”→“图层”→“图层分类控制”菜单项，弹出【图层分类控制】对话框，如图 6-28 所示。

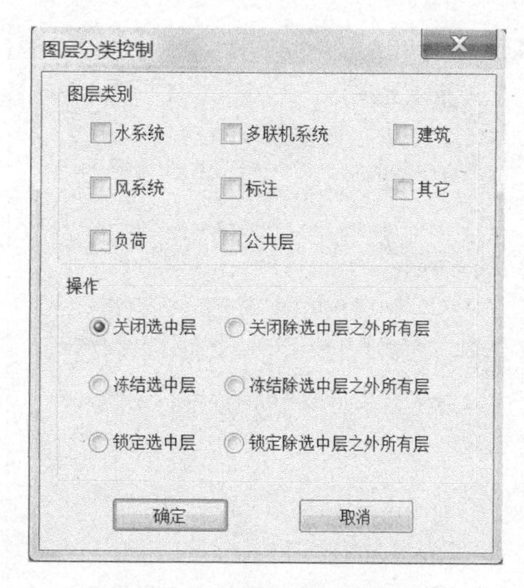

图 6-28　图层分类控制界面

图层类别共九大类别，包含水系统、风系统、负荷、采暖系统、多联机系统、公共层、建筑、标注和其他。

(4) 图层标准转换

可实现不同图层间的标准转换。

点击下拉菜单“工具”→“图层”→“图层标准转换”菜单项，弹出【标准转换器】对话框，如图6-29所示。

标准转换器

按照选定的配置文件进行转换

☑ 配置	描述
☐ 电气旧图转换	电气旧图转换
☐ 给排水旧图转换	给排水旧图转换
☐ 建筑到电气底图转换	建筑到电气底图转换
☐ 建筑到给排水底图转换	建筑到给排水底图转换
☐ 建筑到暖通底图转换	建筑到暖通底图转换
☐ 暖通旧图转换	暖通旧图转换
☑ 天正建筑到暖通底图转换	天正建筑到暖通底图转换

配置管理　导入　导出　查看转换报告　转换　关闭

图 6-29　标准转换器界面

点击【配置管理】按钮，设置转换参数；点击【查看转换报告】按钮查看转换报告。

(5) 老版本图层转换

此功能将 ACS V1.0 之前版本软件绘制的图层转换成现在软件可以识别的图层。

点击下拉菜单“工具”→“图层”→“老版本图层转换”菜单项，弹出【ACS 图层转换工具】对话框，如图 6-30 所示。

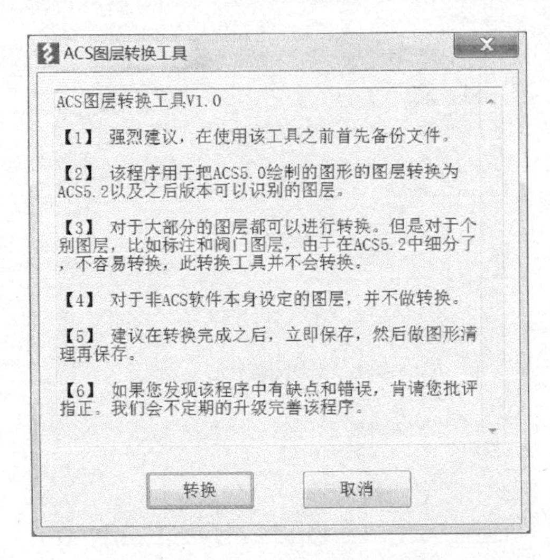

图 6-30 ACS 图层转换工具界面

(6) 图层控制

点击下拉菜单“工具”→“图层”菜单项，可以对图层进行如下操作：关闭选中、关闭其他、冻结选中、冻结其他、锁定选中、锁定其他、打开全部、解冻全部、解锁全部。

2. 图块管理

(1) 图块断线

用于把被图块覆盖的线断开。

点击下拉菜单“工具”→“图形修改”→“图块断线”菜单项或输入命令“TKDX”。

命令行：空格/回车任意选择图块，或者[按图层选择图块[S]]：

若选择空格/回车，则表示可以选择任意图块. 可同时选择多个图块，命令行提示如下：

命令行：选择图块：

若选择输入[S]，则表示按图层过滤，只打断源图块所在层的图块. 命令行提示如下：

命令行：选择图层上任意一个源图块：

命令行：选择目标图层上的图块：效果示意图：

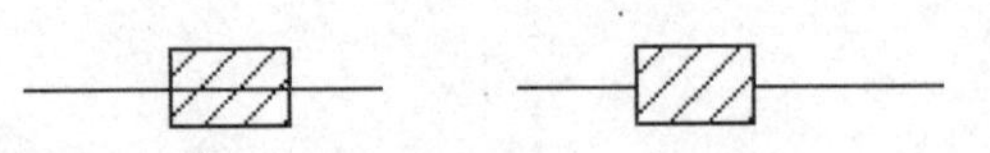

图 6-31 图块断线示意图

图块断线示意如图 6-31 所示。

(2) 图块替换

用于将某种或某些图块替换为指定的图块。

点击下拉菜单“工具”→“图形修改”→“图块替换”菜单项或输入命令“TKTH”。

命令行：选择被替换图块中的任一个：

命令行：过滤 ACS_COM 层的图块 BLKGD001，请选择：

命令行：Select objects：

命令行：83 found

命令行：52 were filtered out。

命令行：共选中 31 个图块。

命令行：替换成哪种图块：

命令行：可用 UNDO/BACK 命令取消上次操作。

(3) 图块缩放

用于对选择图块进行比例放缩。

点击下拉菜单"工具"→"图形修改"→"图块放缩"菜单项或输入命令"TKFS1"。

命令行：* * * * * 选择图中图块进行放缩 * * * * *

命令行：选择图块：命令行：Select objects：

命令行：缩放比例(0.8)：2

命令行：BLKGD010 原比例：40.000

命令行：用 Undo/Back 命令可取消上次操作。

图块缩放示意如图 6-32 所示。

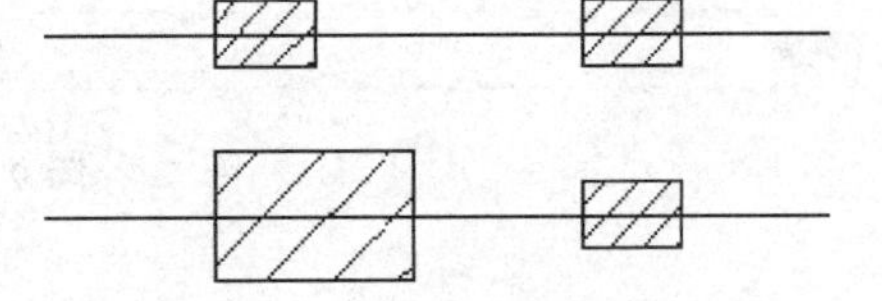

图 6-32　图块缩放示意图

(4) 图块方向调整_1

调用【图块方向调整_1】命令，可以纠正平面图块的方向(旋转 180°)。

点击下拉菜单"工具"→"图形修改"→"图块方向调整_1"菜单项或输入命令"TK180"。

命令行：* * * * * 本程序用于纠正平面图块的方向(旋转 180 度) * * * * *

命令行：请选择图块：

命令行：Select objects：

结果如图 6-33 所示。

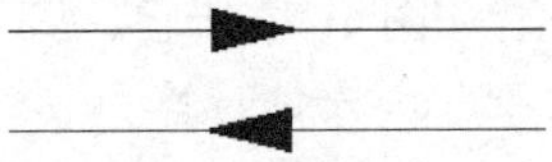

图 6-33　图块方向调整_1 示意图

(5) 图块方向调整_2

调用【图块方向调整_2】命令，可以调整一组同名图块的角度。

点击下拉菜单"工具"→"图形修改"→"图块方向调整_2"菜单项或输入命令"GJIAO"。

命令行：* * * * * 本程序用于调整一组同名图块的角度 * * * * *

命令行：选样块：命令行：选择图块：

命令行：Select objects：

命令行：图块新角度：(0.0)90

结果如图 6-34 所示。

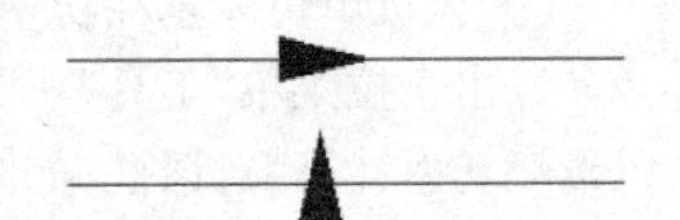

图 6-34　图块方向调整_2 示意图

3. 计算

(1) 水力计算器

点击下拉菜单“工具”→“计算”→“水力计算器”菜单项，弹出【鸿业水力计算器】对话框，如图 6-35 所示。

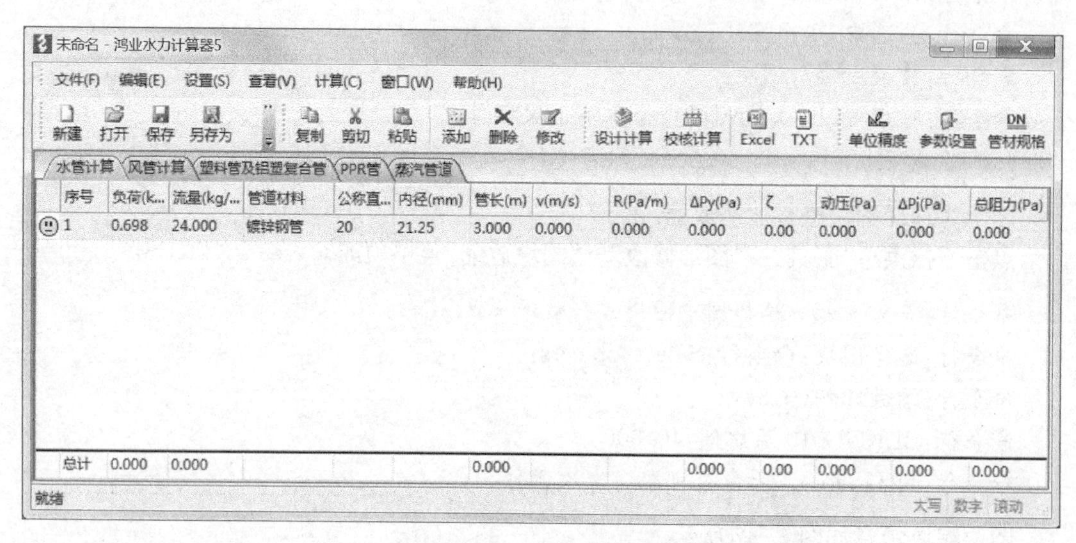

图 6-35 水力计算器界面

(2) 局部阻力计算器

点击下拉菜单“工具”→“计算”→“局部阻力计算器”菜单项，弹出【鸿业局部阻力计算器】对话框。

(3) 单位换算器

点击下拉菜单“工具”→“计算”→“单位换算器”菜单项，弹出【鸿业单位换算器】对话框，如图 6-36 所示。

(4) 节能计算

① 水泵扬程

点击下拉菜单“工具”→“节能计算”→“水泵扬程”菜单项，弹出【水泵扬程计算】对话框，如图 6-37 所示。

② 输送能效比

点击下拉菜单“工具”→“节能计算”→“输送能效比”菜单项，弹出【空气调节冷热水系统输送能效比计算】对话框，如图 6-38 所示。

③ 风机单位风量耗功率

点击下拉菜单“工具”→“节能计算”→“风机单位风量耗功率”菜单项，弹出【风机单位风量耗功率计算】对话框，如图 6-39 所示。

鸿业单位换算器
文件(F) 自定义(U) 工具(I)
换算类别
长度
面积
体积、容积
速度
质量
密度
质量流率
体积流率
力
压强（压力），应力
动力黏度
运动黏度，热扩散率
能、功、热
功率
传热系数
导热系数（热导率）
热阻率（传热阻）
原单位
米(m)
千米(km)
厘米(cm)
毫米(mm)
英寸(in)
英尺(ft)
码(yd)
英里(mile)
海里(nmile)
目标单位
米(m)
千米(km)
厘米(cm)
毫米(mm)
英寸(in)
英尺(ft)
码(yd)
英里(mile)
海里(nmile)
国际单位
米(m)
换算式
输入值: 1
× 1.000000
= 1.000000
单位: m
倍率
m
退出

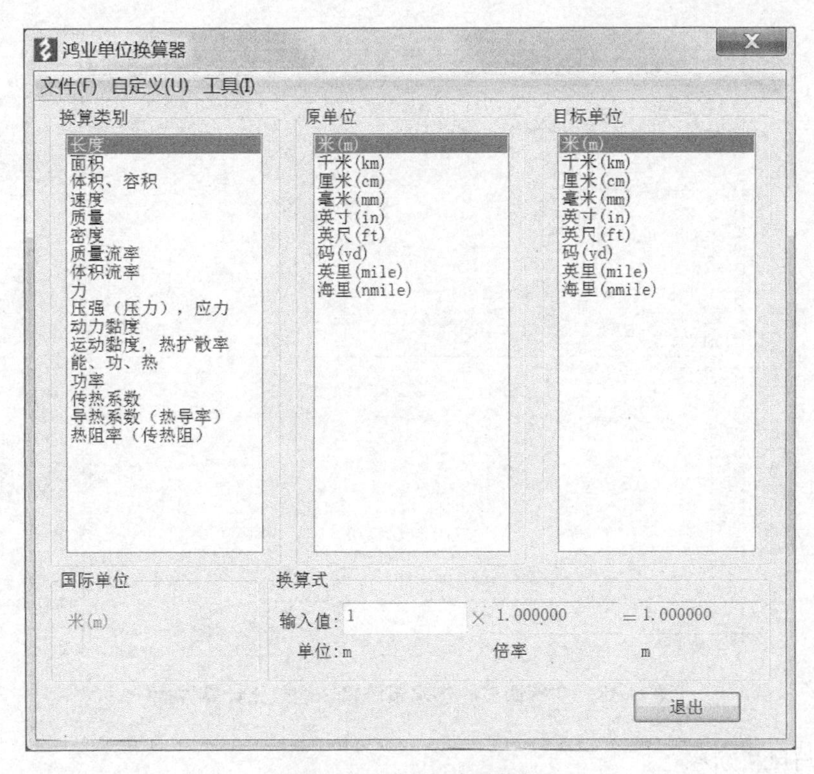

图 6-36　单位换算器界面

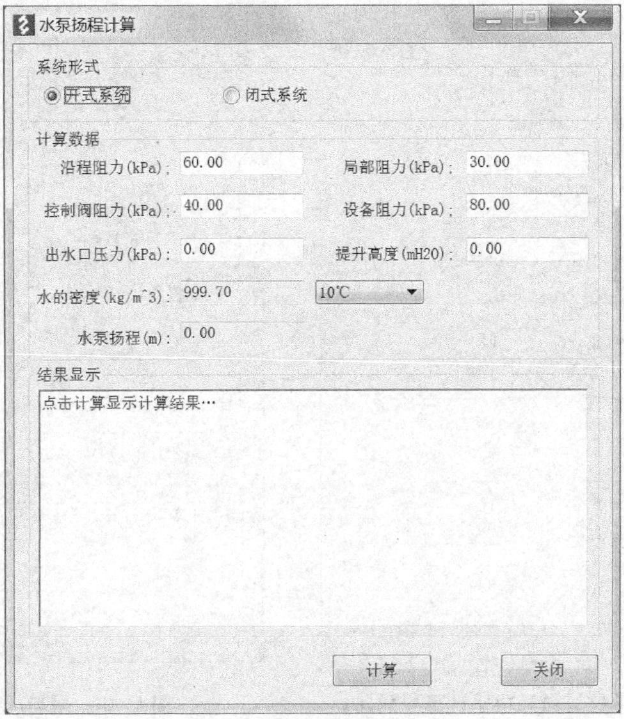

水泵扬程计算
系统形式
开式系统
闭式系统
计算数据
沿程阻力(kPa): 60.00
局部阻力(kPa): 30.00
控制阀阻力(kPa): 40.00
设备阻力(kPa): 80.00
出水口压力(kPa): 0.00
提升高度(mH20): 0.00
水的密度(kg/m^3): 999.70
10℃
水泵扬程(m): 0.00
结果显示
点击计算显示计算结果…
计算
关闭

图 6-37　水泵扬程计算界面

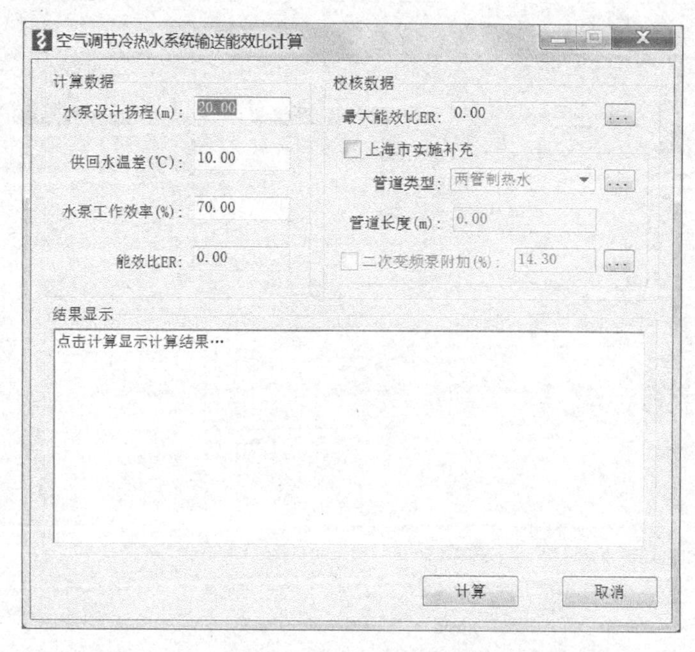

图 6-38　空气调节冷热水系统输送能效比计算界面

④ 泵与风机功率

点击下拉菜单“工具”→“节能计算”→“泵与风机功率”菜单项，弹出【泵与风机功率】对话框，如图 6-40 所示。

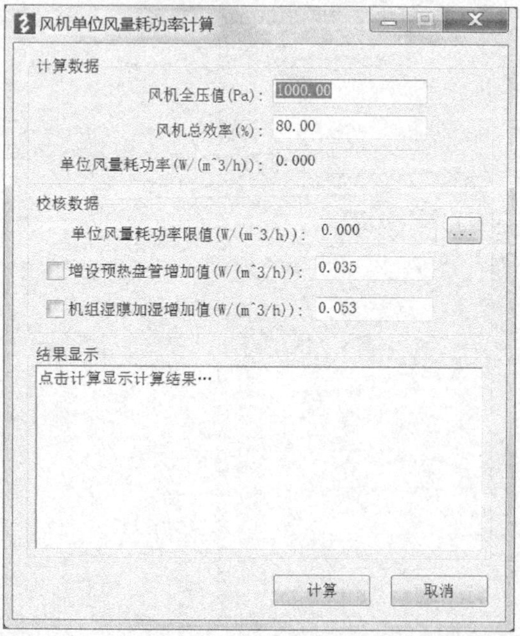

图 6-39　风机单位风量耗功率计算界面

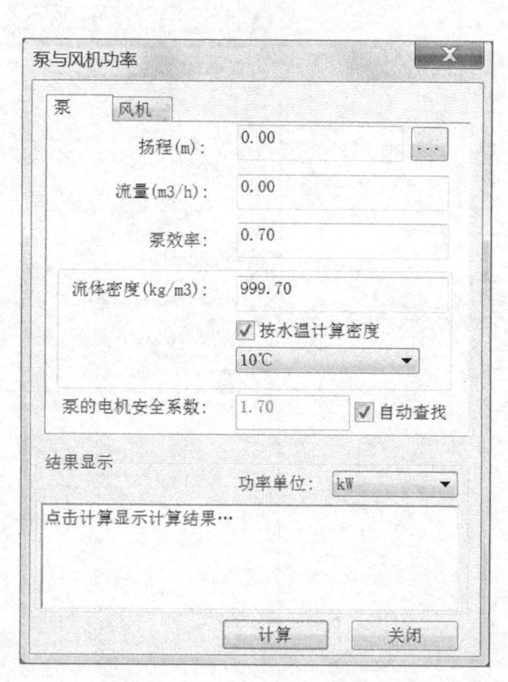

图 6-40　泵与风机功率界面

6.1.5　材料统计

1. 设置风管壁厚

点击下拉菜单“材料表”→“设置风管壁厚”菜单项，弹出【设置风管壁厚】对话框，如图6-41所示。

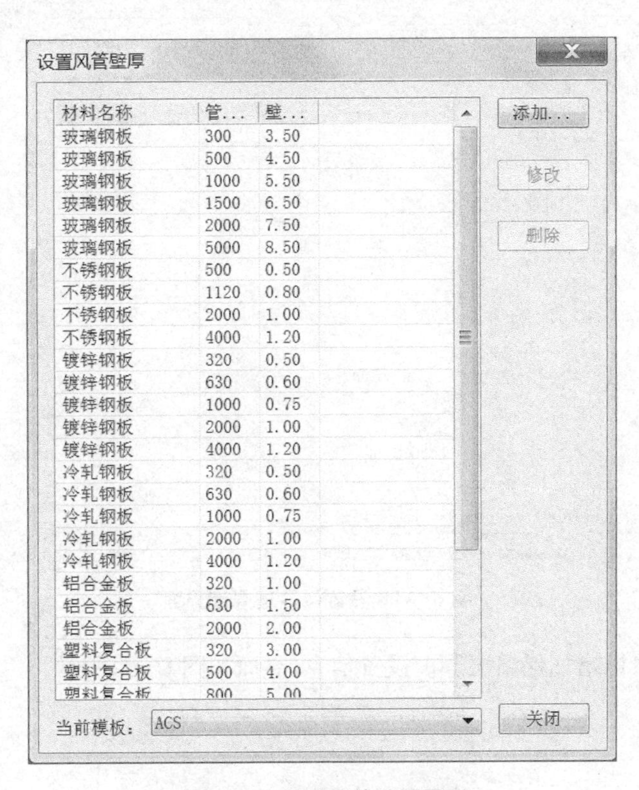

材料名称	管...	壁...
玻璃钢板	300	3.50
玻璃钢板	500	4.50
玻璃钢板	1000	5.50
玻璃钢板	1500	6.50
玻璃钢板	2000	7.50
玻璃钢板	5000	8.50
不锈钢板	500	0.50
不锈钢板	1120	0.80
不锈钢板	2000	1.00
不锈钢板	4000	1.20
镀锌钢板	320	0.50
镀锌钢板	630	0.60
镀锌钢板	1000	0.75
镀锌钢板	2000	1.00
镀锌钢板	4000	1.20
冷轧钢板	320	0.50
冷轧钢板	630	0.60
冷轧钢板	1000	0.75
冷轧钢板	2000	1.00
冷轧钢板	4000	1.20
铝合金板	320	1.00
铝合金板	630	1.50
铝合金板	2000	2.00
塑料复合板	320	3.00
塑料复合板	500	4.00
塑料复合板	800	5.00

图6-41　设置风管壁厚界面

点击【添加】可以增加壁厚设置信息(图6-42)。

图6-42　添加风管壁厚信息界面

选中某设置记录后，点击【修改】、【删除】可分别对该记录进行修改和删除。

2. 设置保温层厚度

点击下拉菜单“材料表”→“设置保温层厚度”菜单项，弹出【设置保温层厚度】对话框，如图 6-43 所示。

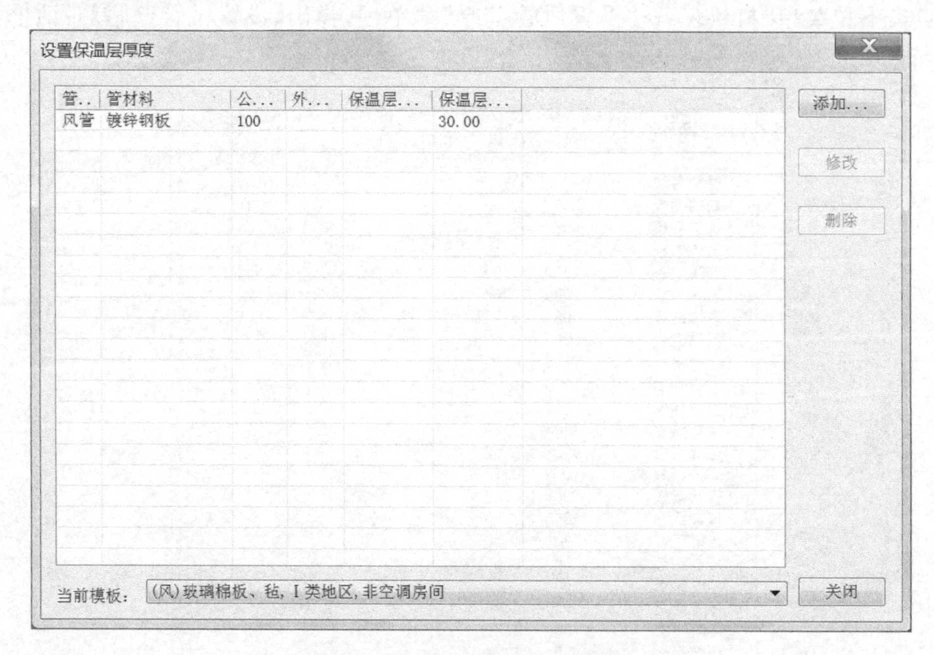

图 6-43　设置保温层厚度界面

点击【添加】可以增加保温层厚度设置信息，界面如图 6-44 所示。

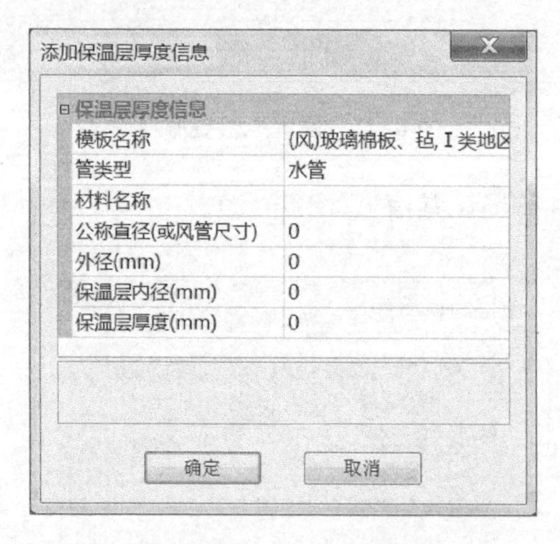

图 6-44　添加保温层厚度信息界面

选中某设置记录后，点击【修改】、【删除】可分别对该记录进行修改和删除。

3. 保温层体积计算

点击下拉菜单“材料表”→“保温层体积计算”菜单项，弹出【保温层体积计算】对话框，如图 6-45 所示。

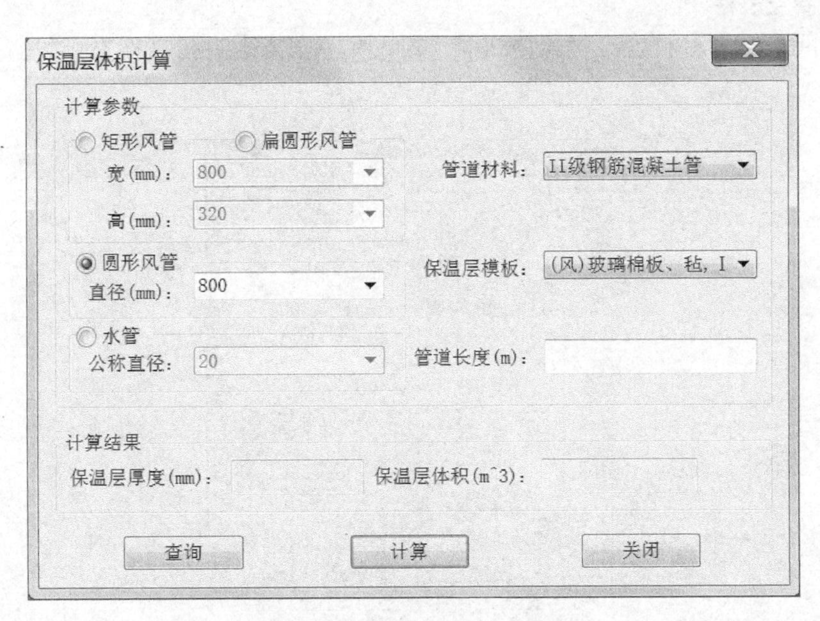

图 6-45　保温层体积计算界面

设置好各项参数后,点击【计算】按钮即可。

4. 材料汇总

点击下拉菜单“材料表”→“材料汇总”菜单项,弹出【材料统计】对话框,如图 6-46 所示。

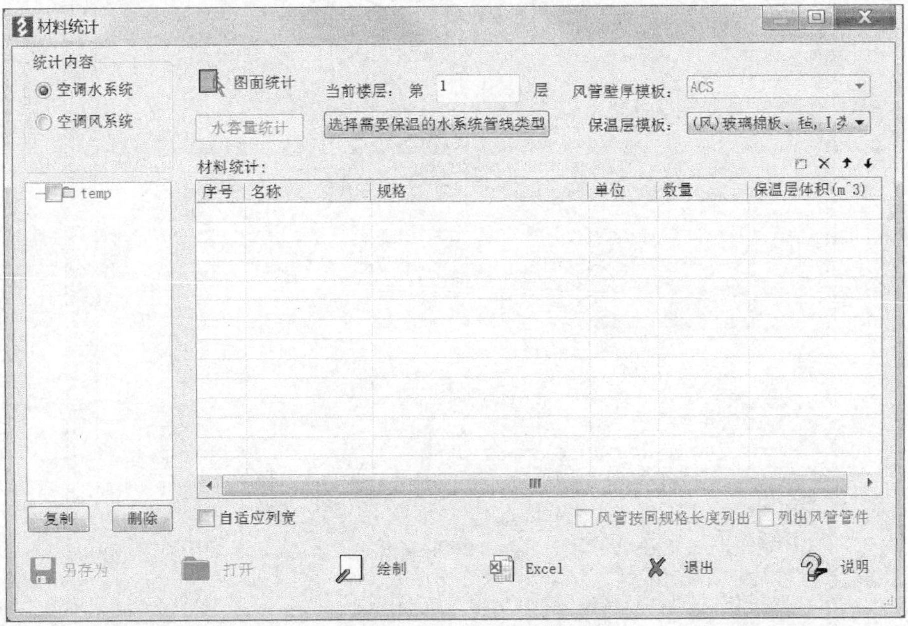

图 6-46　材料统计界面

5. 绘制空表格

点击下拉菜单“材料表”→“绘空表格”菜单项，弹出【绘制孔表格】对话框，如图 6-47 所示。

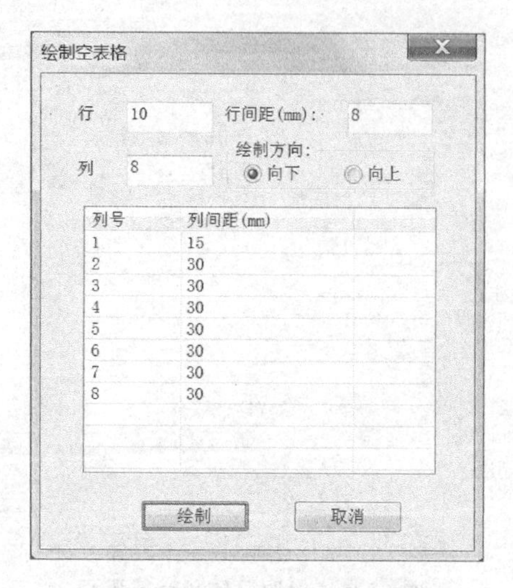

图 6-47　绘制空表格界面

6. 绘制图例表

点击下拉菜单“材料表”→“绘图例表”菜单项，弹出【图例表】对话框，如图 6-48 所示。

图 6-48　图例表绘制界面

界面内容介绍：

【管线图例】:列举当前选择实体中的所有管线图例。

【图面选择】:从图面上选择所有管线,包括空调管线、单线风管、双线风管中线、采暖管线。

【删除】:删除当前选择的管线图例。

【图块图例】:列举当前选择实体中的所有图块图例。

【图面选择】:从图面上选择所有图块,包括风口、水管阀门、风管阀门,风机盘管。

【删除】:删除当前选择的图块图例。

【参数设置】:设置绘图参数。

【绘制】:将当前管线图例和图块图例绘制到 CAD 屏幕上。

【关闭】:关闭图例表对话框。

6.2　BIM 在暖通工程中的应用简介

Autodesk Revit MEP 通过单一、完全一致的参数化模型加强了各团队之间的协作,有效避开基于图纸的技术中固有的问题,提供集成 BIM 的解决方案。

1. 面向机电管道工程师的建筑信息模型(BIM)

Autodesk © Revit © MEP 软件是面向机电管道(MEP)工程师的建筑信息模型(BIM)解决方案,具有专门用于建筑系统设计和分析的工具。借助 Revit MEP,工程师在设计的早期阶段就能作出明智的决策,因为他们可以在建筑施工前精确可视化建筑系统。软件内置的分析功能可帮助用户创建持续性强的设计内容并通过多种合作伙伴应用共享这些内容,从而优化建筑效能和效率。使用建筑信息模型有利于保持设计数据协调统一,能最大程度减少错误,并能增强工程师团队与建筑师团队之间的协作性。

2. 建筑系统建模和布局

Revit MEP 软件中的建模和布局工具支持工程师更加轻松地创建精确的机电管道系统。自动布线解决方案可让用户建立管网、管道和给排水系统的模型,或手动布置照明与电力系统。Revit MEP 软件的参数变更技术意味着对机电管道模型的任何变更都会自动应用到整个模型中。保持单一、一致的建筑模型有助于协调绘图,进而减少错误。

3. 分析建筑性能,实现可持续设计

Revit MEP 可生成包含丰富信息的建筑信息模型,呈现实时、逼真的设计场景,帮助用户在设计过程中及早作出更为明智的决定。借助内置的集成分析工具,项目团队成员可进行能耗分析、评估系统负载,并生成采暖和冷却负载报告,更好地满足可持续发展的目标和措施。Revit MEP 还支持导出为绿色建筑扩展标记语言(gbXML)文件,以便应用于 Autodesk ® Ecotect ® Analysis 软件和 Autodesk ® Green Building Studio ® 基于网络的服务,或第三方可持续设计和分析应用。

4. 提高工程设计水平，完善建筑物使用功能

当今，复杂的建筑物要求进行一流的系统设计，以便从效率和用途两方面优化建筑物的使用功能。随着项目变得越来越复杂，确保机械、电气和给排水工程师与其扩展团队之间在设计和设计变更过程中的清晰、顺畅的沟通至关重要。Revit MEP 软件专用于系统分析和优化的工具让团队成员实时获得有关机电管道设计内容的反馈，这样，设计早期阶段也能实现性能优异的设计方案。

5. 风道及管道系统建模

直观的布局设计工具可轻松修改模型。Revit MEP 自动更新模型视图和明细表，确保文档和项目保持一致。工程师可创建具有机械功能的 HVAC 系统，并为通风管网和管道布设提供三维建模，还可通过拖动屏幕上任何视图中的设计元素来修改模型，还可在剖面图和正视图中完成建模过程。在任何位置做出修改时，所有的模型视图及图纸都能自动协调变更，因此能够提供更为准确一致的设计及文档。

6. 风道及管道尺寸确定/压力计算

借助 Autodesk Revit MEP 软件中内置的计算器，工程设计人员可根据工业标准和规范[包括美国采暖、制冷和空调工程师协会(ASHRAE)提供的管件损失数据库]进行尺寸确定和压力损失计算。系统定尺寸工具可即时更新风道及管道构件的尺寸和设计参数，无需交换文件或第三方应用软件。使用风道和管道定尺寸工具在设计图中为管网和管道系统选定一种动态的定尺寸方法，包括适用于确定风道尺寸的摩擦法、速度法、静压复得法和等摩擦法，以及适用于确定管道尺寸的速度法或摩擦法。

7. HVAC 和电力系统设计

借助房间着色平面图可直观地沟通设计意图。通过色彩方案，团队成员无需再花时间解读复杂的电子表格，也无需用彩笔在打印设计图上标画。对着色平面图进行的所有修改将自动更新到整个模型中。创建任意数量的示意图，并在项目周期内保持良好的一致性。管网和管道的三维模型可让用户创建 HVAC 系统，用户还可通过色彩方案清晰显示出该系统中设计气流、实际气流、机械区等重要内容，为电力负载、分地区照明等创建电子色彩方案。

8. 线管和电缆槽建模

Revit MEP 包含功能强大的布局工具，可让电力线槽、数据线槽和穿线管的建模工作更加轻松。借助真实环境下的穿线管和电缆槽组合布局，协调性更为出色，并能创建精确的建筑施工图。新的明细表类型可报告电缆槽和穿线管的布设总长度，以确定所需材料的用量。

9. 自动生成施工文档视图

自动生成可精确反映设计信息的平面图、横断面图、立面图、详图和明细表视图。通用数据库提供的同步模型视图令变更管理更趋一致、协调。所有电子、给排水及机械设计团队都受益于建筑信息模型所提供的更为准确、协调一致的建筑文档。

10. 双向关联

任何一处发生变更，所有相关信息即随之变更，可谓牵一发而动全身。在 Autodesk Revit MEP 中，所有模型信息存储在一个协同数据库中。信息的修订与更改会自动在模型中更新，极大减少错误与疏漏。

11. 参数化构件

参数化构件亦称“族”，是在 Revit MEP 中设计所有建筑构件的基础。这些构件提供了一个开放的图形系统，让用户能够自由地构思设计、创建形状，并且还能让用户就设计意图的细节进行调整和表达。用户可以使用参数化构件设计最精细的装配(例如配电盘、冷却器和备)，以及最基础的机电管道构件，例如管道配件和导管。最重要的是，无需任何编程语言或代码。

参 考 文 献

[1] 中华人民共和国住房和城乡建设部,中华人民共和国国家质量监督检验检疫总局. 暖通空调制图标准:GB/T 50114—2010[S]. 北京:中国建筑工业出版社,2011.

[2] 中华人民共和国住房和城乡建设部 中华人民共和国国家质量监督检验检疫总局. 采暖通风与空气调节设计规范:GB50019—2015[S]. 北京:中国计划出版社,2015.

[3] 中华人民共和国建设部. 地面辐射供暖技术规程:JGJ 142—2004[S]. 中国建筑工业出版社,2004.

[4] 中华人民共和国住房和城乡建设部 中华人民共和国国家质量监督检验检疫总局. 通风与空调工程施工质量验收规范:GB 50243—2016[S]. 北京:中国计划出版社,2017.

[5] 洪晓军. 鸿业软件在暖通空调施工图绘制的应用[J]. 科技致富向导,2012(14):159.

[6] 上海现代建筑设计(集团)有限公司. 建筑节能设计统一技术措施. 暖通动力[M]. 北京:中国建筑工业出版社,2009.

[7] 上海现代建筑设计(集团)有限公司. 建筑节能设计统一技术措施. 建筑[M]. 北京:中国建筑工业出版社,2009.

[8] 五月花. 建筑制图与识图[M]. 成都:四川电子音像出版中心,2007.

[9] 何斌,陈锦昌,王枫红. 建筑制图[M]. 北京:高等教育出版社,2014.

[10] 查尔斯・乔治・拉姆齐. 建筑标准图集[M]. 大连:大连理工大学出版社,2003.

[11] 许盘清,张年胜,詹晶菁,等. 建筑图例绘制集成[M]. 北京:中国水利水电出版社,2005.

[12] 陈文斌,章金良. 建筑工程制图[M]. 上海:同济大学出版社,2005.

[13] 袁果,胡庆春,陈美华. 土木建筑工程图学[M]. 长沙:湖南大学出版社,2007.

[14] 张英,郭树荣. 建筑工程制图[M]. 北京:中国建筑工业出版社,2005

[15] 李兆坚. 暖通空调绘图表示方法分析[J]. 暖通空调,2002(2):19-20.

[16] 冯帅. 暖通空调设计中图层的设置与控制[J]. 建筑设计管理,2013(4):62-65.

[17] 天正暖通软件[J]. 建设科技,2012,Z1:65.

[18] 王恒,王国胜,张鹏. 2012 中文版 AutoCAD 建筑设计师. 装潢施工设计篇[M]. 北京:中国青年出版社,2012.

[19] 云海科技. 中文版 AutoCAD 2013 建筑设计与实例精讲[M]. 北京:化学工业出版社,2013.

[20] 杨萍,刘钰婷,陈洪. AutoCAD 2009 中文版建筑电气工程制图实例精解[M]. 北京:人民邮电出版社,2009.

[21] 北京天正软件股份有限公司. 天正软件:暖通系统 T-Hvac 2013 使用手册[M]. 北京:中国建筑工业出版社,2013.

[22] 于国清. 建筑设备工程 CAD 制图与识图[M]. 北京:机械工业出版社,2005.

[23] 李建霞. 暖通空调工程设计:鸿业 ACS 8.2[M]. 北京:机械工业出版社,2012.

[24] 杨新聪.建筑信息模型(BIM)在配筋砌块砌体建筑结构中的应用[D].哈尔滨:哈尔滨工业大学,2014.

[25] 杨波.建筑工程施工识图速成与技法[M].南京:江苏科学技术出版社,2009.

[26] 姜湘山.建筑给水排水与采暖设计[M].北京:机械工业出版社,2007.

[27] 何铭新.建筑工程制图[M].3版.北京:高等教育出版社,2014.

[28] 魏明.建筑构造与识图[M].北京:高等教育出版社,2008.

[29] 高霞.建筑暖通空调施工识图速成与技法[M].南京:江苏科学技术出版社,2010.

[30] 马楠.手把手教你看懂施工图丛书:20小时内教你看懂建筑通风空调施工图[M].北京:中国建筑工业出版社,2015.